Servlet、JSP和Spring MVC 初学指南

[加] Budi Kurniawan
著
[美] Paul Deck

林仪明　俞黎敏　译

人民邮电出版社
北京

图书在版编目（CIP）数据

Servlet、JSP和Spring MVC初学指南 / （加）克尼亚万（Budi Kurniawan），（美）戴克（Paul Deck）著；林仪明，俞黎敏译. -- 北京：人民邮电出版社，2016.11（2023.1重印）
ISBN 978-7-115-42974-2

Ⅰ. ①S… Ⅱ. ①克… ②戴… ③林… ④俞… Ⅲ. ①JAVA语言－程序设计－指南 Ⅳ. ①TP312-62

中国版本图书馆CIP数据核字(2016)第157873号

版权声明

◆ 著　[加] Budi Kurniawan　[美] Paul Deck
译　林仪明　俞黎敏
责任编辑　陈冀康
责任印制　焦志炜

◆ 人民邮电出版社出版发行　北京市丰台区成寿寺路 11 号
邮编　100164　电子邮件　315@ptpress.com.cn
网址　http://www.ptpress.com.cn
北京七彩京通数码快印有限公司印刷

◆ 开本：800×1000　1/16
印张：24.75　2016 年 11 月第 1 版
字数：553 千字　2023 年 1 月北京第 15 次印刷

著作权合同登记号　图字：01-2015-8292 号

定价：69.00 元

读者服务热线：(010)81055410　印装质量热线：(010)81055316
反盗版热线：(010)81055315

内容提要

Servlet 和 JSP 是开发 Java Web 应用程序的两种基本技术。Spring MVC 是 Spring 框架中用于 Web 应用快速开发的一个模块，是当今最流行的 Web 开发框架之一。

本书是 Servlet、JSP 和 Spring MVC 的学习指南。全书内容分为两个部分，第一部分主要介绍 Servlet 和 JSP 基础知识和技术，包括第 1 章至第 15 章；第 2 部分主要介绍 Spring MVC，包括第 16 章至第 24 章。最后，附录部分给出了 Tomcat 安装和配置指导，还介绍了 Servlet and JSP 注解以及 SSL 证书。

本书内容充实、讲解清晰，非常适合 Web 开发者尤其是基于 Java 的 Web 应用开发者阅读。

前言

Java Servlet 技术简称 Servlet 技术，是 Java 开发 Web 应用的底层技术。由 Sun 公司于 1996 年发布，用来代替 CGI——当时生成 Web 动态内容的主流技术。CGI 技术的主要问题是每个 Web 请求都需要新启动一个进程来处理。创建进程会消耗不少 CPU 周期，导致难以编写可扩展的 CGI 程序。而 Servlet 有着比 CGI 程序更好的性能，因为 Servlet 在创建后（处理第一个请求时）就一直保持在内存中。此后，SUN 公司发布了 JavaServer Pages（JSP）技术，以进一步简化 servlet 程序开发。

自从 Servlet 和 JSP 技术诞生后，涌现出大量的基于 Java 的 Web 框架来帮助开发人员快速编写 Web 应用。这些框架构建于 Servlet 和 JSP 之上，帮助开发人员更加关注业务逻辑，无须编写重复性（技术）代码。目前，Spring MVC 是最为流行的可扩展 Java Web 应用开发框架。

Spring MVC 又叫 Spring Web MVC，是 Spring 框架的一个模块，用于快速开发 Web 应用。MVC 代表 Model-View-Controller，是一个广泛应用于 GUI 开发的设计模式。该模式不局限于 Web 开发，也广泛应用在桌面开发技术上，如 Java Swing 和 JavaFX。

下面将简要介绍 HTTP、基于 Servlet 和 JSP 的 Web 编程，以及本书的章节内容编排。

注意

本书中所有示例代码基于 Servlet 3.0、JSP 2.3 以及 Spring MVC 4。本书假定读者已有 Java 以及面向对象编程基础。对于 Java 新手，我们建议阅读由 Budi Kurniawan 编写的《Java : A Beginner's Tutorial (Fourth Edition)》(ISBN 9780992133047)一书。

Servlet/JSP 应用架构

Servlet 是一个 Java 程序，一个 Servlet 应用有一个或多个 Servlet 程序。JSP 页面会被转换和编译成 Servlet 程序。

Servlet 应用无法独立运行，必须运行在 Servlet 容器中。Servlet 容器将用户的请求传递给 Servlet 应用，并将结果返回给用户。由于大部分 Servlet 应用都包含多个 JSP 页面，因此更准确地说是“Servlet/JSP 应用”。

Web 用户通过 Web 浏览器例如 IE、Mozilla Firefox 或者谷歌 Chrome 来访问 Servlet 应用。通常，Web 浏览器又叫 Web 客户端。

图 I.1 展示了 Servlet/JSP 应用的架构。

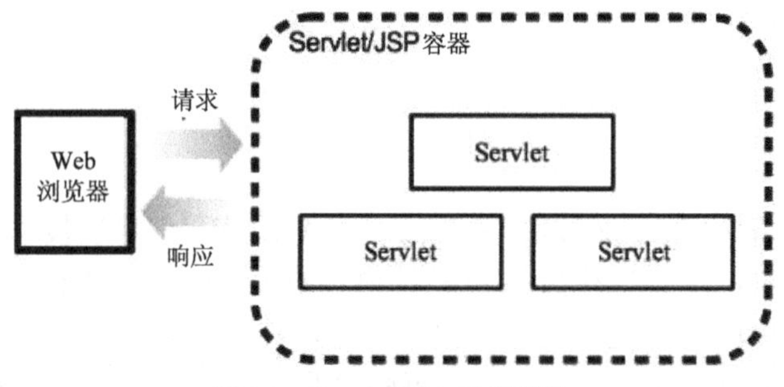

图 I.1　Servlet/JSP 应用架构

Web 服务器和 Web 客户端间通过 HTTP 协议通信，因此 Web 服务器也叫 HTTP 服务器。下面会详细讨论 HTTP 协议。

Servlet/JSP 容器是一个可以同时处理 Servlet 和静态内容的 Web 容器。过去，由于通常认为 HTTP 服务器比 Servlet/JSP 容器更加可靠，因此人们习惯将 Servlet/JSP 容器作为 HTTP 服务器如 Apache HTTP 服务器的一个模块。这种模式下，HTTP 服务器用来处理静态资源，而 Servlet/JSP 容器则负责生成动态内容。如今，Servlet/JSP 容器更加成熟可靠，并被广泛地独立部署。Apache Tomcat 和 Jetty 是当前最流行的 Servlet/JSP 容器，并且它们是免费而且开源的。你可以访问 http://tomcat.apache.org 以及 http://www.eclipse.org/jetty 下载。

Servlet 和 JSP 只是 Java 企业版中众多技术中的两个，其他 Java EE 技术还有 Java 消息服务，企业 Java 对象、JavaServer Faces 以及 Java 持久化等，完整的 Java EE 技术列表可以访问如下地址：

```
http://www.oracle.com/technetwork/java/javaee/tech/index.html
```

要运行 Java EE 应用，需要一个 Java EE 容器，例如 GlassFish、JBoss、Oracle Weblogic 或者 IBM WebSphere。诚然，我们可以将一个 Servlet/JSP 应用部署到一个 Java EE 容器上，但一个 Servlet/JSP 容器就已经满足需要了，并且更加轻量。当然，Tomcat 和 Jetty 不是 Java EE 容器，因此无法运行 EJB 或 JMS 技术。

HTTP

HTTP 协议使得 Web 服务器与浏览器之间可以通过互联网或内网进行数据交互。万维网联盟（W3C），作为一个制定标准的国际社区，负责和维护 HTTP 协议。HTTP 第一版是 0.9，之后是 HTTP 1.0，当前最新版本是 HTTP 1.1。HTTP 1.1 版本的 RFC 编号是 2616，下载地址为 http://www.w3.org/Protocols/HTTP/1.1/rfc2616.pdf。按计划，HTTP 的下一个版本是 HTTP/2。

Web 服务器 7×24 小时不间断运行，并等待 HTTP 客户端（通常是 Web 浏览器）来连接并请求资源。通常，由客户端发起一个连接，服务端不会主动连接客户端。

注意：

2011 年，标准化组织 IETF 发布了 WebSocket 协议，即 RFC 6455 规范。该协议允许一个 HTTP 连接升级为 WebSocket 连接，支持双向通信，这就使得服务端可以通过 WebSocket 协议主动发起同客户端的会话通信。

互联网用户需要通过点击或者输入一个 URL 链接或地址来访问一个资源，如下为两个示例：

```
http://google.com/index.html
http://facebook.com/index.html
```

URL 的第一个部分是 http，代表所采用的协议。除 HTTP 协议外，URL 还可以采用其他类型的协议，如下为两个示例：

```
mailto:joe@example.com
ftp://marketing@ftp.example.org
```

通常，HTTP 的 URL 格式如下：

protocol://[*host*.]*domain*[:*port*][/*context*][/*resource*][?*query string*]

或者

protocol://*IP address*[:*port*][/*context*][/*resource*][?*query string*]

中括号中的内容是可选的，因此一个最简的 URL 是 http://yahoo.ca 或者 http://192.168.1.9。

需要说明的是，除了输入 http://google.com，你还可以用 http://209.85.143.99 来访问谷歌。可以用 ping 命令来获取域名所对应的 IP 地址：

```
ping google.com
```

由于 IP 地址不容易记忆，实践中更倾向于使用域名。一台计算机可以托管不止一个域名，因此不同的域名可能指向同一个 IP。另外，example.com 或者 example.org 无法被注册，因为它们被保留作为各类文档手册举例使用。

URL 中的 Host 部分用来表示在互联网或内网中一个唯一的地址，例如：http://yahoo.com（没有 host）所访问的地址完全不同于 http://mail.yahoo.com（有 host）。多年以来，作为最受欢迎的主机名，www 是默认的主机名，通常，http://www.domainName 会被映射到 http://domainName。

HTTP 的默认端口是 80 端口。因此，对于采用 80 端口的 Web 服务器，可以无须输入端口号。但有时候，Web 服务器并未运行在 80 端口上，此时必须输入相应的端口号。例如：Tomcat 服务器的默认端口号是 8080，为了能正确访问，必须提供输入端口号：

```
http://localhost:8080
```

localhost 作为一个保留关键字，用于指向本机。

URL 中的 context 部分用来代表应用名称，该部分也是可选的。一台 Web 服务器可以运行多个上下文（应用），其中一个可以配置为默认上下文，对于访问默认上下文中的资源，可以跳过 context 部分。

最后，一个 context 可以有一个或多个默认资源（通常为 index.html，index.htm 或者 default.htm）。一个没有带资源名称的 URL 通常指向默认资源。当存在多个默认资源时，其中最高优先级的资源将被返回给客户端。

在资源名之后可以有一个或多个查询语句或者路径参数。查询语句是一个 Key/Value 组，多个查询语句间用“&”符号分隔。路径参数类似于查询语句，但只有 value 部分，多个 value 部分用“/”符号分隔。

HTTP 请求

一个 HTTP 请求包含三部分内容：

- 方法-URI-协议/版本
- 请求头信息
- 请求正文

如下为一个具体示例：

```
POST /examples/default.jsp HTTP/1.1
Accept: text/plain; text/html
Accept-Language:en-gb
Connection:Keep-Alive
Host:localhost
User-Agent: Mozilla/5.0 (Windows NT 6.3; Win64; x64) AppleWebKit/537.36
➥(KHTML, like Gecko) Chrome/37.0.2049.0 Safari/537.36
Content-Length:30
Content-Type: application/x-www-form-urlencoded
Accept-Encoding: gzip, deflate

lastName=Blanks&firstName=Mike
```

请求的第一行即是：方法-URI-协议/版本

```
POST /examples/default.jsp HTTP/1.1
```

请求方法为 POST，URI 为/examples/default.jsp，而协议/版本为 HTTP/1.1。

HTTP 1.1 规范定义了 7 种类型的方法，包括 GET、POST、HEAD、OPTIONS、PUT、DELETE 以及 TRACE，其中 GET 和 POST 广泛应用于互联网应用。

URI 定义了一个互联网资源，通常解析为服务器根目录的相对路径。因此，通常用/符号打头。另外 URL 是 URI 的一个具体类型。（详见 http://www.ietf.org/rfc/rfc2396.txt。）

HTTP 请求所包含的请求头信息包含关于客户端环境以及实体内容等非常有用的信息。例如，浏览器所设置的语言实体内容长度等。每个 header 用回车/换行（即 CRLF）分隔。

HTTP 请求头信息和请求正文用一行空行分隔，HTTP 服务器据此判断请求正文的起始位置。因此在一些关于互联网的书籍中，CRLF 作为 HTTP 请求的第四种组件。

在此前所举的例子中，请求正文如下行：

```
lastName=Blanks&firstName=Mike
```

在正常的 HTTP 请求中，请求正文的内容不止如此。

HTTP 响应

同 HTTP 请求一样，HTTP 响应包含三部分：

- 协议—状态码—描述
- 响应头信息
- 响应正文

如下是一个 HTTP 响应实例：

```
HTTP/1.1 200 OK
Server: Apache-Coyote/1.1
Date: Thu, 8 Jan 2015 13:13:33 GMT
Content-Type: text/html
Last-Modified: Wed, 7 Jan 2015 13:13:12 GMT
Content-Length: 112

<html>
<head>
<title>HTTP Response Example</title>
</head>
<body>
Welcome to Brainy Software
</body>
</html>
```

类似于 HTTP 请求报文，HTTP 响应报文第一行说明了 HTTP 协议的版本是 1.1，并且请求结果是成功的（状态代码 200 为响应成功）。

同 HTTP 请求报文头信息一样，HTTP 响应报文头信息也包含了大量有用的信息。HTTP

响应报文的响应正文是 HTML 文档。HTTP 响应报文的头信息和响应正文也是用 CRLF 分隔的。

状态代码 200 表示 Web 服务器能正确响应所请求的资源。若一个请求的资源不能被找到或者理解，则 Web 服务器将返回不同的状态代码。例如：访问未授权的资源将返回 401，而使用被禁用的请求方法将返回 405。完整的 HTTP 响应状态代码列表详见如下网址：

```
http://www.w3.org/Protocols/rfc2616/rfc2616-sec10.html
```

本书内容简介

第一部分：Servlet 和 JSP

第 1 章：“Servlets”，介绍 Servlet API，本章重点关注两个 java 包：javax.servlet 和 javax.servlet.http packages。

第 2 章：“会话管理”，讨论了会话管理——在 Web 应用开发中非常重要的主题（因为 HTTP 是无状态的），本章比较了 4 种不同的状态保持技术：URL 重写、隐藏域、Cookies 和 HTTPSession 对象。

第 3 章：“JavaServer Pages（JSP）”，JSP 是 Servlet 技术的补充完善，是 Servlet 技术的重要组成部分，本章包括了 JSP 语法、指令、脚本元素和动作。

第 4 章：“表达式语言”，本章介绍了 JSP 2.0 中最重要的特性“表达式语言”。该特性的目标是帮助开发人员编写无脚本的 JSP 页面，让 JSP 页面更加简洁而且有效。本章将帮助你学会通过 EL 来访问 Java Bean 和上下文对象。

第 5 章：“JSTL”，本章介绍了 JSP 技术中最重要的类库：标准标签库——一组帮助处理常见问题的标签。具体内容包括访问 Map 或集合对象、条件判断、XML 处理，以及数据库访问和数据处理。

第 6 章：“自定义标签”，大多数时候，JSTL 用于访问上下文对象并处理各种任务，但对于特定的任务，我们需要编写自定义标签，本章将介绍如何编写标签。

第 7 章：“标签文件”，本章介绍在 JSP 2.0 中引入的新特性——标签文件，标签文件可以简化自定义标签的编写。

第 8 章：“监听器”，本章介绍了 Servlet 中的事件驱动编程，展示了 Servlet API 中的事件类以及监控器接口，以及如何应用。

第 9 章：“Filters”，本章介绍了 Filter API，包括 Filter、FilterConfig 和 FilterChain 接口，并展示了如何编写一个 Filter 实现。

第 10 章："修饰 Requests 和 Responses"，本章介绍如何用修饰器模式来包装 Servlet 请求和响应对象，并改变 Servlet 请求和响应的行为。

第 11 章："异步处理"，本章主要讨论 Servlet 3.0 引入的新特性——异步处理。该特性非常适合于当 Servlet 应用负载较高且有一个或多个耗时操作。该特性允许由一个新线程来运行耗时操作，使得当前的 Web 请求处理线程可以处理新的 Web 请求。

第 12 章："安全"，介绍了如何通过声明式以及编程式来保护 Java Web 应用，本章覆盖四个主题：认证、授权、加密和数据完整性。

第 13 章："部署"，介绍了 Servlet/JSP 应用的部署流程，以及部署描述符。

第 14 章："动态加载以及 Servlet 容器加载器"介绍了 Servlet 3.0 中的两个新特性，动态注册支持在无须重启 Web 应用的情况下注册新的 Web 对象，以及框架开发人员最关心的容器初始化。

第二部分：Spring MVC

第 15 章："Spring 框架"，介绍了最流行的开源框架。

第 16 章："模型 2 和 MVC 模式"，讨论了 Spring MVC 所实现的设计模式。

第 17 章："Spring MVC 介绍"，Spring MVC 概述。本章编写了第一个 Spring MVC 应用。

第 18 章："基于注解的控制器"，讨论了 MVC 模式中最重要的一个对象——控制器。本章，我们将学会如何编写基于注解的控制器，这是 Spring MVC 2.5 版本引入的方法。

第 19 章："数据绑定和表单标签库"，讨论 Spring MVC 最强大的一个特性，并利用它来展示表单数据。

第 20 章："转换器和格式化"，讨论了数据绑定的辅助对象类型。

第 21 章："验证器"，本章将展示如何通过验证器来验证用户输入数据。

第 22 章："国际化"，本章将展示如何用 Spring MVC 来构建多语言网站。

第 23 章："上传文件"，介绍两种不同的方式来处理文件上传。

第 24 章："下载文件"，介绍如何用编程方式向客户端传输一个资源。

附录

附录 A："Tomcat"，介绍如何安装和配置 Tomcat。

附录 B："Web Annotations"，列出所有可用配置 Web 对象，如 Servlet、Listener 或 Filter 的注解。这些来自 Servlet 3.0 规范的注解可以帮助减少部署描述配置。

附录 C："SSL 证书"，介绍了如何用 KeyTool 工具生成公钥/私钥对，并生成数字证书。

下载示例应用

本书所有的示例应用压缩包可以通过如下地址下载：

http://books.brainysoftware.com/download

目　录

第一部分　Servlets 和 JSP

第二部分 Spring MVC

第一部分　Servlets 和 JSP

第 1 章 Servlets

Servlet API 是开发 Servlet 的主要技术。掌握 Servlet API 是成为一名强大的 Java web 开发者的基本条件，你必须熟悉 Servlet API 中定义的核心接口和类。

本章介绍了 Servlet API，并教你如何编写第一个 Servlet。

1.1 Servlet API 概览

Servlet API 有以下 4 个 Java 包：

- javax.servlet，其中包含定义 Servlet 和 Servlet 容器之间契约的类和接口。
- javax.servlet.http，其中包含定义 HTTP Servlet 和 Servlet 容器之间契约的类和接口。
- javax.servlet.annotation，其中包含标注 Servlet、Filter、Listener 的标注。它还为被标注元件定义元数据。
- javax.servlet.descriptor，其中包含提供程序化登录 web 应用程序的配置信息的类型。

本章主要关注 javax.servlet 和 javax.servlet.http 的成员。

图 1.1 中展示了 javax.servlet 中的主要类型。

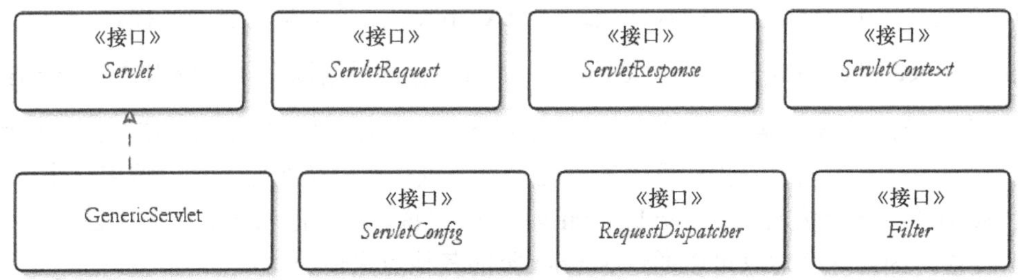

图 1.1　javax.servlet 中的主要类型

Servlet 技术的核心是 Servlet，它是所有 Servlet 类必须直接或间接实现的一个接口。在编写实现 Servlet 的 Servlet 类时，直接实现它。在扩展实现这个接口的类时，间接实现它。

Servlet 接口定义了 Servlet 与 Servlet 容器之间的契约。这个契约归结起来就是，Servlet

容器将 Servlet 类载入内存，并在 Servlet 实例上调用具体的方法。在一个应用程序中，每种 Servlet 类型只能有一个实例。

用户请求致使 Servlet 容器调用 Servlet 的 service 方法，并传入一个 ServletRequest 实例和一个 ServletResponse 实例。ServletRequest 中封装了当前的 HTTP 请求，因此，Servlet 开发人员不必解析和操作原始的 HTTP 数据。ServletResponse 表示当前用户的 HTTP 响应，使得将响应发回给用户变得十分容易。

对于每一个应用程序，Servlet 容器还会创建一个 ServletContext 实例。这个对象中封装了上下文（应用程序）的环境详情。每个上下文只有一个 ServletContext。每个 Servlet 实例也都有一个封装 Servlet 配置的 ServletConfig。

下面来看 Servlet 接口。上面提到的其他接口，将在本章的其他小节中讲解。

1.2 Servlet

Servlet 接口中定义了以下 5 个方法：

```
void init(ServletConfig config) throws ServletException

void service(ServletRequest request, ServletResponse response)
        throws ServletException, java.io.IOException

void destroy()

java.lang.String getServletInfo()

ServletConfig getServletConfig()
```

注意，编写 Java 方法签名的惯例是，对于与包含该方法的类型不处于同一个包中的类型，要使用全类名。正因为如此，在 service 方法 javax.servlet.ServletException 的签名中（与 Servlet 位于同一个包中）是没有包信息的，而 java.io.Exception 则是编写完整的名称。

init、service 和 destroy 是生命周期方法。Servlet 容器根据以下规则调用这 3 个方法：

- init，当该 Servlet 第一次被请求时，Servlet 容器会调用这个方法。这个方法在后续请求中不会再被调用。我们可以利用这个方法执行相应初始化工作。调用这个方法时，Servlet 容器会传入一个 ServletConfig。一般来说，你会将 ServletConfig 赋给一个类级变量，因此这个对象可以通过 Servlet 类的其他点来使用。
- service，每当请求 Servlet 时，Servlet 容器就会调用这个方法。编写代码时，是假设 Servlet 要在这里被请求。第一次请求 Servlet 时，Servlet 容器调用 init 方法和 service 方法。后续的请求将只调用 service 方法。
- destroy，当要销毁 Servlet 时，Servlet 容器就会调用这个方法。当要卸载应用程序，或者当要关闭 Servlet 容器时，就会发生这种情况。一般会在这个方法中编写清除代码。

Servlet 中的另外两个方法是非生命周期方法，即 getServletInfo 和 getServletConfig：

- getServletInfo，这个方法会返回 Servlet 的描述。你可以返回有用或为 null 的任意字符串。
- getServletConfig，这个方法会返回由 Servlet 容器传给 init 方法的 ServletConfig。但是，为了让 getServletConfig 返回一个非 null 值，必须将传给 init 方法的 ServletConfig 赋给一个类级变量。ServletConfig 将在本章的 1.6 节中讲解。

注意线程安全性。Servlet 实例会被一个应用程序中的所有用户共享，因此不建议使用类级变量，除非它们是只读的，或者是 java.util.concurrent.atomic 包的成员。

1.3 节将介绍如何编写 Servlet 实现。

1.3 编写基础的 Servlet 应用程序

其实，编写 Servlet 应用程序出奇简单。只需要创建一个目录结构，并把 Servlet 类放在某个目录下。本节将教你如何编写一个名为 app01a 的 Servlet 应用程序。最初，它会包含一个 Servlet，即 MyServlet，其效果是向用户发出一条问候。

要运行 Servlets，还需要一个 Servlet 容器。Tomcat 是一个开源的 Servlet 容器，它是免费的，并且可以在任何能跑 Java 的平台上运行。如果你到现在都还没有安装 Tomcat，就应该去看看附录 A，并安装一个。

1.3.1 编写和编译 Servlet 类

确定你的机器上有了 Servlet 容器后，下一步就要编写和编译一个 Servlet 类。本例中的 Servlet 类是 MyServlet，如清单 1.1 所示。按照惯例，Servlet 类的名称要以 Servlet 作为后缀。

清单 1.1 MyServlet 类

```
package app01a;
import java.io.IOException;
import java.io.PrintWriter;
import javax.servlet.Servlet;
import javax.servlet.ServletConfig;
import javax.servlet.ServletException;
import javax.servlet.ServletRequest;
import javax.servlet.ServletResponse;
import javax.servlet.annotation.WebServlet;

@WebServlet(name = "MyServlet", urlPatterns = { "/my" })
public class MyServlet implements Servlet {

    private transient ServletConfig servletConfig;
```

```
    @Override
    public void init(ServletConfig servletConfig)
            throws ServletException {
        this.servletConfig = servletConfig;
    }

    @Override
    public ServletConfig getServletConfig() {
        return servletConfig;
    }

    @Override
    public String getServletInfo() {
        return "My Servlet";
    }

    @Override
    public void service(ServletRequest request,
            ServletResponse response) throws ServletException,
            IOException {
        String servletName = servletConfig.getServletName();
        response.setContentType("text/html");
        PrintWriter writer = response.getWriter();
        writer.print("<html><head></head>"
                + "<body>Hello from " + servletName
                + "</body></html>");
    }

    @Override
    public void destroy() {
    }
}
```

看到清单 1.1 中的代码时，可能首先注意到的是下面这个标注：

```
@WebServlet(name = "MyServlet", urlPatterns = { "/my" })
```

WebServlet 标注类型用来声明一个 Servlet。命名 Servlet 时，还可以暗示容器，是哪个 URL 调用这个 Servlet。name 属性是可选的，如有，通常用 Servlet 类的名称。重要的是 urlPatterns 属性，它也是可选的，但是一般都是有的。在 MyServlet 中，urlPatterns 告诉容器，/my 样式表示应该调用 Servlet。

注意，URL 样式必须用一个正斜杠开头。

Servlet 的 init 方法只被调用一次，并将 private transient 变量 ServletConfig 设为传给该方法的 ServletConfig 对象：

```
private transient ServletConfig servletConfig;

@Override
public void init(ServletConfig servletConfig)
        throws ServletException {
```

```
        this.servletConfig = servletConfig;
    }
```

如果想通过Servlet内部使用ServletConfig，只需要将被传入的ServletConfig赋给一个类变量。

Service 方法发送字符串“Hello from MyServlet”给浏览器。对于每一个针对 Servlet 进来的 HTTP 请求，都会调用 Service 方法。

为了编译 Servlet，必须将 Servlet API 中的所有类型都放在你的类路径下。Tomcat 中带有 servlet-api.jar 文件，其中包含了 javax.servlet 的成员，以及 javax.servlet.http 包。这个压缩文件放在 Tomcat 安装目录下的 lib 目录中。

1.3.2 应用程序目录结构

Servlet 应用程序必须在某一个目录结构下部署。图 1.2 展示了 app01a 的应用程序目录。

这个目录结构最上面的 app01a 目录就是应用程序目录。在应用程序目录下，是 WEB-INF 目录。它有两个子目录：

图 1.2 应用程序目录

- classes。Servlet 类及其他 Java 类必须放在这里面。类以下的目录反映了类包的结构。在图 1.2 中，只部署了一个类：app01a.MyServlet。
- lib。Servlet 应用程序所需的 JAR 文件要在这里部署。但 Servlet API 的 JAR 文件不需要在这里部署，因为 Servlet 容器已经有它的备份。在这个应用程序中，lib 目录是空的。空的 lib 目录可以删除。

Servlet/JSP 应用程序一般都有 JSP 页面、HTML 文件、图片文件以及其他资料。这些应该放在应用程序目录下，并且经常放在子目录下。例如，所有的图片文件可以放在一个 image 目录下，所有的 JSP 页面可以放在 jsp 目录下，等等。

放在应用程序目录下的任何资源，用户只要输入资源 URL，都可以直接访问到。如果想让某一个资源可以被 Servlet 访问，但不可以被用户访问，那么就要把它放在 WEB-INF 目录下。

现在，准备将应用程序部署到 Tomcat。使用 Tomcat 时，一种部署方法是将应用程序目录复制到 Tomcat 安装目录下的 webapps 目录中。也可以通过在 Tomcat 的 conf 目录中编辑 server.xml 文件实现部署，或者单独部署一个 XML 文件，这样就不需要编辑 server.xml 了。其他的 Servlet 容器可能会有不同的部署规则。关于如何将 Servlet/JSP 应用程序部署到 Tomcat 的详细信息，请查阅附录 A。

部署 Servlet/JSP 应用程序时，建议将它部署成一个 WAR 文件。WAR 文件其实就是以.war 作为扩展名的 JAR 文件。利用带有 JDK 或者类似 WinZip 工具的 JAR 软件，都可以创建 WAR 文件。然后，将 WAR 文件复制到 Tomcat 的 webapps 目录下。当开始启动 Tomcat 时，Tomcat 就会自动解压这个 war 文件。部署成 WAR 文件在所有 Servlet 容器中都适用。我们将在第 13

章讨论更多关于部署的细节。

1.3.3　调用 Servlet

要测试这个 Servlet，需要启动或者重启 Tomcat，并在浏览器中打开下面的 URL（假设 Tomcat 配置为监听端口 8080，这是它的默认端口）：

```
http://localhost:8080/app01a/my
```

其输出结果应该类似于图 1.3。

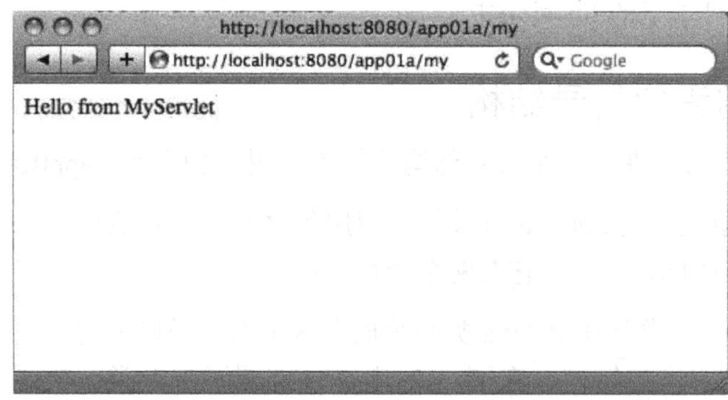

图 1.3　MyServlet 的响应结果

恭喜，你已经成功编写了第一个 Servlet 应用程序！

1.4　ServletRequest

对于每一个 HTTP 请求，Servlet 容器都会创建一个 ServletRequest 实例，并将它传给 Servlet 的 Service 方法。ServletRequest 封装了关于这个请求的信息。

ServletRequest 接口中有一些方法。

```
public int getContentLength()
```

返回请求主体的字节数。如果不知道字节长度，这个方法就会返回-1。

```
public java.lang.String getContentType()
```

返回请求主体的 MIME 类型，如果不知道类型，则返回 null。

```
public java.lang.String getParameter(java.lang.String name)
```

返回指定请求参数的值。

```
public java.lang.String getProtocol()
```

返回这个 HTTP 请求的协议名称和版本。

getParameter 是在 ServletRequest 中最常用的方法。该方法通常用于返回 HTML 表单域的值。在本章后续的“处理表单”小节中，将会学到如何获取表单值。

getParameter 也可以用于获取查询字符串的值。例如，利用下面的 URI 调用 Servlet：

```
http://domain/context/servletName?id=123
```

用下面这个语句，可以通过 Servlet 内部获取 id 值：

```
String id = request.getParameter("id");
```

注意，如果该参数不存在，getParameter 将返回 null。

除了 getParameter 外，还可以使用 getParameterNames、getParameterMap 和 getParameterValues 获取表单域名、值以及查询字符串。这些方法的使用范例请参阅“Http Servlets”小节。

1.5 ServletResponse

javax.servlet.ServletResponse 接口表示一个 Servlet 响应。在调用 Servlet 的 Service 方法前，Servlet 容器首先创建一个 ServletResponse，并将它作为第二个参数传给 Service 方法。ServletResponse 隐藏了向浏览器发送响应的复杂过程。

在 ServletResponse 中定义的方法之一是 getWriter 方法，它返回了一个可以向客户端发送文本的 java.io.PrintWriter。默认情况下，PrintWriter 对象使用 ISO-8859-1 编码。

在向客户端发送响应时，大多数时候是将它作为 HTML 发送。因此，你必须非常熟悉 HTML。

注意：

还有一个方法可以用来向浏览器发送输出，它就是 getOutputStream。但这个方法是用于发送二进制数据的，因此，大多数情况使用的是 getWriter，而不是 getOutputStream。

在发送任何 HTML 标签前，应该先调用 setContentType 方法，设置响应的内容类型，并将“text/html”作为一个参数传入。这是在告诉浏览器，内容类型为 HTML。在没有内容类型的情况下，大多数浏览器会默认将响应渲染成 HTML。但是，如果没有设置响应内容类型，有些浏览器就会将 HTML 标签显示为普通文本。

在清单 1.1 的 MyServlet 中已经用过 ServletResponse。在本章以及后续章节中，还会看到在其他应用程序中也使用它。

1.6 ServletConfig

当 Servlet 容器初始化 Servlet 时，Servlet 容器会给 Servlet 的 init 方法传入一个 ServletConfig。ServletConfig 封装可以通过@WebServlet 或者部署描述符传给 Servlet 的配置信

息。这样传入的每一条信息就叫一个初始参数。一个初始参数有 key 和 value 两个元件。

为了从 Servlet 内部获取到初始参数的值，要在 Servlet 容器传给 Servlet 的 init 方法的 ServletConfig 中调用 getInitParameter 方法。getInitParameter 的方法签名如下：

```
java.lang.String getInitParameter(java.lang.String name)
```

此外，getInitParameterNames 方法则是返回所有初始参数名称的一个 Enumeration：

```
java.util.Enumeration<java.lang.String> getInitParameterNames()
```

例如，为了获取 contactName 参数值，要使用下面的方法签名：

```
String contactName = servletConfig.getInitParameter("contactName");
```

除 getInitParameter 和 getInitParameterNames 外，ServletConfig 还提供了另一个很有用的方法：getServletContext。利用这个方法可以从 Servlet 内部获取 ServletContext。关于这个对象的深入探讨，请查阅本章 1.7 节。

下面举一个 ServletConfig 的范例，在 app01a 中添加一个名为 ServletConfigDemoServlet 的 Servlet。这个新的 Servlet 如清单 1.7 所示。

清单 1.2　ServletConfigDemoServlet 类

```
package app01a;
import java.io.IOException;
import java.io.PrintWriter;
import javax.servlet.Servlet;
import javax.servlet.ServletConfig;
import javax.servlet.ServletException;
import javax.servlet.ServletRequest;
import javax.servlet.ServletResponse;
import javax.servlet.annotation.WebInitParam;
import javax.servlet.annotation.WebServlet;

@WebServlet(name = "ServletConfigDemoServlet",
    urlPatterns = { "/servletConfigDemo" },
    initParams = {
        @WebInitParam(name="admin", value="Harry Taciak"),
        @WebInitParam(name="email", value="admin@example.com")
    }
)
public class ServletConfigDemoServlet implements Servlet {
    private transient ServletConfig servletConfig;

    @Override
    public ServletConfig getServletConfig() {
        return servletConfig;
    }

    @Override
```

```
    public void init(ServletConfig servletConfig)
            throws ServletException {
        this.servletConfig = servletConfig;
    }

    @Override
    public void service(ServletRequest request,
            ServletResponse response)
            throws ServletException, IOException {
        ServletConfig servletConfig = getServletConfig();
        String admin = servletConfig.getInitParameter("admin");
        String email = servletConfig.getInitParameter("email");
        response.setContentType("text/html");
        PrintWriter writer = response.getWriter();
        writer.print("<html><head></head><body>" +
                "Admin:" + admin +
                "<br/>Email:" + email +
                "</body></html>");
    }

    @Override
    public String getServletInfo() {
        return "ServletConfig demo";
    }

    @Override
    public void destroy() {
    }
}
```

如清单 1.2 所示，在@WebServlet 的 initParams 属性中，给 Servlet 传入了两个初始参数（admin 和 email）：

```
@WebServlet(name = "ServletConfigDemoServlet",
    urlPatterns = { "/servletConfigDemo" },
    initParams = {
        @WebInitParam(name="admin", value="Harry Taciak"),
        @WebInitParam(name="email", value="admin@example.com")
    }
)
```

利用下面这个 URL，可以调用 ServletConfigDemoServlet：

```
http://localhost:8080/app01a/servletConfigDemo
```

其结果类似于图 1.4。

另一种方法是，在部署描述符中传入初始参数。在这里使用部署描述符，比使用@WebServlet 更容易，因为部署描述符是一个文本文件，不需要重新编译 Servlet 类，就可以对它进行编辑。

部署描述符将在 1.11 节以及第 13 章中详细讲解。

图 1.4　ServletConfigDemoServlet 效果展示

1.7　ServletContext

ServletContext 表示 Servlet 应用程序。每个 Web 应用程序只有一个上下文。在将一个应用程序同时部署到多个容器的分布式环境中，每台 Java 虚拟机上的 Web 应用都会有一个 ServletContext 对象。

通过在 ServletConfig 中调用 getServletContext 方法，可以获得 ServletContext。

有了 ServletContext，就可以共享从应用程序中的所有资料处访问到的信息，并且可以动态注册 Web 对象。前者将对象保存在 ServletContext 中的一个内部 Map 中。保存在 ServletContext 中的对象被称作属性。

ServletContext 中的下列方法负责处理属性：

```
java.lang.Object getAttribute(java.lang.String name)
java.util.Enumeration<java.lang.String> getAttributeNames()
void setAttribute(java.lang.String name, java.lang.Object object)
void removeAttribute(java.lang.String name)
```

1.8　GenericServlet

前面的例子中展示了如何通过实现 Servlet 接口来编写 Servlet。但你注意到没有？它们必须给 Servlet 中的所有方法都提供实现，即便其中有一些根本就没有包含任何代码。此外，还需要将 ServletConfig 对象保存到类级变量中。

值得庆幸的是 GenericServlet 抽象类的出现。本着尽可能使代码简单的原则，GenericServlet 实现了 Servlet 和 ServletConfig 接口，并完成以下任务：

- 将 init 方法中的 ServletConfig 赋给一个类级变量，以便可以通过调用 getServletConfig 获取。
- 为 Servlet 接口中的所有方法提供默认的实现。
- 提供方法，包围 ServletConfig 中的方法。

GenericServlet 通过将 ServletConfig 赋给 init 方法中的类级变量 servletConfig，来保存 ServletConfig。下面就是 GenericServlet 中的 init 实现：

```
public void init(ServletConfig servletConfig)
        throws ServletException {
    this.servletConfig = servletConfig;
    this.init();
}
```

但是，如果在类中覆盖了这个方法，就会调用 Servlet 中的 init 方法，并且还必须调用 super.init(servletConfig)来保存 ServletConfig。为了避免上述麻烦，GenericServlet 提供了第二个 init 方法，它不带参数。这个方法是在 ServletConfig 被赋给 servletConfig 后，由第一个 init 方法调用：

```
public void init()
        throws ServletException {
    this.servletConfig = servletConfig;
    this.init();
}
```

这意味着，可以通过覆盖没有参数的 init 方法来编写初始化代码，ServletConfig 则仍然由 GenericServlet 实例保存。

清单 1.3 中的 GenericServletDemoServlet 类是对清单 1.2 中 ServletConfigDemoServlet 类的改写。注意，这个新的 Servlet 扩展了 GenericServlet，而不是实现 Servlet。

清单 1.3 GenericServletDemoServlet 类

```
package app01a;
import java.io.IOException;
import java.io.PrintWriter;
import javax.servlet.GenericServlet;
import javax.servlet.ServletConfig;
import javax.servlet.ServletException;
import javax.servlet.ServletRequest;
import javax.servlet.ServletResponse;
import javax.servlet.annotation.WebInitParam;
import javax.servlet.annotation.WebServlet;

@WebServlet(name = "GenericServletDemoServlet",
    urlPatterns = { "/generic" },
    initParams = {
        @WebInitParam(name="admin", value="Harry Taciak"),
        @WebInitParam(name="email", value="admin@example.com")
    }
)
public class GenericServletDemoServlet extends GenericServlet {

    private static final long serialVersionUID = 62500890L;
```

```
    @Override
    public void service(ServletRequest request,
            ServletResponse response)
            throws ServletException, IOException {
        ServletConfig servletConfig = getServletConfig();
        String admin = servletConfig.getInitParameter("admin");
        String email = servletConfig.getInitParameter("email");
        response.setContentType("text/html");
        PrintWriter writer = response.getWriter();
        writer.print("<html><head></head><body>" +
                "Admin:" + admin +
                "<br/>Email:" + email +
                "</body></html>");
    }
}
```

可见，通过扩展 GenericServlet，就不需要覆盖没有计划改变的方法。因此，代码变得更加整洁。在清单 1.3 中，唯一被覆盖的方法是 service 方法。而且，不必亲自保存 ServletConfig。

利用下面这个 URL 调用 Servlet，其结果应该与 ServletConfigDemoServlet 相似：

```
http://localhost:8080/app01a/generic
```

即使 GenericServlet 是对 Servlet 一个很好的加强，但它也不常用，因为它毕竟不像 HttpServlet 那么高级。HttpServlet 才是主角，在现实的应用程序中被广泛使用。关于它的详情，请查阅 1.9 节。

1.9 Http Servlets

不说全部，至少大多数应用程序都要与 HTTP 结合起来使用。这意味着可以利用 HTTP 提供的特性。javax.servlet.http 包是 Servlet API 中的第二个包，其中包含了用于编写 Servlet 应用程序的类和接口。javax.servlet.http 中的许多类型都继承了 javax.servlet 中的类型。

图 1.5 展示了 javax.servlet.http 中的主要类型。

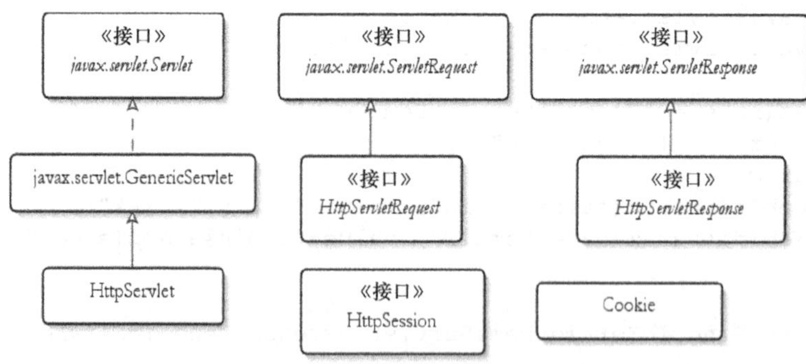

图 1.5 javax.servlet.http 中的主要类型

1.9.1 HttpServlet

HttpServlet 类继承了 javax.servlet.GenericServlet 类。使用 HttpServlet 时，还要借助分别代表 Servlet 请求和 Servlet 响应的 HttpServletRequest 和 HttpServletResponse 对象。HttpServletRequest 接口扩展 javax.servlet.ServletRequest，HttpServletResponse 扩展 javax.servlet.ServletResponse。

HttpServlet 覆盖 GenericServlet 中的 service 方法，并通过下列签名再添加一个 service 方法：

```
protected void service(HttpServletRequest request,
        HttpServletResponse response)
        throws ServletException, java.io.IOException
```

新 service 方法和 javax.servlet.Servlet 中 service 方法之间的区别在于，前者接受 HttpServletRequest 和 HttpServletResponse，而不是 ServletRequest 和 ServletResponse。

像往常一样，Servlet 容器调用 javax.servlet.Servlet 中原始的 Service 方法。HttpServlet 中的编写方法如下：

```
public void service(ServletRequest req, ServletResponse res)
        throws ServletException, IOException {
    HttpServletRequest request;
    HttpServletResponse response;
    try {
        request = (HttpServletRequest) req;
        response = (HttpServletResponse) res;
    } catch (ClassCastException e) {
        throw new ServletException("non-HTTP request or response");
    }
    service(request, response);
}
```

原始的 service 方法将 Servlet 容器的 request 和 response 对象分别转换成 HttpServletRequest 和 HttpServletResponse，并调用新的 service 方法。这种转换总是会成功的，因为在调用 Servlet 的 service 方法时，Servlet 容器总会传入一个 HttpServletRequest 和一个 HttpServletResponse，预备使用 HTTP。即便正在实现 javax.servlet.servlet，或者扩展 javax.servlet.GenericServlet，也可以将传给 service 方法的 servlet request 和 servlet response 分别转换成 HttpServletRequest 和 HttpServletResponse。

然后，HttpServlet 中的 service 方法会检验用来发送请求的 HTTP 方法（通过调用 request.getMethod），并调用以下方法之一：doGet、doPost、doHead、doPut、doTrace、doOptions 和 doDelete。这 7 种方法中，每一种方法都表示一个 HTTP 方法。doGet 和 doPost 是最常用的。因此，不再需要覆盖 Service 方法了，只要覆盖 doGet 或者 doPost，或者覆盖 doGet 和 doPost 即可。

总之，HttpServlet 有两个特性是 GenericServlet 所不具备的：

- 不用覆盖 service 方法，而是覆盖 doGet 或者 doPost，或者覆盖 doGet 和 doPost。在少数情况下，还会覆盖以下任意方法：doHead、doPut、doTrace、doOptions 和 doDelete。

- 使用 HttpServletRequest 和 HttpServletResponse，而不是 ServletRequest 和 ServletResponse。

1.9.2 HttpServletRequest

HttpServletRequest 表示 HTTP 环境中的 Servlet 请求。它扩展 javax.servlet.ServletRequest 接口，并添加了几个方法。新增的部分方法如下：

```
java.lang.String getContextPath()
```

返回表示请求上下文的请求 URI 部分。

```
Cookie[] getCookies()
```

返回一个 Cookie 对象数组。

```
java.lang.String getHeader(java.lang.String name)
```

返回指定 HTTP 标题的值。

```
java.lang.String getMethod()
```

返回生成这个请求的 HTTP 方法名称。

```
java.lang.String getQueryString()
```

返回请求 URL 中的查询字符串。

```
HttpSession getSession()
```

返回与这个请求相关的会话对象。如果没有，将创建一个新的会话对象。

```
HttpSession getSession(boolean create)
```

返回与这个请求相关的会话对象。如果没有，并且 create 参数为 True，将创建一个新的会话对象。

1.9.3 HttpServletResponse

HttpServletResponse 表示 HTTP 环境中的 Servlet 响应。下面是它里面定义的部分方法：

```
void addCookie(Cookie cookie)
```

给这个响应对象添加一个 cookie。

```
void addHeader(java.lang.String name, java.lang.String value)
```

给这个响应对象添加一个 header。

```
void sendRedirect(java.lang.String location)
```

发送一条响应码，将浏览器跳转到指定的位置。

下面的章节将进一步学习这些方法。

1.10 处理 HTML 表单

一个 Web 应用程序中几乎总会包含一个或者多个 HTML 表单，供用户输入值。你可以轻松地将一个 HTML 表单从一个 Servlet 发送到浏览器。当用户提交表单时，在表单元素中输入的值就会被当作请求参数发送到服务器。

HTML 输入域（文本域、隐藏域或者密码域）或者文本区的值，会被当作字符串发送到服务器。空的输入域或者文本区会发送空的字符串。因此，有输入域名称的，ServletRequest.getParameter 绝对不会返回 null。

HTML 的 select 元素也向 header 发送了一个字符串。如果 select 元素中没有任何选项被选中，那么就会发出所显示的这个选项值。

包含多个值的 select 元素（允许选择多个选项并且用<select multiple>表示的 select 元素）发出一个字符串数组，并且必须通过 SelectRequest.getParameterValues 进行处理。

复选框比较奇特。核查过的复选框会发送字符串“on”到服务器。未经核查的复选框则不向服务器发送任何内容，ServletRequest.getParameter(fieldName)返回 null。

单选框将被选中按钮的值发送到服务器。如果没有选择任何按钮，将没有任何内容被发送到服务器，并且 ServletRequest.getParameter(fieldName)返回 null。

如果一个表单中包含多个输入同名的元素，那么所有值都会被提交，并且必须利用 ServletRequest.getParameterValues 来获取它们。ServletRequest.getParameter 将只返回最后一个值。

清单 1.4 中的 FormServlet 类示范了如何处理 HTML 表单。它的 doGet 方法将一个 Order 表单发送到浏览器。它的 doPost 方法获取到所输入的值，并将它们输出。这个 Servlet 就是 app01b 应用程序的一部分。

清单 1.4 FormServlet 类

```
package app01b;
import java.io.IOException;
import java.io.PrintWriter;
import java.util.Enumeration;
import javax.servlet.ServletException;
import javax.servlet.annotation.WebServlet;
import javax.servlet.http.HttpServlet;
import javax.servlet.http.HttpServletRequest;
import javax.servlet.http.HttpServletResponse;

@WebServlet(name = "FormServlet", urlPatterns = { "/form" })
public class FormServlet extends HttpServlet {
    private static final long serialVersionUID = 54L;
    private static final String TITLE = "Order Form";
```

```
@Override
public void doGet(HttpServletRequest request,
        HttpServletResponse response)
        throws ServletException, IOException {
    response.setContentType("text/html");
    PrintWriter writer = response.getWriter();
    writer.println("<html>");
    writer.println("<head>");
    writer.println("<title>" + TITLE + "</title></head>");
    writer.println("<body><h1>" + TITLE + "</h1>");
    writer.println("<form method='post'>");
    writer.println("<table>");
    writer.println("<tr>");
    writer.println("<td>Name:</td>");
    writer.println("<td><input name='name'/></td>");
    writer.println("</tr>");
    writer.println("<tr>");
    writer.println("<td>Address:</td>");
    writer.println("<td><textarea name='address' "
            + "cols='40' rows='5'></textarea></td>");
    writer.println("</tr>");
    writer.println("<tr>");
    writer.println("<td>Country:</td>");
    writer.println("<td><select name='country'>");
    writer.println("<option>United States</option>");
    writer.println("<option>Canada</option>");
    writer.println("</select></td>");
    writer.println("</tr>");
    writer.println("<tr>");
    writer.println("<td>Delivery Method:</td>");
    writer.println("<td><input type='radio' " +
            "name='deliveryMethod'"
            + " value='First Class'/>First Class");
    writer.println("<input type='radio' " +
            "name='deliveryMethod' "
            + "value='Second Class'/>Second Class</td>");
    writer.println("</tr>");
    writer.println("<tr>");
    writer.println("<td>Shipping Instructions:</td>");
    writer.println("<td><textarea name='instruction' "
            + "cols='40' rows='5'></textarea></td>");
    writer.println("</tr>");
    writer.println("<tr>");
    writer.println("<td> </td>");
    writer.println("<td><textarea name='instruction' "
            + "cols='40' rows='5'></textarea></td>");
    writer.println("</tr>");
    writer.println("<tr>");
    writer.println("<td>Please send me the latest " +
            "product catalog:</td>");
    writer.println("<td><input type='checkbox' " +
            "name='catalogRequest'/></td>");
    writer.println("</tr>");
    writer.println("<tr>");
```

```
        writer.println("<td> </td>");
        writer.println("<td><input type='reset'/>" +
                "<input type='submit'/></td>");
        writer.println("</tr>");
        writer.println("</table>");
        writer.println("</form>");
        writer.println("</body>");
        writer.println("</html>");
    }

    @Override
    public void doPost(HttpServletRequest request,
            HttpServletResponse response)
            throws ServletException, IOException {
        response.setContentType("text/html");
        PrintWriter writer = response.getWriter();
        writer.println("<html>");
        writer.println("<head>");
        writer.println("<title>" + TITLE + "</title></head>");
        writer.println("</head>");
        writer.println("<body><h1>" + TITLE + "</h1>");
        writer.println("<table>");
        writer.println("<tr>");
        writer.println("<td>Name:</td>");
        writer.println("<td>" + request.getParameter("name")
                + "</td>");
        writer.println("</tr>");
        writer.println("<tr>");
        writer.println("<td>Address:</td>");
        writer.println("<td>" + request.getParameter("address")
                + "</td>");
        writer.println("</tr>");
        writer.println("<tr>");
        writer.println("<td>Country:</td>");
        writer.println("<td>" + request.getParameter("country")
                + "</td>");
        writer.println("</tr>");
        writer.println("<tr>");
        writer.println("<td>Shipping Instructions:</td>");
        writer.println("<td>");
        String[] instructions = request
                .getParameterValues("instruction");
        if (instructions != null) {
            for (String instruction : instructions) {
                writer.println(instruction + "<br/>");
            }
        }
        writer.println("</td>");
        writer.println("</tr>");
        writer.println("<tr>");
        writer.println("<td>Delivery Method:</td>");
        writer.println("<td>"
                + request.getParameter("deliveryMethod")
                + "</td>");
        writer.println("</tr>");
```

```
            writer.println("<tr>");
            writer.println("<td>Catalog Request:</td>");
            writer.println("<td>");
            if (request.getParameter("catalogRequest") == null) {
                writer.println("No");
            } else {
                writer.println("Yes");
            }
            writer.println("</td>");
            writer.println("</tr>");
            writer.println("</table>");
            writer.println("<div style='border:1px solid #ddd;" +
                        "margin-top:40px;font-size:90%'>");

            writer.println("Debug Info<br/>");
            Enumeration<String> parameterNames = request
                    .getParameterNames();
            while (parameterNames.hasMoreElements()) {
                String paramName = parameterNames.nextElement();
                writer.println(paramName + ": ");
                String[] paramValues = request
                        .getParameterValues(paramName);
                for (String paramValue : paramValues) {
                    writer.println(paramValue + "<br/>");
                }
            }
            writer.println("</div>");
            writer.println("</body>");
            writer.println("</html>");
        }
    }
```

利用下面的 URL，可以调用 FormServlet：

```
http://localhost:8080/app01b/form
```

被调用的 doGet 方法会被这个 HTML 表单发送给浏览器：

```
<form method='post'>
<input name='name'/>
<textarea name='address' cols='40' rows='5'></textarea>
<select name='country'>");
    <option>United States</option>
    <option>Canada</option>
</select>
<input type='radio' name='deliveryMethod' value='First Class'/>
<input type='radio' name='deliveryMethod' value='Second Class'/>
<textarea name='instruction' cols='40' rows='5'></textarea>
<textarea name='instruction' cols='40' rows='5'></textarea>
<input type='checkbox' name='catalogRequest'/>
<input type='reset'/>
<input type='submit'/>
</form>
```

表单的方法设为 post，确保当用户提交表单时，使用 HTTP POST 方法。它的 action 属性默认，表示该表单会被提交给请求它时用的相同的 URL。

图 1.6 展示了一个空的 Order 表单。

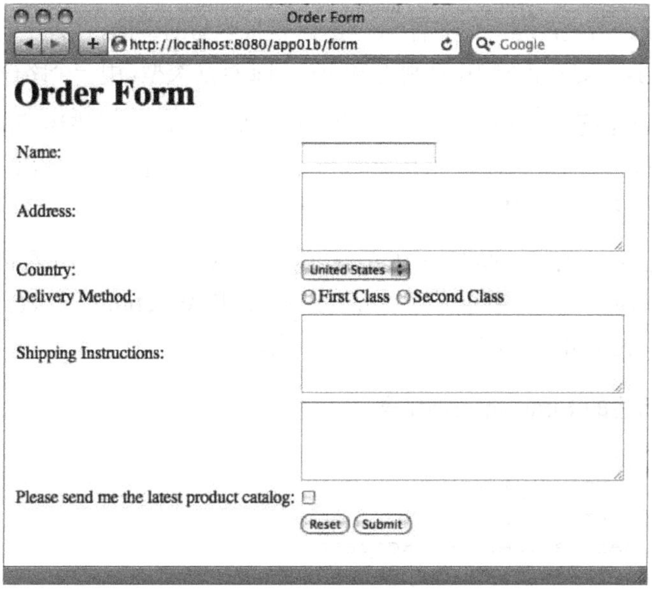

图 1.6 一个空的 Order 表单

现在，填写表单，并单击 Submit 按钮。在表单中输入的值，将利用 HTTP POST 方法被发送给服务器，这样就会调用 Servlet 的 doPost 方法。因此，将会看到图 1.7 所示的那些值。

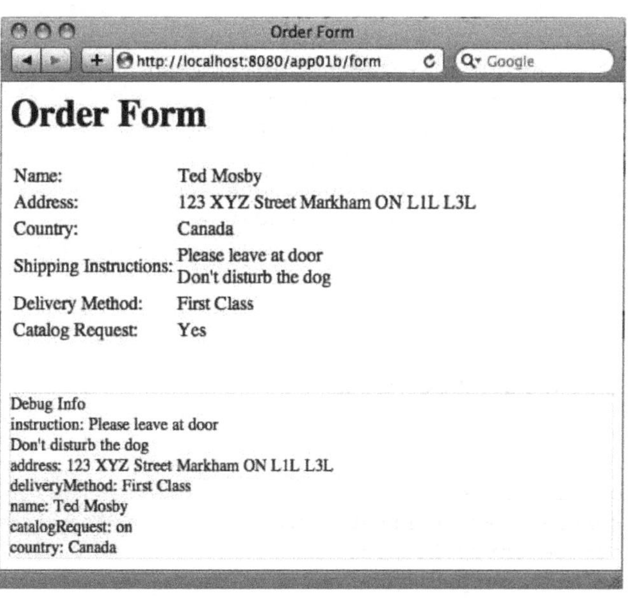

图 1.7 在 Order 表单中输入的值

1.11　使用部署描述符

如在前面的例子中所见，编写和部署 Servlet 都是很容易的事情。部署的一个方面是用一个路径配置 Servlet 的映射。在这些范例中，是利用 WebServlet 标注类型，用一个路径映射了一个 Servlet。

利用部署描述符是配置 Servlet 应用程序的另一种方法，部署描述符的详情将在第 13 章"部署描述符"中探讨。部署描述符总是命名为 web.xml，并且放在 WEB-INF 目录下。本章介绍了如何创建一个名为 app01c 的 Servlet 应用程序，并为它编写了一个 web.xml。

app01c 有 SimpleServlet 和 WelcomeServlet 两个 Servlet，还有一个要映射 Servlets 的部署描述符。清单 1.5 和清单 1.6 分别展示了 SimpleServlet 和 WelcomeServlet。注意，Servlet 类没有用@WebServlet 标注。部署描述符如清单 1.7 所示。

清单 1.5　未标注的 SimpleServlet 类

```
package app01c;
import java.io.IOException;
import java.io.PrintWriter;
import javax.servlet.ServletException;
import javax.servlet.http.HttpServlet;
import javax.servlet.http.HttpServletRequest;
import javax.servlet.http.HttpServletResponse;

public class SimpleServlet extends HttpServlet {
    private static final long serialVersionUID = 8946L;

    @Override
    public void doGet(HttpServletRequest request,
            HttpServletResponse response)
            throws ServletException, IOException {
        response.setContentType("text/html");
        PrintWriter writer = response.getWriter();
        writer.print("<html><head></head>" +
                  "<body>Simple Servlet</body></html>");
    }
}
```

清单 1.6　未标注的 WelcomeServlet 类

```
package app01c;
import java.io.IOException;
import java.io.PrintWriter;
import javax.servlet.ServletException;
import javax.servlet.http.HttpServlet;
import javax.servlet.http.HttpServletRequest;
import javax.servlet.http.HttpServletResponse;
```

```
public class WelcomeServlet extends HttpServlet {
    private static final long serialVersionUID = 27126L;

    @Override
    public void doGet(HttpServletRequest request,
            HttpServletResponse response)
            throws ServletException, IOException {
        response.setContentType("text/html");
        PrintWriter writer = response.getWriter();
        writer.print("<html><head></head>"
                + "<body>Welcome</body></html>");
    }
}
```

清单 1.7 部署描述符

```
<?xml version="1.0" encoding="ISO-8859-1"?>
<web-app xmlns="http://java.sun.com/xml/ns/javaee"
    xmlns:xsi="http://www.w3.org/2001/XMLSchema-instance"
    xsi:schemaLocation="http://java.sun.com/xml/ns/javaee
➥ http://java.sun.com/xml/ns/javaee/web-app_3_0.xsd"
    version="3.0">

    <servlet>
        <servlet-name>SimpleServlet</servlet-name>
        <servlet-class>app01c.SimpleServlet</servlet-class>
        <load-on-startup>10</load-on-startup>
    </servlet>

    <servlet-mapping>
        <servlet-name>SimpleServlet</servlet-name>
        <url-pattern>/simple</url-pattern>
    </servlet-mapping>


    <servlet>
        <servlet-name>WelcomeServlet</servlet-name>
        <servlet-class>app01c.WelcomeServlet</servlet-class>
        <load-on-startup>20</load-on-startup>
    </servlet>

    <servlet-mapping>
        <servlet-name>WelcomeServlet</servlet-name>
        <url-pattern>/welcome</url-pattern>
    </servlet-mapping>
</web-app>
```

使用部署描述符有诸多好处。其一，可以将在@WebServlet 中没有对等元素的元素，如 load-on-startup 元素。这个元素使得 Servlet 在应用程序启动时加载，而不是在第一次调用时加载。如果 Servlet 的 init 方法需要花一些时间才能完成的话，使用 load-on-startup 意味着第一次调用 Servlet 所花的时间并不比后续的调用长，这项功能就特别有用。

使用部署描述符的另一个好处是，如果需要修改配置值，如 Servlet 路径，则不需要重新编译 Servlet 类。

此外，可以将初始参数传给一个 Servlet，并且不需要重新编译 Servlet 类，就可以对它们进行编辑。

部署描述符还允许覆盖在 Servlet 标注中定义的值。Servlet 上的 WebServlet 标注如果同时也在部署描述符中进行声明，那么它将不起作用。然而，在有部署描述符的应用程序中，却不在部署描述符中标注 Servlet 时，则仍然有效。这意味着，可以标注 Servlet，并在同一个应用程序的部署描述符中声明这些 Servlet。

图 1.8　有部署描述符的 b3 的目录结构

图 1.8 展示了有部署描述符的目录结构。这个目录结构与 app01a 的目录结构没有太大区别。唯一的区别在于，app01c 在 WEB-INF 目录中有一个 web.xml 文件（部署描述符）。

现在，在部署描述符中声明 SimpleServlet 和 WelcomeServlet，可以利用这些 URL 来访问它们：

```
http://localhost:8080/app01c/simple
http://localhost:8080/app01c/welcome
```

关于部署以及部署描述符的更多信息，请参考第 13 章。

1.12　小结

Servlet 技术是 Java EE 技术的一部分。所有 Servlet 都运行在 Servlet 容器中，容器和 Servlet 间的接口为 javax.servlet.Servlet。javax.servlet 包还提供了一个名为 GenericServlet 的 Servlet 实现类，该类是一个辅助类，以便可以方便的创建一个 servlet。不过，大部分 servlet 都运行在 HTTP 环境中，因此派生一个 javax.servlet.http.HttpServlet 的子类更为有用，注意 HttpServlet 也是 GenericServlet 的子类。

第 2 章 会话管理

由于 HTTP 的无状态性，使得会话管理或会话跟踪成为 Web 应用开发一个无可避免的主题。默认下，一个 Web 服务器无法区分一个 HTTP 请求是否为第一次访问。

例如，一个 Web 邮件应用要求用户登录后才能查看邮件，因此，当用户输入了相应的用户名和密码后，应用不应该再次提示需要用户登录，应用必须记住哪些用户已经登录。换句话说，应用必须能管理用户的会话。

本章将阐述 4 种不同的状态保持技术：URL 重写、隐藏域、cookies 和 HTTPSession 对象。本章的示例代码为 app02a。

2.1 URL 重写

URL 重写是一种会话跟踪技术，它将一个或多个 token 添加到 URL 的查询字符串中，每个 token 通常为 key=value 形式，如下：

```
url?key-1=value-1&key-2=value-2 ... &key-n=value-n
```

注意，URL 和 tokens 间用问号（？）分割，token 间用与号（&）。

URL 重写适合于 tokens 无须在太多 URL 间传递的情况下，然而它有如下限制：

- URL 在某些浏览器上最大长度为 2000 字符；
- 若要传递值到下一个资源，需要将值插入到链接中，换句话说，静态页面很难传值；
- URL 重写需要在服务端上完成，所有的链接都必须带值，因此当一个页面存在很多链接时，处理过程会是一个不小的挑战；
- 某些字符，例如空格、与和问号等必须用 base64 编码；
- 所有的信息都是可见的，某些情况下不合适。

因为存在如上限制，URL 重写仅适合于信息仅在少量页面间传递，且信息本身不敏感。

清单 2.1 中的 Top10Servlet 类会显示最受游客青睐的 10 个伦敦和巴黎的景点。信息分成两页展示，第一页展示指定城市的 5 个景点，第二页展示另外 5 个。该 Servlet 使用 URL 重写来记录所选择的城市和页数。该类扩展自 HttpServlet，并通过/top10 访问。

清单 2.1　Top10Servlet 类

```
package app02a.urlrewriting;
import java.io.IOException;
import java.io.PrintWriter;
import java.util.ArrayList;
import java.util.List;
import javax.servlet.ServletException;
import javax.servlet.annotation.WebServlet;
import javax.servlet.http.HttpServlet;
import javax.servlet.http.HttpServletRequest;
import javax.servlet.http.HttpServletResponse;

@WebServlet(name = "Top10Servlet", urlPatterns = { "/top10" })
public class Top10Servlet extends HttpServlet {
    private static final long serialVersionUID = 987654321L;

    private List<String> londonAttractions;
    private List<String> parisAttractions;

    @Override
    public void init() throws ServletException {
        londonAttractions = new ArrayList<String>(10);
        londonAttractions.add("Buckingham Palace");
        londonAttractions.add("London Eye");
        londonAttractions.add("British Museum");
        londonAttractions.add("National Gallery");
        londonAttractions.add("Big Ben");
        londonAttractions.add("Tower of London");
        londonAttractions.add("Natural History Museum");
        londonAttractions.add("Canary Wharf");
        londonAttractions.add("2012 Olympic Park");
        londonAttractions.add("St Paul's Cathedral");

        parisAttractions = new ArrayList<String>(10);
        parisAttractions.add("Eiffel Tower");
        parisAttractions.add("Notre Dame");
        parisAttractions.add("The Louvre");
        parisAttractions.add("Champs Elysees");
        parisAttractions.add("Arc de Triomphe");
        parisAttractions.add("Sainte Chapelle Church");
        parisAttractions.add("Les Invalides");
        parisAttractions.add("Musee d'Orsay");
        parisAttractions.add("Montmarte");
        parisAttractions.add("Sacre Couer Basilica");
    }

    @Override
    public void doGet(HttpServletRequest request,
            HttpServletResponse response) throws ServletException,
            IOException {
```

```
        String city = request.getParameter("city");
        if (city != null &&
                (city.equals("london") || city.equals("paris"))) {
            // show attractions
            showAttractions(request, response, city);
        } else {
            // show main page
            showMainPage(request, response);
        }
    }

    private void showMainPage(HttpServletRequest request,
            HttpServletResponse response) throws ServletException,
            IOException {
        response.setContentType("text/html");
        PrintWriter writer = response.getWriter();
        writer.print("<html><head>" +
                "<title>Top 10 Tourist Attractions</title>" +
                "</head><body>" +
                "Please select a city:" +
                "<br/><a href='?city=london'>London</a>" +
                "<br/><a href='?city=paris'>Paris</a>" +
                "</body></html>");
    }

    private void showAttractions(HttpServletRequest request,
            HttpServletResponse response, String city)
            throws ServletException, IOException {

        int page = 1;
        String pageParameter = request.getParameter("page");
        if (pageParameter != null) {
            try {
                page = Integer.parseInt(pageParameter);
            } catch (NumberFormatException e) {
                // do nothing and retain default value for page
            }
            if (page > 2) {
                page = 1;
            }
        }
        List<String> attractions = null;
        if (city.equals("london")) {
            attractions = londonAttractions;
        } else if (city.equals("paris")) {
            attractions = parisAttractions;
        }
        response.setContentType("text/html");
        PrintWriter writer = response.getWriter();
        writer.println("<html><head>" +
                "<title>Top 10 Tourist Attractions</title>" +
                "</head><body>");
        writer.println("<a href='top10'>Select City</a> ");
        writer.println("<hr/>Page " + page + "<hr/>");
        int start = page * 5 - 5;
```

```
            for (int i = start; i < start + 5; i++) {
                writer.println(attractions.get(i) + "<br/>");
            }
            writer.print("<hr style='color:blue'/>" +
                    "<a href='?city=" + city +
                    "&page=1'>Page 1</a>");
            writer.println("  <a href='?city=" + city +
                    "&page=2'>Page 2</a>");
            writer.println("</body></html>");
        }
    }
```

init 方法，仅当该 servlet 第一次被用户访问时调用，构造两个类级别的列表，londonAttractions 和 parisAttractions，每个列表有 10 个景点。

doGet 方法，该方法每次请求时被调用，检查 URL 中是否包括请求参数 city，并且其值是否为“london”或“paris”，方法据此决定是调用 showAttractions 方法还是 showMainPage 方法：

```
String city = request.getParameter("city");
if (city != null &&
        (city.equals("london") || city.equals("paris"))) {
    // show attractions
    showAttractions(request, response, city);
} else {
    // show main page
    showMainPage(request, response);
}
```

用户一开始访问该 servlet 时不带任何请求参数，此时调用 showMainPage，该方法发送两个链接到浏览器，每个链接都包含 token：city=*cityName*。用户所见如图 2.1 所示，现在用户可以选择一个城市。

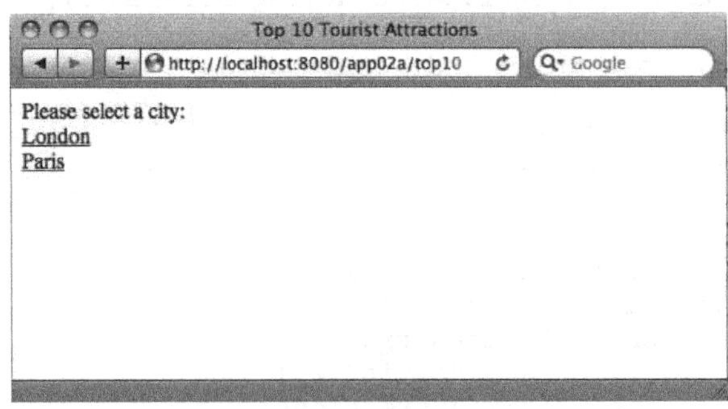

图 2.1　Top10Servlet 的初始页面

如果你查看网页源代码，你会看见如下 HTML:

```
Please select a city:<br/>
<a href='?city=london'>London</a><br/>
<a href='?city=paris'>Paris</a>
```

请注意 a 元素中的 href 属性，该属性值包括一个问号加 token city=london 或 city=paris. 注意，此

处为相对 URL，即 URL 中没有协议部分，相对于当前页面。因此，若你点击了任一链接，则会提交

```
http://localhost:8080/app02a/top10?city=london
```

或

```
http://localhost:8080/app02a/top10?city=paris
```

到服务器上。

根据用户所点击的链接，doGet 方法识别请求参数的 city 值并传递给 showAttractions 方法，该方法会检查 URL 中是否包含 page 参数，如果没有该参数或该参数值无法转换为数字，则该方法设定 page 参数值为 1，并将头 5 个景点发给客户端。图 2.2 为选择伦敦时的界面。

showAttractions 方法还发送了 3 个链接到客户端：Select City、Page 1 和 Page 2。Select City 是无参数访问 servlet，Page 1 和 Page 2 链接包括两个 tokens，即 city 和 page：

```
http://localhost:8080/app02a/top10?city=cityName&page=pageNumber
```

若选择了伦敦，并点击了 Page 2，则将以下 URL 发送给服务端：

```
http://localhost:8080/app02a/top10?city=london&page=2
```

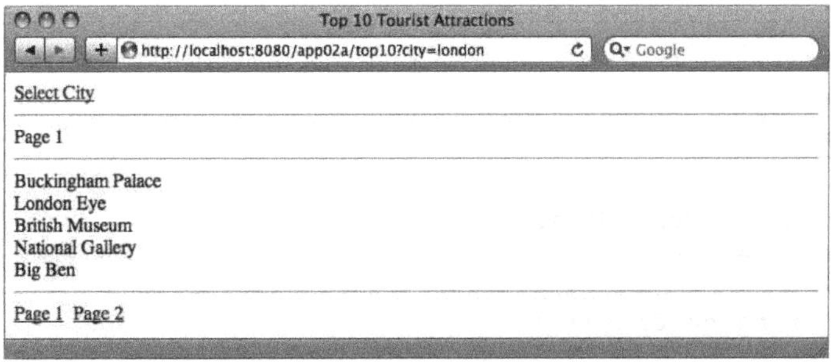

Top 10 Tourist Attractions
http://localhost:8080/app02a/top10?city=london
Google
Select City
Page 1
Buckingham Palace
London Eye
British Museum
National Gallery
Big Ben
Page 1 Page 2

图 2.2 伦敦前十景点，第一页

此时系统会展示伦敦的另外 5 个景点，如图 2.3 所示。

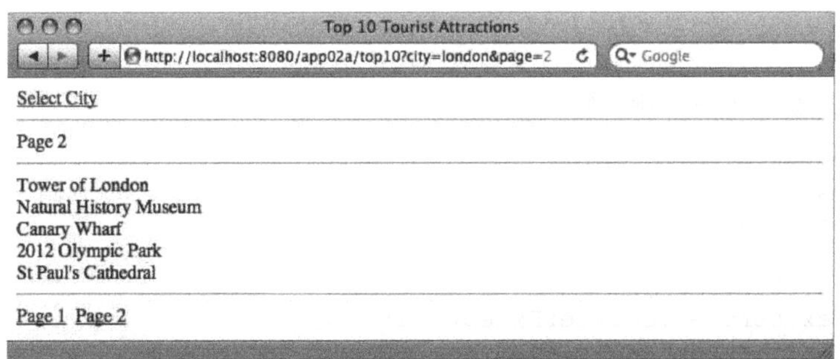

图 2.3 伦敦前十景点，第二页

本例展示了如何用 URL 重写技术来传递参数——city 到服务端以便服务端能正确展示。

2.2 隐藏域

使用隐藏域来保持状态类似于 URL 重写技术，但不是将值附加到 URL 上，而是放到 HTML 表单的隐藏域中。当表单提交时，隐藏域的值也同时提交到服务器端。隐藏域技术仅当网页有表单时有效。该技术相对于 URL 重写的优势在于：没有字符数限制，同时无须额外的编码。但该技术同 URL 重写一样，不适合跨越多个界面。

清单 2.3 展示了如何通过隐藏域来更新客户信息。清单 2.2 的 Customer 类为客户对象模型。

清单 2.2　Customer 类

```
package app02a.hiddenfields;
public class Customer {
    private int id;
    private String name;
    private String city;

    public int getId() {
        return id;
    }
    public void setId(int id) {
        this.id = id;
    }
    public String getName() {
        return name;
    }
    public void setName(String name) {
        this.name = name;
    }
    public String getCity() {
        return city;
    }
    public void setCity(String city) {
        this.city = city;
    }
}
```

清单 2.3　CustomerServlet 类

```
package app02a.hiddenfields;
import java.io.IOException;
import java.io.PrintWriter;
import java.util.ArrayList;
import java.util.List;
import javax.servlet.ServletException;
import javax.servlet.annotation.WebServlet;
import javax.servlet.http.HttpServlet;
import javax.servlet.http.HttpServletRequest;
import javax.servlet.http.HttpServletResponse;
```

```
/*
 * Not thread-safe. For illustration purpose only
 */
@WebServlet(name = "CustomerServlet", urlPatterns = {
        "/customer", "/editCustomer", "/updateCustomer"})
public class CustomerServlet extends HttpServlet {
    private static final long serialVersionUID = -20L;

    private List<Customer> customers = new ArrayList<Customer>();

    @Override
    public void init() throws ServletException {
        Customer customer1 = new Customer();
        customer1.setId(1);
        customer1.setName("Donald D.");
        customer1.setCity("Miami");

        customers.add(customer1);

        Customer customer2 = new Customer();
        customer2.setId(2);
        customer2.setName("Mickey M.");
        customer2.setCity("Orlando");
        customers.add(customer2);
    }

    private void sendCustomerList(HttpServletResponse response)
            throws IOException {
        response.setContentType("text/html");
        PrintWriter writer = response.getWriter();
        writer.println("<html><head><title>Customers</title></head>"
                + "<body><h2>Customers </h2>");
        writer.println("<ul>");
        for (Customer customer : customers) {
            writer.println("<li>" + customer.getName()
                    + "(" + customer.getCity() + ") ("
                    + "<a href='editCustomer?id=" + customer.getId()
                    + "'>edit</a>)");
        }
        writer.println("</ul>");
        writer.println("</body></html>");
    }

    private Customer getCustomer(int customerId) {
        for (Customer customer : customers) {
            if (customer.getId() == customerId) {
                return customer;
            }
        }
        return null;
    }

    private void sendEditCustomerForm(HttpServletRequest request,
            HttpServletResponse response) throws IOException {
```

```
        response.setContentType("text/html");
        PrintWriter writer = response.getWriter();
        int customerId = 0;
        try {
            customerId =
                    Integer.parseInt(request.getParameter("id"));
        } catch (NumberFormatException e) {
        }
        Customer customer = getCustomer(customerId);

        if (customer != null) {
            writer.println("<html><head>"
                    + "<title>Edit Customer</title></head>"
                    + "<body><h2>Edit Customer</h2>"
                    + "<form method='post' "
                    + "action='updateCustomer'>");
            writer.println("<input type='hidden' name='id' value='"
                    + customerId + "'/>");
            writer.println("<table>");
            writer.println("<tr><td>Name:</td><td>"
                    + "<input name='name' value='" +
                    customer.getName().replaceAll("'", "&#39;")
                    + "'/></td></tr>");
            writer.println("<tr><td>City:</td><td>"
                    + "<input name='city' value='" +
                    customer.getCity().replaceAll("'", "&#39;")
                    + "'/></td></tr>");
            writer.println("<tr>"
                    + "<td colspan='2' style='text-align:right'>"
                    + "<input type='submit' value='Update'/></td>"
                    + "</tr>");
            writer.println("<tr><td colspan='2'>"
                    + "<a href='customer'>Customer List</a>"
                    + "</td></tr>");
            writer.println("</table>");
            writer.println("</form></body>");
        } else {
            writer.println("No customer found");
        }

    }
    @Override
    public void doGet(HttpServletRequest request,
            HttpServletResponse response)
            throws ServletException, IOException {
        String uri = request.getRequestURI();
        if (uri.endsWith("/customer")) {
            sendCustomerList(response);
        } else if (uri.endsWith("/editCustomer")) {
            sendEditCustomerForm(request, response);
        }
    }

    @Override
    public void doPost(HttpServletRequest request,
```

```
            HttpServletResponse response)
            throws ServletException, IOException {
        // update customer
        int customerId = 0;
        try {
            customerId =
                    Integer.parseInt(request.getParameter("id"));
        } catch (NumberFormatException e) {
        }
        Customer customer = getCustomer(customerId);
        if (customer != null) {
            customer.setName(request.getParameter("name"));
            customer.setCity(request.getParameter("city"));
        }
        sendCustomerList(response);
    }
}
```

CustomerServlet 类继承自 HttpServlet，其 URL 映射分别为/customer、/editCustomer 和/updateCustomer。前两个 URL 会调用 Servlet 的 doGet 方法，而/updateCustomer 会调用 doPost 方法。

/customer 是本例的入口 URL。该 URL 会列举出在 init 方法中所初始化的类级别的列表对象 customers（在真实应用中，通常是从数据库中获取用户信息），如图 2.4 所示。

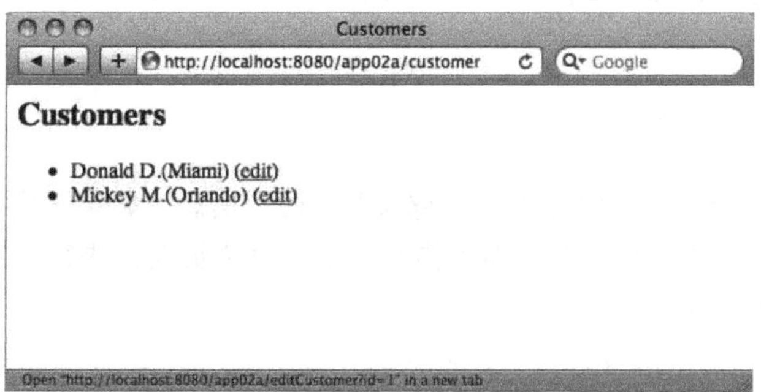

图 2.4　客户列表

如图 2.4 所示，每个客户信息后都有一个 edit 链接，每个 edit 链接的 href 属性为 /editCustomer?id=*customerId*。当通过/editCustomer 访问 servlet 时，servlet 会返回一个编辑表单，如图 2.5 所示。

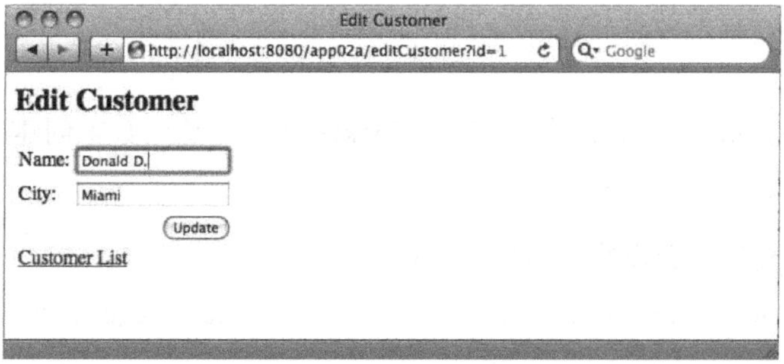

图 2.5　客户编辑表单

如果你点击的是第一个客户，servlet 返回表单中的隐藏域如下:

```
<form method='post' action='updateCustomer'>
<input type='hidden' name='id' value='1'/>
<table>
    <tr><td>Name:</td>
    <td><input name='name' value='Donald DC.'/></td>
</tr>
<tr>
    <td>City:</td><td><input name='city' value='Miami'/></td>
</tr>
<tr>
    <td colspan='2' style='text-align:right'>
        <input type='submit' value='Update'/>
    </td>
</tr>
<tr>
    <td colspan='2'><a href='customer'>Customer List</a></td>
</tr>
</table>
</form>
```

该隐藏域为所编辑的客户 id，因此当表单提交时，服务端就知道应更新哪个客户信息。

需要强调的是，表单是通过 post 方式提交的，因此调用的是 servlet 的 doPost 方法。

2.3　Cookies

URL 重写和隐藏域仅适合保存无须跨越太多页面的信息。如果需要在多个页面间传递信息，则以上两种技术实现成本高昂，因为你不得不在每个页面都进行相应处理。幸运的是，Cookies 技术可以帮助我们。

Cookies 是一个很少的信息片段，可自动地在浏览器和 Web 服务器间交互，因此 cookies 可存储在多个页面间传递的信息。Cookie 作为 HTTP header 的一部分，其传输由 HTTP 协议控制。此外，你可以控制 cookies 的有效时间。浏览器通常支持每个网站高达 20 个 cookies。

Cookies 的问题在于用户可以通过改变其浏览器设置来拒绝接受 cookies。

要使用 cookies，需要熟悉 javax.servlet.http.Cookie 类以及 HttpServletRequest 和 HttpServlet Response 两个接口。

可以通过传递 name 和 value 两个参数给 Cookie 类的构造函数来创建一个 cookies:

```
Cookie cookie = new Cookie(name, value);
```

如下是一个创建语言选择的 cookie 示例:

```
Cookie languageSelectionCookie = new Cookie("language", "Italian");
```

创建完一个 Cookie 对象后，你可以设置 domain、path 和 maxAge 属性。其中，maxAge 属

性决定 cookie 何时过期。

要将 cookie 发送到浏览器，需要调用 HttpServletResponse 的 addcookie 方法：

```
httpServletResponse.addCookie(cookie);
```

浏览器在访问同一 Web 服务器时，会将之前收到的 cookie 一并发送。

此外，Cookies 也可以通过客户端的 javascript 脚本创建和删除，不过这些不在本书范围内。

服务端若要读取浏览器提交的 cookie，可以通过 HttpServletRequest 接口的 getCookies 方法，该方法返回一个 Cookie 数组，若没有 cookies 则返回 null。你需要遍历整个数组来查询某个特定名称的 cookie。如下为查询名为 maxRecords 的 cookie 的示例：

```
Cookie[] cookies = request.getCookies();
Cookie maxRecordsCookie = null;
if (cookies != null) {
    for (Cookie cookie : cookies) {
        if (cookie.getName().equals("maxRecords")) {
            maxRecordsCookie = cookie;
            break;
        }
    }
}
```

目前，还没有类似于 getCookieByName 这样的方法来帮助简化工作。此外，也没有一个直接的方法来删除一个 cookie，你只能创建一个同名的 cookie，并将 maxAge 属性设置为 0，并添加到 HttpServletResponse 接口中。如下为删除一个名为 userName 的 cookie 代码：

```
Cookie cookie = new Cookie("userName", "");
cookie.setMaxAge(0);
response.addCookie(cookie);
```

清单 2.4 的 PreferenceServlet 类展示了如何通过 cookies 来进行会话管理，该 Servlet 允许用户通过修改四个 cookie 值来设定显示配置。

清单 2.4　PreferenceServlet 类

```
package app02a.cookie;
import java.io.IOException;
import java.io.PrintWriter;
import javax.servlet.ServletException;
import javax.servlet.annotation.WebServlet;
import javax.servlet.http.Cookie;
import javax.servlet.http.HttpServlet;
import javax.servlet.http.HttpServletRequest;
import javax.servlet.http.HttpServletResponse;

@WebServlet(name = "PreferenceServlet", urlPatterns = { "/preference" })
public class PreferenceServlet extends HttpServlet {
    private static final long serialVersionUID = 888L;
```

```
    public static final String MENU =
            "<div style='background:#e8e8e8;"
            + "padding:15px'>"
            + "<a href='cookieClass'>Cookie Class</a>  "
            + "<a href='cookieInfo'>Cookie Info</a>  "
            + "<a href='preference'>Preference</a>" + "</div>";

    @Override
    public void doGet(HttpServletRequest request,
            HttpServletResponse response) throws ServletException,
            IOException {
        response.setContentType("text/html");
        PrintWriter writer = response.getWriter();
        writer.print("<html><head>" + "<title>Preference</title>"
                + "<style>table {" + "font-size:small;"
                + "background:NavajoWhite }</style>"
                + "</head><body>"
                + MENU
                + "Please select the values below:"
                + "<form method='post'>"
                + "<table>"
                + "<tr><td>Title Font Size: </td>"
                + "<td><select name='titleFontSize'>"
                + "<option>large</option>"
                + "<option>x-large</option>"
                + "<option>xx-large</option>"
                + "</select></td>"
                + "</tr>"
                + "<tr><td>Title Style & Weight: </td>"
                +"<td><select name='titleStyleAndWeight' multiple>"
                + "<option>italic</option>"
                + "<option>bold</option>"
                + "</select></td>"
                + "</tr>"
                + "<tr><td>Max. Records in Table: </td>"
                + "<td><select name='maxRecords'>"
                + "<option>5</option>"
                + "<option>10</option>"
                + "</select></td>"
                + "</tr>"
                + "<tr><td rowspan='2'>"
                + "<input type='submit' value='Set'/></td>"
                + "</tr>"
                + "</table>" + "</form>" + "</body></html>");
    }

    @Override
    public void doPost(HttpServletRequest request,
            HttpServletResponse response) throws ServletException,
            IOException {

        String maxRecords = request.getParameter("maxRecords");
        String[] titleStyleAndWeight = request
                .getParameterValues("titleStyleAndWeight");
```

```
            String titleFontSize =
                    request.getParameter("titleFontSize");
            response.addCookie(new Cookie("maxRecords", maxRecords));
            response.addCookie(new Cookie("titleFontSize",
                    titleFontSize));

            // delete titleFontWeight and titleFontStyle cookies first
            // Delete cookie by adding a cookie with the maxAge = 0;
            Cookie cookie = new Cookie("titleFontWeight", "");
            cookie.setMaxAge(0);
            response.addCookie(cookie);

            cookie = new Cookie("titleFontStyle", "");
            cookie.setMaxAge(0);
            response.addCookie(cookie);

            if (titleStyleAndWeight != null) {
                for (String style : titleStyleAndWeight) {
                    if (style.equals("bold")) {
                        response.addCookie(new
                                Cookie("titleFontWeight", "bold"));
                    } else if (style.equals("italic")) {
                        response.addCookie(new Cookie("titleFontStyle",
                                "italic"));
                    }
                }
            }

            response.setContentType("text/html");
            PrintWriter writer = response.getWriter();
            writer.println("<html><head>" + "<title>Preference</title>"
                    + "</head><body>" + MENU
                    + "Your preference has been set."
                    + "<br/><br/>Max. Records in Table: " + maxRecords
                    + "<br/>Title Font Size: " + titleFontSize
                    + "<br/>Title Font Style & Weight: ");

            // titleStyleAndWeight will be null if none of the options
            // was selected
            if (titleStyleAndWeight != null) {
                writer.println("<ul>");
                for (String style : titleStyleAndWeight) {
                    writer.print("<li>" + style + "</li>");
                }
                writer.println("</ul>");
            }
            writer.println("</body></html>");
    }
}
```

PreferenceServlet 的 doGet 方法展示一个包含多个输入项的表单，如图 2.6 所示。

表单上部有 3 个链接：Cookie Class、Cookie Info 和 Preference。它们可以导航到本应用

的其他 Servlet 上。关于 Cookie Class 和 Cookie Info，我们稍后介绍。

当用户提交表单时，Web 服务器会调用 PreferenceServlet 的 doPost 方法，该方法创建 4 个 cookies，即 maxRecords、titleFontSize、titleFontStyle 和 titleFontWeight，并覆盖该 cookie 之前的值，然后将用户输入的值返回给浏览器。

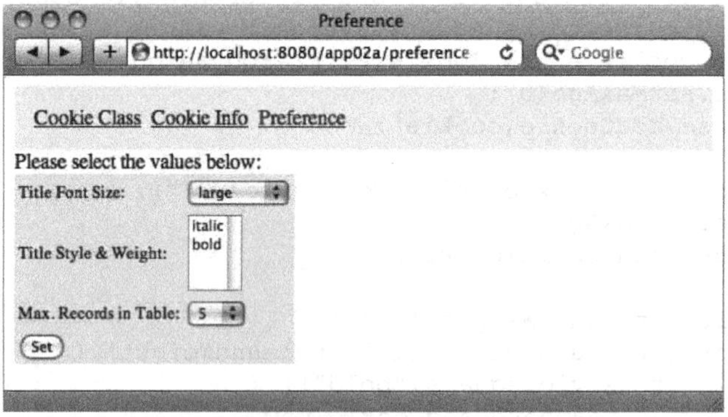

图 2.6　通过 cookies 来管理用户偏好

可以通过如下 URL 访问 PreferenceServlet：

```
http://localhost:8080/app02a/preference
```

CookieClassServlet（见清单 2.5）和 CookieInfoServlet（见清单 2.6）各自应用这些 cookie 来格式化其内容。CookieClassServlet 将 Cookie 的属性展示为一个 HTML 列表。

Cookie 中的 max Records 值决定显示多少个列表项，可通过 Preference Servlet 调整该值。

清单 2.5　CookieClassServlet 类

```
package app02a.cookie;
import java.io.IOException;
import java.io.PrintWriter;
import javax.servlet.ServletException;
import javax.servlet.annotation.WebServlet;
import javax.servlet.http.Cookie;
import javax.servlet.http.HttpServlet;
import javax.servlet.http.HttpServletRequest;
import javax.servlet.http.HttpServletResponse;

@WebServlet(name = "CookieClassServlet",
        urlPatterns = { "/cookieClass" })
public class CookieClassServlet extends HttpServlet {
    private static final long serialVersionUID = 837369L;

    private String[] methods = {
            "clone", "getComment", "getDomain",
            "getMaxAge", "getName", "getPath",
            "getSecure", "getValue", "getVersion",
            "isHttpOnly", "setComment", "setDomain",
```

```
            "setHttpOnly", "setMaxAge", "setPath",
            "setSecure", "setValue", "setVersion"
    };

    @Override
    public void doGet(HttpServletRequest request,
            HttpServletResponse response) throws ServletException,
            IOException {

        Cookie[] cookies = request.getCookies();
        Cookie maxRecordsCookie = null;
        if (cookies != null) {
            for (Cookie cookie : cookies) {
                if (cookie.getName().equals("maxRecords")) {
                    maxRecordsCookie = cookie;
                    break;
                }
            }
        }

        int maxRecords = 5; // default
        if (maxRecordsCookie != null) {
            try {
                maxRecords = Integer.parseInt(
                        maxRecordsCookie.getValue());
            } catch (NumberFormatException e) {
                // do nothing, use maxRecords default value
            }
        }

        response.setContentType("text/html");
        PrintWriter writer = response.getWriter();
        writer.print("<html><head>" + "<title>Cookie Class</title>"
                + "</head><body>"
                + PreferenceServlet.MENU
                + "<div>Here are some of the methods in " +
                        "javax.servlet.http.Cookie");
        writer.print("<ul>");

        for (int i = 0; i < maxRecords; i++) {
            writer.print("<li>" + methods[i] + "</li>");
        }
        writer.print("</ul>");
        writer.print("</div></body></html>");
    }
}
```

CookieInfoServlet 类读取 titleFontSize、titleFontWeight 和 titleFontStyle 三个 cookie 值，并写入到如下发给浏览器的 CSS 中，其中 *x*、*y* 和 *z* 分别为如上所提的 cookie。

```
.title {
    font-size: x;
    font-weight: y;
```

```
    font-style: z;
}
```

该 style 应用在一个 div 元素中，并格式化文字“Session Management with Cookies:”。

清单 2.6　CookieInfoServlet 类

```
package app02a.cookie;
import java.io.IOException;
import java.io.PrintWriter;
import javax.servlet.ServletException;
import javax.servlet.annotation.WebServlet;
import javax.servlet.http.Cookie;
import javax.servlet.http.HttpServlet;
import javax.servlet.http.HttpServletRequest;
import javax.servlet.http.HttpServletResponse;

@WebServlet(name = "CookieInfoServlet", urlPatterns = { "/cookieInfo" })
public class CookieInfoServlet extends HttpServlet {
    private static final long serialVersionUID = 3829L;

    @Override
    public void doGet(HttpServletRequest request,
            HttpServletResponse response) throws ServletException,
            IOException {

        Cookie[] cookies = request.getCookies();
        StringBuilder styles = new StringBuilder();
        styles.append(".title {");
        if (cookies != null) {
            for (Cookie cookie : cookies) {
                String name = cookie.getName();
                String value = cookie.getValue();
                if (name.equals("titleFontSize")) {
                    styles.append("font-size:" + value + ";");
                } else if (name.equals("titleFontWeight")) {
                    styles.append("font-weight:" + value + ";");
                } else if (name.equals("titleFontStyle")) {
                    styles.append("font-style:" + value + ";");
                }
            }
        }
        styles.append("}");
        response.setContentType("text/html");
        PrintWriter writer = response.getWriter();
        writer.print("<html><head>" + "<title>Cookie Info</title>"
                + "<style>" + styles.toString() + "</style>"
                + "</head><body>" + PreferenceServlet.MENU
                + "<div class='title'>"
                + "Session Management with Cookies:</div>");
        writer.print("<div>");

        // cookies will be null if there's no cookie
        if (cookies == null) {
```

```
                writer.print("No cookie in this HTTP response.");
            } else {
                writer.println("<br/>Cookies in this HTTP response:");
                for (Cookie cookie : cookies) {
                    writer.println("<br/>" + cookie.getName() + ":"
                            + cookie.getValue());
                }
            }
            writer.print("</div>");
            writer.print("</body></html>");
        }
    }
```

可以通过如下 URL 来访问 CookieClassServlet：

```
http://localhost:8080/app02a/cookieClass
```

可以通过如下 URL 来访问 CookieInfoServlet：

```
http://localhost:8080/app02a/cookieInfo
```

图 2.7 和图 2.8 分别展示了 CookieClassServlet 和 CookieInfoServlet 的显示界面。

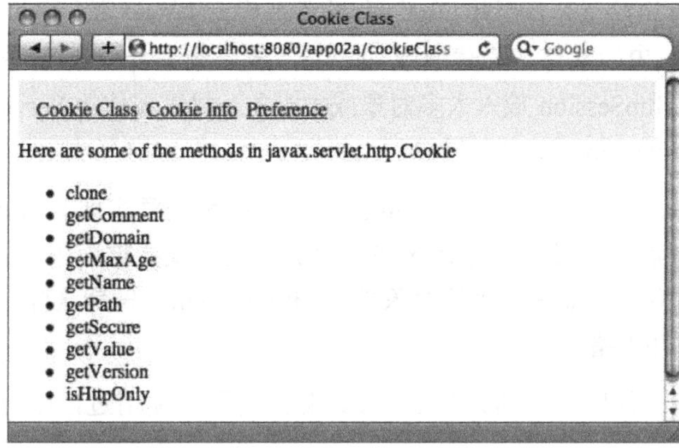

图 2.7　CookieClassServlet 输出

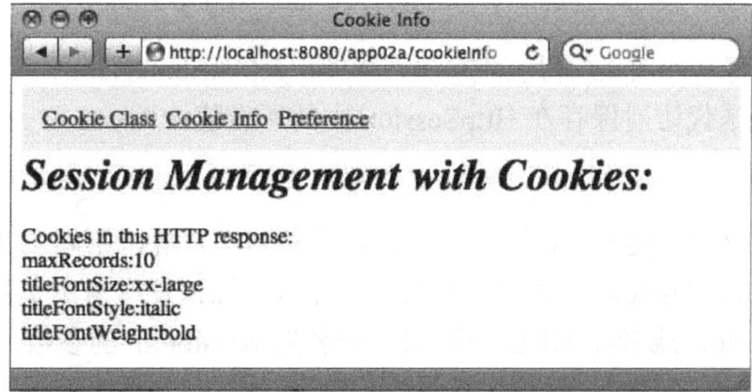

图 2.8　CookieInfoServlet 输出

2.4 HttpSession 对象

在所有的会话跟踪技术中，HttpSession 对象是最强大和最通用的。一个用户可以有且最多有一个 HttpSession，并且不会被其他用户访问到。

HttpSession 对象在用户第一次访问网站的时候自动被创建，你可以通过调用 HttpServletRequest 的 getSession 方法获取该对象。getSession 有两个重载方法：

```
HttpSession getSession()

HttpSession getSession(boolean create)
```

没有参数的 getSession 方法会返回当前的 HttpSession，若当前没有，则创建一个返回。getSession(false)返回当前 HttpSession，如当前会话不存在，则返回 null。getSession(true)返回当前 HttpSession，若当前没有，则创建一个 getSession(true)同 getSession()一致。

可以通过 HttpSession 的 setAttribute 方法将值放入 HttpSession，该方法签字如下：

```
void setAttribute(java.lang.String name, java.lang.Object value)
```

请注意，不同于 URL 重写、隐藏域或 cookie，放入到 HttpSession 的值，是存储在内存中的，因此，不要往 HttpSession 放入太多对象或大对象。尽管现代的 Servlet 容器在内存不够用的时候会将保存在 HttpSessions 的对象转储到二级存储上，但这样有性能问题，因此小心存储。

此外，放到 HttpSession 的值不限于 String 类型，可以是任意实现 java.io.Serializable 的 java 对象，因为 Servlet 容器认为必要时会将这些对象放入文件或数据库中，尤其在内存不够用的时候，当然你也可以将不支持序列化的对象放入 HttpSession，只是这样，当 Servlet 容器视图序列化的时候会失败并报错。

调用 setAttribute 方法时，若传入的 name 参数此前已经使用过，则会用新值覆盖旧值。

通过调用 HttpSession 的 getAttribute 方法可以取回之前放入的对象，该方法的签名如下：

```
java.lang.Object getAttribute(java.lang.String name)
```

HttpSession 还有一个非常有用的方法，名为 getAttributeNames，该方法会返回一个 Enumeration 对象来迭代访问保存在 HttpSession 中的所有值：

```
java.util.Enumeration<java.lang.String> getAttributeNames()
```

注意，所有保存在 HttpSession 的数据不会被发送到客户端，不同于其他会话管理技术，Servlet 容器为每个 HttpSession 生成唯一的标识，并将该标识发送给浏览器，或创建一个名为 JSESSIONID 的 cookie，或者在 URL 后附加一个名为 jsessionid 的参数。在后续的请求中，浏览器会将标识提交给服务端，这样服务器就可以识别该请求是由哪个用户发起的。Servlet 容器会自动选择一种方式传递会话标识，无须开发人员介入。

可以通过调用 HttpSession 的 getId 方法来读取该标识：

```
java.lang.String getId()
```

此外，HttpSession.还定义了一个名为 invalidate 的方法。该方法强制会话过期，并清空其保存的对象。默认情况下，HttpSession 会在用户不活动一段时间后自动过期，该时间可以通过部署描述符的 session-timeout 元素配置，若设置为 30，则会话对象会在用户最后一次访问 30 分钟后过期，如果部署描述符没有配置，则该值取决于 Servlet 容器的设定。

大部分情况下，你应该主动销毁无用的 HttpSession，以便释放相应的内存。

可以通过调用 HttpSession 的 getMaxInactiveInterval 方法来查看会话多久会过期。该方法返回一个数字类型，单位为秒。调用 setMaxInactiveInterval 方法来单独对某个 HttpSession 设定其超时时间：

```
void setMaxInactiveInterval(int seconds)
```

若设置为 0，则该 HttpSession 永不过期。通常这不是一个好的设计，因此该 HttpSession 所占用的堆内存将永不释放，直到应用重加载或 Servlet 容器关闭。

清单 2.9 ShoppingCartServlet 为一个小的有 4 个商品的在线商城，用户可以将商品添加到购物车中，并可以查看购物车内容，所用到的 Product 类可见清单 2.7，ShoppingItem 类可见清单 2.8，Product 类定义了 4 个属性（id、name、description 和 price），ShoppingItem 有两个属性，即 quantity 和 Product。

清单 2.7 Product 类

```
package app02a.httpsession;
public class Product {
    private int id;
    private String name;
    private String description;
    private float price;

    public Product(int id, String name, String description, float price)
        {
         this.id = id;
         this.name = name;
         this.description = description;
         this.price = price;
    }

    // get and set methods not shown to save space
}
```

清单 2.8 ShoppingItem 类

```
package app02a.httpsession;
public class ShoppingItem {
```

```
    private Product product;
    private int quantity;

    public ShoppingItem(Product product, int quantity) {
        this.product = product;
        this.quantity = quantity;
    }

    // get and set methods not shown to save space
}
```

清单 2.9 ShoppingCartServlet 类

```
package app02a.httpsession;
import java.io.IOException;
import java.io.PrintWriter;
import java.text.NumberFormat;
import java.util.ArrayList;
import java.util.List;
import java.util.Locale;

import javax.servlet.ServletException;
import javax.servlet.annotation.WebServlet;
import javax.servlet.http.HttpServlet;
import javax.servlet.http.HttpServletRequest;
import javax.servlet.http.HttpServletResponse;
import javax.servlet.http.HttpSession;

@WebServlet(name = "ShoppingCartServlet", urlPatterns = {
        "/products", "/viewProductDetails",
        "/addToCart", "/viewCart" })
public class ShoppingCartServlet extends HttpServlet {
    private static final long serialVersionUID = -20L;
    private static final String CART_ATTRIBUTE = "cart";

    private List<Product> products = new ArrayList<Product>();
    private NumberFormat currencyFormat = NumberFormat
            .getCurrencyInstance(Locale.US);

    @Override
    public void init() throws ServletException {
        products.add(new Product(1, "Bravo 32' HDTV",
                "Low-cost HDTV from renowned TV manufacturer",
                159.95F));
        products.add(new Product(2, "Bravo BluRay Player",
                "High quality stylish BluRay player", 99.95F));
        products.add(new Product(3, "Bravo Stereo System",
                "5 speaker hifi system with iPod player",
                129.95F));
        products.add(new Product(4, "Bravo iPod player",
                "An iPod plug-in that can play multiple formats",
                39.95F));
    }

    @Override
    public void doGet(HttpServletRequest request,
```

```
            HttpServletResponse response) throws ServletException,
            IOException {
        String uri = request.getRequestURI();
        if (uri.endsWith("/products")) {
            sendProductList(response);
        } else if (uri.endsWith("/viewProductDetails")) {
            sendProductDetails(request, response);
        } else if (uri.endsWith("viewCart")) {
            showCart(request, response);
        }
    }

    @Override
    public void doPost(HttpServletRequest request,
            HttpServletResponse response) throws ServletException,
            IOException {
        // add to cart
        int productId = 0;
        int quantity = 0;
        try {
            productId = Integer.parseInt(
                    request.getParameter("id"));
            quantity = Integer.parseInt(request
                    .getParameter("quantity"));
        } catch (NumberFormatException e) {
        }

        Product product = getProduct(productId);
        if (product != null && quantity >= 0) {


            ShoppingItem shoppingItem = new ShoppingItem(product,
                    quantity);
            HttpSession session = request.getSession();
            List<ShoppingItem> cart = (List<ShoppingItem>) session
                    .getAttribute(CART_ATTRIBUTE);
            if (cart == null) {
                cart = new ArrayList<ShoppingItem>();
                session.setAttribute(CART_ATTRIBUTE, cart);
            }
            cart.add(shoppingItem);
        }
        sendProductList(response);
    }

    private void sendProductList(HttpServletResponse response)
            throws IOException {
        response.setContentType("text/html");
        PrintWriter writer = response.getWriter();
        writer.println("<html><head><title>Products</title>" +
                    "</head><body><h2>Products</h2>");
        writer.println("<ul>");
        for (Product product : products) {
            writer.println("<li>" + product.getName() + "("
                    + currencyFormat.format(product.getPrice())
                    + ") (" + "<a href='viewProductDetails?id="
```

```
                    + product.getId() + "'>Details</a>)");
        }
        writer.println("</ul>");
        writer.println("<a href='viewCart'>View Cart</a>");
        writer.println("</body></html>");
    }

    private Product getProduct(int productId) {
        for (Product product : products) {
            if (product.getId() == productId) {
                return product;
            }
        }
        return null;
    }

    private void sendProductDetails(HttpServletRequest request,
            HttpServletResponse response) throws IOException {
        response.setContentType("text/html");
        PrintWriter writer = response.getWriter();
        int productId = 0;
        try {
            productId = Integer.parseInt(
                    request.getParameter("id"));
        } catch (NumberFormatException e) {
        }
        Product product = getProduct(productId);
        if (product != null) {
            writer.println("<html><head>"
                    + "<title>Product Details</title></head>"
                    + "<body><h2>Product Details</h2>"
                    + "<form method='post' action='addToCart'>");
            writer.println("<input type='hidden' name='id' "
                    + "value='" + productId + "'/>");
            writer.println("<table>");
            writer.println("<tr><td>Name:</td><td>"
                    + product.getName() + "</td></tr>");
            writer.println("<tr><td>Description:</td><td>"
                    + product.getDescription() + "</td></tr>");
            writer.println("<tr>" + "<tr>"
                    + "<td><input name='quantity'/></td>"
                    + "<td><input type='submit' value='Buy'/>"
                    + "</td>"
                    + "</tr>");
            writer.println("<tr><td colspan='2'>"
                    + "<a href='products'>Product List</a>"
                    + "</td></tr>");
            writer.println("</table>");
            writer.println("</form></body>");
        } else {
            writer.println("No product found");
        }

    }

    private void showCart(HttpServletRequest request,
```

```
            HttpServletResponse response) throws IOException {
        response.setContentType("text/html");
        PrintWriter writer = response.getWriter();
        writer.println("<html><head><title>Shopping Cart</title>"
                + "</head>");
        writer.println("<body><a href='products'>" +
                "Product List</a>");
        HttpSession session = request.getSession();
        List<ShoppingItem> cart = (List<ShoppingItem>) session
                .getAttribute(CART_ATTRIBUTE);
        if (cart != null) {
            writer.println("<table>");
            writer.println("<tr><td style='width:150px'>Quantity"
                    + "</td>"
                    + "<td style='width:150px'>Product</td>"
                    + "<td style='width:150px'>Price</td>"
                    + "<td>Amount</td></tr>");
            double total = 0.0;
            for (ShoppingItem shoppingItem : cart) {
                Product product = shoppingItem.getProduct();
                int quantity = shoppingItem.getQuantity();
                if (quantity != 0) {
                    float price = product.getPrice();
                    writer.println("<tr>");
                    writer.println("<td>" + quantity + "</td>");
                    writer.println("<td>" + product.getName()
                            + "</td>");
                    writer.println("<td>"
                            + currencyFormat.format(price)
                            + "</td>");
                    double subtotal = price * quantity;

                    writer.println("<td>"
                            + currencyFormat.format(subtotal)
                            + "</td>");
                    total += subtotal;
                    writer.println("</tr>");
                }
            }
            writer.println("<tr><td colspan='4' "
                    + "style='text-align:right'>"
                    + "Total:"
                    + currencyFormat.format(total)
                    + "</td></tr>");
            writer.println("</table>");
        }
        writer.println("</table></body></html>");

    }
}
```

ShoppingCartServlet 映射有如下 URL：

- /products：显示所有商品。
- /viewProductDetails：展示一个商品的细节。

- /addToCart：将一个商品添加到购物车中。
- /viewCart：展示购物车的内容。

除/addToCart 外，其他 URL 都会调用 doGet 方法。doGet 首先根据所请求的 URL 来生成相应内容：

```
String uri = request.getRequestURI();
if (uri.endsWith("/products")) {
    sendProductList(response);
} else if (uri.endsWith("/viewProductDetails")) {
    sendProductDetails(request, response);
} else if (uri.endsWith("viewCart")) {
    showCart(request, response);
}
```

如下 URL 访问应用的主界面：

```
http://localhost:8080/app02a/products
```

该 URL 会展示商品列表，如图 2.9 所示。

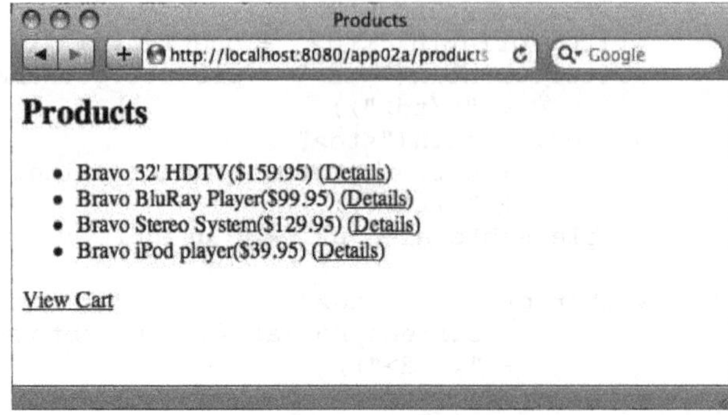

图 2.9　产品列表

单击 Details（详细）链接，Servlet 会显示所选产品的详细信息，如图 2.10 所示。请注意页面上的输入框和 Buy 按钮，输入一个数字并单击 Buy 按钮，就可以添加该产品到购物车中。

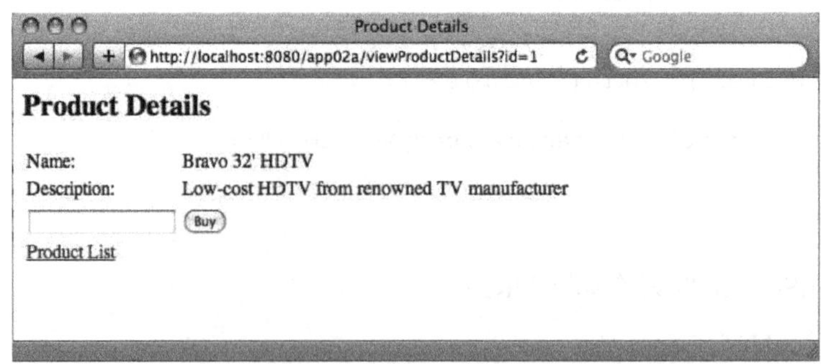

图 2.10　产品详细页

提交购物表单，Web 容器会调用 ShoppingCartServlet 的 doPost 方法，该方法将一个商品添加到该用户的 HttpSession。

doPost 方法首先构造一个 ShoppingItem 实例，传入用户所编辑的商品和数量：

```
ShoppingItem shoppingItem = new ShoppingItem(product,
        quantity);
```

然后获取当前用户的 HttpSession，并检查是否已经有一个名为“cart”的 List 对象：

```
HttpSession session = request.getSession();
List<ShoppingItem> cart = (List<ShoppingItem>) session
        .getAttribute(CART_ATTRIBUTE);
```

若不存在，则创建一个并添加到 HttpSession 中：

```
if (cart == null) {
    cart = new ArrayList<ShoppingItem>();
    session.setAttribute(CART_ATTRIBUTE, cart);
}
```

最后，将所创建的 ShoppingItem 添加到该 list 中：

```
cart.add(shoppingItem);
```

当用户单击 View Cart（查看购物车）链接时，Web 容器调用 showCart 方法，获取当前用户的 HttpSession 并调用其 getAttribute 方法来获取购物商品列表：

```
HttpSession session = request.getSession();
List<ShoppingItem> cart = (List<ShoppingItem>) session
        .getAttribute(CART_ATTRIBUTE);
```

然后迭代访问 List 对象，并将购物项发送给浏览器：

```
if (cart != null) {
    for (ShoppingItem shoppingItem : cart) {
        Product product = shoppingItem.getProduct();
        int quantity = shoppingItem.getQuantity();
    ...
```

2.5　小结

本章中，你已经学习了会话管理的概念以及 4 种会话管理技术，URL 重写和隐藏域是轻量级的会话跟踪技术，适用于那些仅跨少量页面的数据。而 cookies 和 HttpSession 对象，更加灵活但也有限制，尤其是在应用 HttpSession 时会消耗服务器内存。

第 3 章 JavaServer Pages(JSP)

我们在第 1 章中已经了解到，Servlet 有两个缺点是无法克服的：首先，写在 Servlet 中的所有 HTML 标签必须包含 Java 字符串，这使得处理 HTTP 响应报文的工作十分烦琐；第二，所有的文本和 HTML 标记是硬编码，导致即使是表现层的微小变化，如改变背景颜色，也需要重新编译。

JavaServer Pages（JSP）解决了上述两个问题。同时，JSP 不会取代 Servlet，相反，它们具有互补性。现代的 Java Web 应用会同时使用 Servlet 和 JSP 页面。撰写本文时，JSP 的最新版本是 2.3。

本章概述了 JSP 技术，并讨论了在 JSP 页面中，隐式对象细节的意见，3 个语法元素（指令、脚本元素和动作），还讨论了错误处理。可以用标准语法或 XML 语法编写 JSP。用 XML 语法编写的 JSP 页面被称为 JSP 文档。由于很少用 XML 语法编写 JSP，故本章不做介绍。在本章中，我们将学习 JSP 标准语法。

3.1 JSP 概述

JSP 页面本质上是一个 Servlet。然而，用 JSP 页面开发比使用 Servlet 更容易，主要有两个原因。首先，不必编译 JSP 页面；其次，JSP 页面是一个以.jsp 为扩展名的文本文件，可以使用任何文本编辑器来编写它们。

JSP 页面在 JSP 容器中运行，一个 Servlet 容器通常也是 JSP 容器。例如，Tomcat 就是一个 Servlet/JSP 容器。

当一个 JSP 页面第一次被请求时，Servlet/JSP 容器主要做以下两件事情：

（1）转换 JSP 页面到 JSP 页面实现类，该实现类是一个实现 javax.servlet.jsp.JspPage 接口或子接口 javax.servlet.jsp.HttpJspPage 的 Java 类。JspPage 是 javax.servlet.Servlet 的子接口，这使得每一个 JSP 页面都是一个 Servlet。该实现类的类名由 Servlet/JSP 容器生成。如果出现转换错误，则相关错误信息将被发送到客户端。

（2）如果转换成功，Servlet/JSP 容器随后编译该 Servlet 类，并装载和实例化该类，像其他正常的 Servlet 一样执行生命周期操作。

对于同一个 JSP 页面的后续请求，Servlet/JSP 容器会先检查 JSP 页面是否被修改过。如果是，则该 JSP 页面会被重新翻译、编译并执行。如果不是，则执行已经在内存中的 JSP Servlet。这样一来，一个 JSP 页面的第一次调用的实际花费总比后来的花费多，因为它涉及翻译和编译。为了解决这个问题，可以执行下列动作之一：

- 配置应用程序，使所有的 JSP 页面在应用程序启动时被调用（实际上也可视为翻译和编译），而不是在第一次请求时调用。
- 预编译 JSP 页面，并将其部署为 Servlet。

JSP 自带的 API 包含 4 个包：

- javax.servlet.jsp。包含用于 Servlet/JSP 容器将 JSP 页面翻译为 Servlet 的核心类和接口。其中的两个重要成员是 JspPage 和 HttpJspPage 接口。所有的 JSP 页面实现类必须实现 JspPage 或 HttpJspPage 接口。在 HTTP 环境下，实现 HttpJspPage 接口是显而易见的选择。
- javax.servlet.jsp.tagext。包括用于开发自定义标签的类型。
- javax.el。提供了统一表达式语言的 API。
- javax.servlet.jsp.el。提供了一组必须由 Servlet/JSP 容器支持，以便在 JSP 页面中使用表达式语言的类。

除了 javax.servlet.jsp.tagext，我们很少直接使用 JSP API。事实上，编写 JSP 页面时，我们更关心 Servlet API，而非 JSP API。当然，我们还需要掌握 JSP 语法，本章后续会进一步说明。开发 JSP 容器或 JSP 编译器时，JSP API 已被广泛使用。

可以在以下网址查看 JSP API：

```
https://docs.oracle.com/javaee/7/api/index.html?javax/servlet/jsp/package-summary.html
```

JSP 页面可以包含模板数据和语法元素。这里，语法元素是一些具有特殊意义的 JSP 转换符。例如，“<%”是一个元素，因为它表示在 JSP 页面中的 Java 代码块的开始。“%>”也是一个元素，因为它是 Java 代码块的结束符。除去语法元素外的一切是模板数据。模板数据会原样发送给浏览器。例如，JSP 页面中的 HTML 标记和文字都是模板数据。

清单 3.1 给出了一个名为 welcome.jsp 的 JSP 页面。它是发送一个客户问候的简单页面。注意，同 Servlet 相比，JSP 页面是如何更简单地完成同样的事情的。

清单 3.1　welcome.jsp

```
<html>
<head><title>Welcome</title></head>
<body>
Welcome
</body>
</html>
```

在 Tomcat 中，welcome.jsp 页面在第一次请求时被翻译成名为 welcome_jsp 的 Servlet。你

可以在 Tomcat 工作目录下的子目录中找到生成的 Servlet，该 Servlet 继承自 org.apache.jasper.runtime.HttpJspBase，这是一个抽象类，继承自 javax.servlet.http.HttpServlet 并实现了 javax.servlet.jsp.HttpJspPage。

下面是为 welcome.jsp 生成的 Servlet。如果觉得不好理解，可以跳过它。当然，能够理解它更好。

```
package org.apache.jsp;
import javax.servlet.*;
import javax.servlet.http.*;
import javax.servlet.jsp.*;

public final class welcome_jsp extends
        org.apache.jasper.runtime.HttpJspBase
        implements org.apache.jasper.runtime.JspSourceDependent {

    private static final javax.servlet.jsp.JspFactory _jspxFactory =
        javax.servlet.jsp.JspFactory.getDefaultFactory();

    private static java.util.Map<java.lang.String,java.lang.Long>
        _jspx_dependants;

    private javax.el.ExpressionFactory _el_expressionfactory;
    private org.apache.tomcat.InstanceManager _jsp_instancemanager;

    public java.util.Map<java.lang.String,java.lang.Long>
        getDependants() {
            return _jspx_dependants;
    }

    public void _jspInit() {
        _el_expressionfactory =
                _jspxFactory.getJspApplicationContext(
                getServletConfig().getServletContext())
                .getExpressionFactory();
        _jsp_instancemanager =
                org.apache.jasper.runtime.InstanceManagerFactory
                .getInstanceManager(getServletConfig());
    }

    public void _jspDestroy() {
    }

    public void _jspService(final
        javax.servlet.http.HttpServletRequest request, final
        javax.servlet.http.HttpServletResponse response)
        throws java.io.IOException, javax.servlet.ServletException {

        final javax.servlet.jsp.PageContext pageContext;
        javax.servlet.http.HttpSession session = null;
        final javax.servlet.ServletContext application;
```

```
        final javax.servlet.ServletConfig config;
        javax.servlet.jsp.JspWriter out = null;
        final java.lang.Object page = this;
        javax.servlet.jsp.JspWriter _jspx_out = null;
        javax.servlet.jsp.PageContext _jspx_page_context = null;

        try {
            response.setContentType("text/html");
            pageContext = _jspxFactory.getPageContext(this, request,
                response, null, true, 8192, true);
            _jspx_page_context = pageContext;
            application = pageContext.getServletContext();
            config = pageContext.getServletConfig();
            session = pageContext.getSession();
            out = pageContext.getOut();
            _jspx_out = out;

            out.write("<html>\n");
            out.write("<head><title>Welcome</title></head>\n");
            out.write("<body>\n");
            out.write("Welcome\n");
            out.write("</body>\n");
            out.write("</html>");
        } catch (java.lang.Throwable t) {
            if (!(t instanceof
                    javax.servlet.jsp.SkipPageException)){
                out = _jspx_out;
                if (out != null && out.getBufferSize() != 0)
                    try {
                        out.clearBuffer();
                    } catch (java.io.IOException e) {
                    }
                if (_jspx_page_context != null)
                    _jspx_page_context.handlePageException(t);
            }
        } finally {
            _jspxFactory.releasePageContext(_jspx_page_context);
        }
    }
}
```

正如我们在上面的代码中看到的，JSP 页面的主体是_jspService 方法。这个方法被定义在 HttpJspPage，并被 HttpJspBase 的 service 方法调用。下面的代码来自 HttpJspBase 类：

```
public final void service(HttpServletRequest request,
        HttpServletResponse response) throws ServletException,
        IOException {
    _jspService(request, response);
}
```

要覆盖 init 和 destroy 方法，可以参见 3.5 节。

一个 JSP 页面不同于一个 Servlet 的另一个方面是，前者不需要添加注解或在部署描述符中配置映射 URL。在应用程序目录中的每一个 JSP 页面可以直接在浏览器中输入路径页面访问。图 3.1 给出了 app03a 应用程序的目录结构。

C1 应用程序的结构非常简单，由一个空的 WEB-INF 目录和 welcome.jsp 页面构成。

图 3.1 app03a 应用程序的目录结构

可以通过如下 URL 访问 welcome.jsp 页面：

```
http://localhost:8080/app03a/welcome.jsp
```

说明：

添加新的 JSP 界面后，无须重启 Tomcat。

清单 3.2 展示了如何在 JSP 页面中使用 Java 代码来生成动态页面。清单 3.2 的 todaysDate.jsp 页面显示了今天的日期。

清单 3.2 todaysDate.jsp 页面

```
<%@page import="java.util.Date"%>
<%@page import="java.text.DateFormat"%>
<html>
<head><title>Today's date</title></head>
<body>
<%
    DateFormat dateFormat =
            DateFormat.getDateInstance(DateFormat.LONG);
    String s = dateFormat.format(new Date());
    out.println("Today is " + s);
%>
</body>
</html>
```

todaysDate.jsp 页面发送了几个 HTML 标签和字符串“今天是”以及今天的日期到浏览器。

请注意两件事情。首先，Java 代码可以出现在 JSP 页面中的任何位置，并通过“<%”和“%>”包括起来。其次，可以使用 page 指令的 import 属性导入在 JSP 页面中使用的 Java 类型，如果没有导入的类型，必须在代码中写 Java 类的全路径名称。

<%...%>块被称为 scriplet，并在 3.5 节。进一步对其讨论。Page 将在 3.4 节详细讨论。

现在可以通过如下 URL 访问 todaysDate.jsp 页面：

```
http://localhost:8080/app03a/todaysDate.jsp
```

3.2 注释

在浏览器中为 JSP 页面添加注释是一个良好的习惯。JSP 支持两种不同的注释格式：

（1）JSP 注释。该注释记录页面中做了什么。

（2）HTML/XHTML 注释。这些注释将会发送到浏览器上。

JSP 注释以“<%--”开始，以“--%>”结束。下面是一个例子：

```
<%-- retrieve products to display --%>
```

JSP 注释不会被发送到浏览器端，也不会被嵌套。

HTML/XHTML 注释语法如下：

```
<!-- [comments here] -->
```

一个 HTML/XHTML 注释不会被容器处理，会原样发送给浏览器。HTML/XHTML 注释的一个用途是用来确定 JSP 页面本身。

```
<!-- this is /jsp/store/displayProducts.jspf -->
```

尤其是在运行有多个 JSP 片段的应用时，会特别有用。开发人员可以很容易地通过在浏览器中查看 HTML 源代码来找出是哪一个 JSP 页面或片段产生了相应的 HTML 片段。

3.3 隐式对象

Servlet 容器会传递几个对象给它运行的 Servlet。例如，可以通过 Servlet 的 service 方法拿到 HttpServletRequest 和 HttpServletResponse 对象，以及可以通过 init 方法访问到 ServletConfig 对象。此外，可以通过调用 HttpServletRequest 对象的 getSession 方法访问到 HttpSession 对象。

在 JSP 中，可以通过使用隐式对象来访问上述对象。表 3.1 所示为 JSP 隐式对象。

表 3.1 JSP 隐式对象

对象	类型
request	javax.servlet.http.HttpServletRequest
response	javax.servlet.http.HttpServletResponse
out	javax.servlet.jsp.JspWriter
session	javax.servlet.http.HttpSession
application	javax.servlet.ServletContext
config	javax.servlet.ServletConfig
pageContext	javax.servlet.jsp.PageContext
page	javax.servlet.jsp.HttpJspPage
exception	java.lang.Throwable

以 request 为例，该隐式对象代表 Servlet/JSP 容器传递给 Servlet 服务方法的 HttpServlet Request 对象。可以将 request 理解为一个指向 HttpServletRequest 对象的引用变量。下面的代

码示例，从 HttpServletRequest 对象中返回 username 参数值：

```
<%
    String userName = request.getParameter("userName");
%>
```

pageContext 用于 javax.servlet.jsp.PageContext。它提供了有用的上下文信息，并通过其自说明的方法来访问各种 Servlet 相关对象，如 getRequest、getResponse、getServletContext、getServletConfig 和 getSession。当然，这些方法在脚本中不是非常有用的，因为可以更直接地通过隐式对象来访问 request、response、session 和 application。

此外，PageContext 中提供了另一组有趣的方法：用于获取和设置属性的方法，即 getAttribute 方法和 setAttribute 方法。属性值可被存储在 4 个范围之一：页面、请求、会话和应用程序。页面范围是最小范围，这里存储的属性只在同一个 JSP 页面可用。请求范围是指当前的 ServletRequest 中。会话范围指当前的 HttpSession 中。应用程序范围指应用的 ServletContext 中。

PageContext 的 setAttribute 方法签名如下：

```
public abstract void setAttribute(java.lang.String name, java.lang.Object
value, int scope)
```

其中，scope 的取值范围为 PageContext 对象的最终静态 int 值：PAGE_SCOPE、REQUEST_SCOPE、SESSION_SCOPE 和 APPLICATION_SCOPE。

若要保存一个属性到页面范围，可以直接使用 setAttribute 重载方法：

```
public abstract void setAttribute(java.lang.String name, java.lang.Object
value)
```

如下脚本将一个属性保存到 ServletRequest 中：

```
<%
    //product is a Java object
    pageContext.setAttribute("product", product,
            PageContext.REQUEST_SCOPE);
%>
```

同样效果的 Java 代码如下：

```
<%
    request.setAttribute("product", product);
%>
```

隐式对象 out 引用了一个 javax.servlet.jsp.JspWriter 对象，这类似于你在调用 HttpServletResponse 的 getWriter 方法时得到 java.io.PrintWriter。可以通过调用它的 print 方法将消息发送到浏览器。例如：

```
out.println("Welcome");
```

清单 3.3 中的 implicitObjects.jsp 页面展示了部分隐式对象的使用。

清单 3.3 implicitObjects.jsp 页面

```
<%@page import="java.util.Enumeration"%>
<html>
<head><title>JSP Implicit Objects</title></head>
<body>
<b>Http headers:</b><br/>
<%
    for (Enumeration<String> e = request.getHeaderNames();
            e.hasMoreElements(); ){
        String header = e.nextElement();
        out.println(header + ": " + request.getHeader(header) +
                "<br/>");
    }
%>
<hr/>
<%
    out.println("Buffer size: " + response.getBufferSize() +
        "<br/>");
    out.println("Session id: " + session.getId() + "<br/>");
    out.println("Servlet name: " + config.getServletName() +
        "<br/>");
    out.println("Server info: " + application.getServerInfo());
%>
</body>
</html>
```

可以通过访问如下 URL 来调用 implicitObjects.jsp 页面：

```
http://localhost:8080/app03a/implicitObjects.jsp
```

该页面产生了如下内容：

```
Http headers:
host: localhost:8080
user-agent: Mozilla/5.0 (Macintosh; Intel Mac OS X 10_5_8)
        AppleWebKit/534.50.2 (KHTML, like Gecko) Version/5.0.6
        Safari/533.22.3
accept:text/html,application/xhtml+xml,application/xml;q=0.9,*/*;q=
0.8
accept-language: en-us
accept-encoding: gzip, deflate
connection: keep-alive

Buffer size: 8192
Session id: 561DDD085ADD99FC03F70BDEE87AAF4D
Servlet name: jsp
Server info: Apache Tomcat/7.0.14
```

在浏览器中具体看到的内容，取决于所使用的浏览器及其环境。

注意，在默认情况下，JSP 编译器会将 JSP 页面的内容类型设为 text/html。如果要使用不同的类型，则需要通过调用 response.setContentType()或者使用页面指令（详情请参考“指令”小节）来设置内容类型。例如，下面就是将内容类型设置为 text/json：

```
response.setContentType("text/json");
```

还要注意的是，页面隐式对象是表示当前的 JSP 页面，JSP 页面的设计者一般不使用它。

3.4　指令

指令是 JSP 语法元素的第一种类型。它们指示 JSP 转换器如何翻译 JSP 页面为 Servlet。JSP 2.2 定义了多个指令，但只有 page 和 include 最重要，本章会详细讨论。其他章节里将会涉及 taglib、tag、attribute 以及 variable。

3.4.1　page 指令

可以使用 page 指令来控制 JSP 转换器转换当前 JSP 页面的某些方面。例如，可以告诉 JSP 用于转换隐式对象 out 的缓冲器的大小、内容类型，以及需要导入的 Java 类型，等等。

page 指令的语法如下：

```
<%@ page attribute1="value1" attribute2="value2" ... %>
```

@和 page 间的空格不是必须的，attribute1、attribute2 等是 page 指令的属性。如下是 page 指令属性的列表：

- import：定义一个或多个本页面中将被导入和使用的 java 类型。例如：import="java.util.List" 将导入 List 接口。可以使用通配符“*”来引入整个包，类似 import="java.util.*"。可以通过在两个类型间加入“,”分隔符来导入多个类型，如 import="java.util.ArrayList、java.util.Calendar、java.io.PrintWriter"。此外，JSP 默认导入如下包：java.lang、javax.servlet、javax.servlet.http、javax.servlet.jsp。
- session：值为 True，本页面加入会话管理；值为 False 则相反。默认值为 True，访问该页面时，若当前不存在 javax.servlet.http.HttpSession 实例，则会创建一个。
- buffer：以 KB 为单位，定义隐式对象 out 的缓冲大小。必须以 KB 后缀结尾。默认大小为 8KB 或更大（取决于 JSP 容器）。该值可以为 none，这意味着没有缓冲，所有数据将直接写入 PrintWriter。
- autoFlush：默认值为 True。若值为 True，则当输出缓冲满时会自写入输出流。而值为 False，则仅当调用隐式对象的 flush 方法时，才会写入输出流。因此，若缓冲溢出，则会抛出异常。
- isThreadSafe：定义该页面的线程安全级别。不推荐使用 JSP 参数，因为使用该参数后，会生成一些 Servlet 容器已过期的代码。

- info：返回调用容器生成的 Servlet 类的 getServletInfo 方法的结果。
- errorPage：定义当出错时用来处理错误的页面。
- isErrorPage：标识本页是一个错误处理页面。
- contentType：定义本页面隐式对象 response 的内容类型，默认是 text/html。
- pageEncoding：定义本页面的字符编码，默认是 ISO-8859-1。
- isELIgnored：配置是否忽略 EL 表达式。EL 是 Expression Language 的缩写。
- language：定义本页面的脚本语言类型，默认是 Java，这在 JSP 2.2 中是唯一的合法值。
- extends：定义 JSP 实现类要继承的父类。这个属性的使用场景非常罕见，仅在非常特殊理由下使用。
- deferredSyntaxAllowedAsLiteral：定义是否解析字符串中出现“#{”符号，默认是 False。“{# ”是一个表达式语言的起始符号。
- trimDirectiveWhitespaces：定义是否不输出多余的空格/空行，默认是 False。

大部分 page 指令可以出现在页面的任何位置，但当 page 指令包含 contentType 或 pageEncoding 属性时，其必须出现在 Java 代码发送任何内容之前。这是因为内容类型和字符编码必须在发送任何内容前设定。

page 指令也可以出现多次，但出现多次的指令属性必须具有相同的值。不过，import 属性例外，多个包含 import 属性的 page 指令的结果是累加的。例如，以下 page 指令将同时导入 java.util.ArrayList 和 java.util.Date 类型：

```
<%@page import="java.util.ArrayList"%>
<%@page import="java.util.Date"%>
```

如下写法，效果一样：

```
<%@page import="java.util.ArrayList, java.util.Date"%>
```

一个 page 指令可以同时有多个属性。下面的代码设定了 session 属性和 buffer 属性：

```
<%@page session="false" buffer="16kb"%>
```

3.4.2 include 指令

可以使用 include 指令将其他文件中的内容包含到当前 JSP 页面。一个页面中可以有多个 include 指令。若存在一个内容会在多个不同页面中使用或一个页面不同位置使用的场景，则将该内容模块化到一个 include 文件非常有用。

include 指令的语法如下：

```
<%@ include file="url"%>
```

其中，@和 include 间的空格不是必须的，URL 为被包含文件的相对路径，若 URL 以一个斜杠（/）开始，则该 URL 为文件在服务器上的绝对路径，否则为当前 JSP 页面的相对路径。

JSP 转换器处理 include 指令时，将指令替换为指令所包含文件的内容。换句话说，如果编写在清单 3.4 的 copyright.jspf 文件，以及主文件清单 3.5 的 main.jsp 页面：

清单 3.4　copyright.jspf 文件

```
<hr/>
&copy;2015 BrainySoftware
<hr/>
```

清单 3.5　main.jsp 页面

```
<html>
<head><title>Including a file</title></head>
<body>
This is the included content: <hr/>
<%@ include file="copyright.jspf"%>
</body>
</html>
```

则在 main.jsp 页面中应用 include 指令和如下页面的效果是一样的：

```
<html>
<head><title>Including a file</title></head>
<body>
This is the included content: <hr/>
<hr/>
&copy;2015 BrainySoftware
<hr/>
</body>
</html>
```

如上示例中，为保证 include 指令能正常工作，copyright.jspf 文件必须同 main.jsp 位于相同的目录。按照惯例，以 JSPF 为扩展名的文件代表 JSP fragement。虽然 JSP fragement 现在被称为 JSP segment，但为保证一致性，JSPF 后缀名依然被保留。

注意，include 指令也可以包含静态 HTML 文件。

此外，include 动作（类似于 include 指令）会在 3.6 节讨论。理解两者之间的区别非常重要，具体细微的差别参见“动作”解释。

3.5　脚本元素

一个脚本程序是一个 Java 代码块，以<%符号开始，以%>符号结束。以清单 3.6 的 scriptletTest.jsp 页面为例：

清单 3.6 使用脚本程序（scriptletTest.jsp）

```
<%@page import="java.util.Enumeration"%>
<html>
<head><title>Scriptlet example</title></head>
<body>
<b>Http headers:</b><br/>
<%-- first scriptlet --%>
<%
    for (Enumeration<String> e = request.getHeaderNames();
            e.hasMoreElements(); ){
        String header = e.nextElement();
        out.println(header + ": " + request.getHeader(header) +
                "<br/>");
    }
    String message = "Thank you.";
%>
<hr/>
<%-- second scriptlet --%>
<%
    out.println(message);
%>
</body>
</html>
```

在清单 3.6 的 JSP 页面中有两个脚本程序，需要注意的是定义在一个脚本程序中的变量可以被其后续的脚本程序使用。

脚本程序第一行代码可以紧接<%标记，最后一行代码也可以紧接%>标记，不过，这会降低代码的可读性。

3.5.1 表达式

每个表达式都会被 JSP 容器执行，并使用隐式对象 out 的打印方法输出结果。表达式以“<%=”开始，并以“%>”结束。例如，在下面一行文中，黑体字为一个表达式：

```
Today is <%=java.util.Calendar.getInstance().getTime()%>
```

注意，表达式无须分号结尾。

JSP 容器首先执行 java.util.Calendar.getInstance().getTime()，并将计算结果传递给 out.print()，这与如下脚本程序的效果一样：

```
Today is
<%
    out.print(java.util.Calendar.getInstance().getTime());
%>
```

3.5.2 声明

可以声明能在 JSP 页面中使用的变量和方法。声明以“<%!”开始，并以“%>”结束。

例如，清单 3.7 的 declarationTest.jsp 页面展示了一个 JSP 页面，该页面声明了一个名为 getTodaysDate 的方法。

清单 3.7　使用声明（declarationTest.jsp）

```
<%!
    public String getTodaysDate() {
        return new java.util.Date()toString();
    }
%>
<html>
<head><title>Declarations</title></head>
<body>
Today is <%=getTodaysDate()%>
</body>
</html>
```

在 JSP 页面中，一个声明可以出现在任何地方，并且一个页面可以有多个声明。

可以使用声明来重写 JSP 页面，实现类的 init 和 destroy 方法。通过声明 jspInit 方法，来重写 init 方法。通过声明 jspDestroy 方法，来重写 destory 方法。这两种方法说明如下：

- jspInit。这种方法类似于 javax.servlet.Servlet 的 init 方法。JSP 页面在初始化时调用 jspInit。不同于 init 方法，jspInit 没有参数。还可以通过隐式对象 config 访问 ServletConfig 对象。
- jspDestroy。这种方法类似于 Servlet 的 destroy 方法，在 JSP 页面将被销毁时调用。

清单 3.8 呈现的 lifeCycle.jsp 页面演示了如何重写 jspInit 和 jspDestroy。

清单 3.8　lifeCycle.jsp 页面

```
<%!
    public void jspInit() {
        System.out.println("jspInit ...");
    }
    public void jspDestroy() {
        System.out.println("jspDestroy ...");
    }
%>
<html>
<head><title>jspInit and jspDestroy</title></head>
<body>
Overriding jspInit and jspDestroy
</body>
</html>
```

lifeCycle.jsp 页面会被转换成如下 Servlet：

```
package org.apache.jsp;
import javax.servlet.*;
import javax.servlet.http.*;
```

```
import javax.servlet.jsp.*;

public final class lifeCycle_jsp extends
        org.apache.jasper.runtime.HttpJspBase
        implements org.apache.jasper.runtime.JspSourceDependent {

    public void jspInit() {
        System.out.println("jspInit ...");
    }

    public void jspDestroy() {
        System.out.println("jspDestroy ...");
    }

    private static final javax.servlet.jsp.JspFactory _jspxFactory =
            javax.servlet.jsp.JspFactory.getDefaultFactory();

    private static java.util.Map<java.lang.String,java.lang.Long>
       _jspx_dependants;

    private javax.el.ExpressionFactory _el_expressionfactory;
    private org.apache.tomcat.InstanceManager _jsp_instancemanager;

    public java.util.Map<java.lang.String,java.lang.Long>
            getDependants() {
        return _jspx_dependants;
    }

    public void _jspInit() {
        _el_expressionfactory =
                _jspxFactory.getJspApplicationContext(
                getServletConfig().getServletContext())
                .getExpressionFactory();
        _jsp_instancemanager =
                org.apache.jasper.runtime.InstanceManagerFactory
                .getInstanceManager(getServletConfig());
    }

    public void _jspDestroy() {
    }

    public void _jspService(final
            javax.servlet.http.HttpServletRequest request, final
            javax.servlet.http.HttpServletResponse response)
            throws java.io.IOException,
            javax.servlet.ServletException {

        final javax.servlet.jsp.PageContext pageContext;
        javax.servlet.http.HttpSession session = null;
        final javax.servlet.ServletContext application;
        final javax.servlet.ServletConfig config;
        javax.servlet.jsp.JspWriter out = null;
        final java.lang.Object page = this;
```

```
            javax.servlet.jsp.JspWriter _jspx_out = null;
            javax.servlet.jsp.PageContext _jspx_page_context = null;

            try {
                response.setContentType("text/html");
                pageContext = _jspxFactory.getPageContext(this, request,
                    response, null, true, 8192, true);
                _jspx_page_context = pageContext;
                application = pageContext.getServletContext();
                config = pageContext.getServletConfig();
                session = pageContext.getSession();
                out = pageContext.getOut();
                _jspx_out = out;

                out.write("\n");
                out.write("<html>\n");
                out.write("<head><title>jspInit and jspDestroy" +
                        "</title></head>\n");
                out.write("<body>\n");
                out.write("Overriding jspInit and jspDestroy\n");
                out.write("</body>\n");
                out.write("</html>");
            } catch (java.lang.Throwable t) {
                if (!(t instanceof
                        javax.servlet.jsp.SkipPageException)){
                    out = _jspx_out;
                    if (out != null && out.getBufferSize() != 0)
                        try {
                            out.clearBuffer();
                        } catch (java.io.IOException e) {
                        }
                    if (_jspx_page_context != null)
                        _jspx_page_context.handlePageException(t);
                }
            } finally {
                _jspxFactory.releasePageContext(_jspx_page_context);
            }
        }
    }
```

注意生成的 Servlet 类中的 jspInit 和 jspDestroy 方法。

现在可以用如下 URL 访问 lifeCycle.jsp:

```
http://localhost:8080/app03a/lifeCycle.jsp
```

第一次访问页面时，可以在控制台上看到“jspInit...”，以及在 Servlet/JSP 容器关闭时看到“jspDestory...”。

3.5.3　禁用脚本元素

随着 JSP 2.0 对表达式语言的加强，推荐的实践是：在 JSP 页面中用 EL 访问服务器端对象且不写 Java 代码。因此，从 JSP 2.0 起，可以通过在部署描述符中的<jsp-property-group>定义一个 scripting-invalid 元素，来禁用脚本元素。

```
<jsp-property-group>
    <url-pattern>*.jsp</url-pattern>
    <scripting-invalid>true</scripting-invalid>
</jsp-property-group>
```

3.6 动作

动作是第三种类型的语法元素，它们被转换成 Java 代码来执行操作，如访问一个 Java 对象或调用方法。本节仅讨论所有 JSP 容器支持的标准动作。除标准外，还可以创建自定义标签执行某些操作。

下面是一些标准的动作。doBody 和 invoke 的标准动作会在第 7 章 Tag 文件中详细讨论。

3.6.1 useBean

useBean 将创建一个关联 Java 对象的脚本变量。这是早期分离的表示层和业务逻辑的手段。随着其他技术的发展，如自定义标签和表达语言，现在很少使用 useBean 方式。

清单 3.9 的 useBeanTest.jsp 页面是一个示例，它创建一个 java.util.Date 实例，并赋值给名为 today 的脚本变量，然后在表达式中使用。

清单 3.9 useBeanTest.jsp 页面

```
<html>
<head>
    <title>useBean</title>
</head>
<body>
<jsp:useBean id="today" class="java.util.Date"/>
<%=today%>
</body>
</html>
```

在 Tomcat 中，上述代码会被转换为如下代码：

```
java.util.Date today = null;
today = (java.util.Date) _jspx_page_context.getAttribute("today",
        javax.servlet.jsp.PageContext.REQUEST_SCOPE);
if (today == null) {
    today = new java.util.Date();
    _jspx_page_context.setAttribute("today", today,
            javax.servlet.jsp.PageContext.REQUEST_SCOPE);
}
```

访问这个页面，会输出当前的日期和时间。

3.6.2　setProperty 和 getProperty

setProperty 动作可对一个 Java 对象设置属性，而 getProperty 则会输出 Java 对象的一个属性。清单 3.11 中的 getSetPropertyTest.jsp 页面展示如何设置和输出定义在清单 3.10 中的 Employee 类实例的 firstName 属性。

清单 3.10　Employee 类

```
package app03a;
public class Employee {
    private String id;
    private String firstName;
    private String lastName;

    public String getId() {
        return id;
    }
    public void setId(String id) {
        this.id = id;
    }
    public String getFirstName() {
        return firstName;
    }
    public void setFirstName(String firstName) {
        this.firstName = firstName;
    }
    public String getLastName() {
        return lastName;
    }
    public void setLastName(String lastName) {
        this.lastName = lastName;
    }
}
```

清单 3.11　getSetPropertyTest.jsp 页面

```
<html>
<head>
<title>getProperty and setProperty</title>
</head>
<body>
<jsp:useBean id="employee" class="app03a.Employee"/>
<jsp:setProperty name="employee" property="firstName"value="Abigail"/>
First Name: <jsp:getProperty name="employee" property="firstName"/>
</body>
</html>
```

3.6.3 include

include 动作用来动态地引入另一个资源。可以引入另一个 JSP 页面，也可以引入一个 Servlet 或一个静态的 HTML 页面。例如，清单 3.12 的 jspIncludeTest.jsp 页面使用 include 动作来引入 menu.jsp 页面。

清单 3.12 jspIncludeTest.jsp 页面

```
<html>
<head>
<title>Include action</title>
</head>
<body>
<jsp:include page="jspf/menu.jsp">
    <jsp:param name="text" value="How are you?"/>
</jsp:include>
</body>
</html>
```

这里，理解 include 指令和 include 动作非常重要。对于 include 指令，资源引入发生在页面转换时，即当 JSP 容器将页面转换为生成的 Servlet 时。而对于 include 动作，资源引入发生在请求页面时。因此，使用 include 动作是可以传递参数的，而 include 指令不支持。

第二个不同是，include 指令对引入的文件扩展名不做特殊要求。但对于 include 动作，若引入的文件需以 JSP 页面处理，则其文件扩展名必须是 JSP。若使用.jspf 为扩展名，则该页面被当作静态文件。

3.6.4 forward

forward 将当前页面转向到其他资源。下面代码将从当前页转向到 login.jsp 页面：

```
<jsp:forward page="jspf/login.jsp">
    <jsp:param name="text" value="Please login"/>
</jsp:forward>
```

3.7 错误处理

JSP 提供了很好的错误处理能力。除了在 Java 代码中可以使用 try 语句，还可以指定一个特殊页面。当应用页面遇到未捕获的异常时，用户将看到一个精心设计的网页解释发生了什么，而不是一个用户无法理解的错误信息。

请使用 page 指令的 isErrorPage 属性（属性值必须为 True）来标识一个 JSP 页面是错误页面。清单 3.13 展示了一个错误处理程序。

清单 3.13　errorHandler.jsp 页面

```
<%@page isErrorPage="true"%>
<html>
<head><title>Error</title></head>
<body>
An error has occurred. <br/>
Error message:
<%
    out.println(exception.toString());
%>
</body>
</html>
```

其他需要防止未捕获的异常的页面使用 page 指令的 errorPage 属性来指向错误处理页面。例如，清单 3.14 中的 buggy.jsp 页面就使用了清单 3.13 的错误处理程序。

清单 3.14　buggy.jsp 页面

```
<%@page errorPage="errorHandler.jsp"%>
Deliberately throw an exception
<%
    Integer.parseInt("Throw me");
%>
```

运行的 buggy.jsp 页面会抛出一个异常。不过，我们不会看到由 Servlet/JSP 容器生成错误消息。相反，会看到 errorHandler.jsp 页面的内容。

3.8　小结

JSP 是构建在 Java Web 应用程序上的第二种技术，是 Servlet 技术的补充，而不是取代 Servlet 技术。一个精心设计的 Java Web 应用程序会同时使用 Servlet 和 JSP。

在本章中，我们已经学到了 JSP 是如何工作的，以及如何编写 JSP 页面。现在，我们已经知道 JSP 的隐式对象，并能在 JSP 页面中使用 3 个语法元素：指令、脚本元素和动作。

第 4 章 表达式语言

JSP 2.0 最重要的特性之一就是表达式语言（EL），JSP 用户可以用它来访问应用程序数据。由于受到 ECMAScript 和 XPath 表达式语言的启发，EL 也设计成可以轻松地编写免脚本的 JSP 页面。也就是说，页面不使用任何 JSP 声明、表达式或者 scriptlets。

JSP 2.0 最初是将 EL 应用在 JSP 标准标签库（JSTL）1.0 规范中。JSP 1.2 程序员将标准库导入到他们的应用程序中，就可以使用 EL。JSP 2.0 及其更高版本的用户即使没有 JSTL，也能使用 EL，但在许多应用程序中，还是需要 JSTL 的，因为它里面还包含了与 EL 无关的其他标签。

JSP 2.1 和 JSP 2.2 中的 EL 要将 JSP 2.0 中的 EL 与 JSF（JavaServer Faces）中定义的 EL 统一起来。JSF 是在 Java 中快速构建 Web 应用程序的框架，并且是构建在 JSP 1.2 之上。由于 JSP 1.2 中缺乏整合式的表达式语言，并且 JSP 2.0 EL 也无法满足 JSF 的所有需求，因此为 JSF 1.0 开发出了一款 EL 的变体。后来这两种语言变体合二为一。本章着重介绍非 JSF 用户的 EL。

4.1 表达式语言的语法

EL 表达式以 ${ 开头，并以 } 结束。EL 表达式的结构如下：

```
${expression}
```

例如，表达式 *x+y*，可以写成：

```
${x+y}
```

它也常用来连接两个表达式。对于一系列的表达式，它们的取值将是从左到右进行，计算结果的类型为 String，并且连接在一起。假如 *a+b* 等于 8，*c+d* 等于 10，那么这两个表达式的计算结果将是 810：

```
${a+b}${c+d}
```

表达式${*a+b*}and${*c+d*}的取值结果则是 8and10。

如果在定制标签的属性值中使用 EL 表达式，那么该表达式的取值结果字符串将会强制变成该属性需要的类型：

```
<my:tag someAttribute="${expression}"/>
```

像${这样的字符顺序就表示是一个 EL 表达式的开头。如果需要的只是文本${，则需要在它前面加一个转义符，如\${。

4.1.1　关键字

以下是关键字，它们不能用作标识符：

and eq gt true instanceof

or ne le false empty

not lt ge null div mod

4.1.2　[ ]和.运算符

EL 表达式可以返回任意类型的值。如果 EL 表达式的结果是一个带有属性的对象，则可以利用[ ]或者.运算符来访问该属性。“[ ]”和“.”运算符类似；“[ ]”是比较规范的形式，“.”运算符则比较快捷。

为了访问对象的属性，可以使用以下任意一种形式：

```
${object["propertyName"]}
${object.propertyName}
```

但是，如果 propertyName 不是有效的 Java 变量名，只能使用[ ]运算符。例如，下面这两个 EL 表达式就可以用来访问隐式对象标题中的 HTTP 标题 host：

```
${header["host"]}
${header.host}
```

但是，要想访问 accept-language 标题，则只能使用“[ ]”运算符，因为 accept-language 不是一个合法的 Java 变量名。如果用“.”运算符访问它，将会导致异常。

如果对象的属性碰巧返回带有属性的另一个对象，则既可以用“[ ]”，也可以用“.”运算符来访问第二个对象的属性。例如，隐式对象 pageContext 是表示当前 JSP 的 PageContext 对象。它有 request 属性，表示 HttpServletRequest。HttpServletRequest 带有 servletPath 属性。下列几个表达式的结果相同，均能得出 pageContext 中 HttpServletRequest 的 servletPath 属性值：

```
${pageContext["request"]["servletPath"]}
${pageContext.request["servletPath"]}
${pageContext.request.servletPath}
${pageContext["request"].servletPath}
```

要访问 HttpSession，可以使用以下语法：

```
${pageContext.session}
```

例如，以下表达式会得出 session 标识符：

```
${pageContext.session.id}
```

4.1.3 取值规则

EL 表达式的取值是从左到右进行的。对于 expr-a[expr-b]形式的表达式，其 EL 表达式的取值方法如下：

（1）先计算 expr-a 得到 value-a。

（2）如果 value-a 为 null，则返回 null。

（3）然后计算 expr-b 得到 value-b。

（4）如果 value-b 为 null，则返回 null。

（5）如果 value-a 为 java.util.Map，则会查看 value-b 是否为 Map 中的一个 key。若是，则返回 value-a.get(value-b)，若不是，则返回 null。

（6）如果 value-a 为 java.util.List，或者假如它是一个 array，则要进行以下处理：

a．强制 value-b 为 int，如果强制失败，则抛出异常。

b．如果 value-a.get(value-b)抛出 IndexOutOfBoundsException，或者假如 Array.get(value-a, value-b)抛出 ArrayIndexOutOfBoundsException，则返回 null。

c．否则，若 value-a 是一个 List，则返回 value-a.get(value-b)；若 value-a 是一个 array，则返回 Array.get(value-a, value-b)。

（7）如果 value-a 不是一个 Map、List 或者 array，那么，value-a 必须是一个 JavaBean。在这种情况下，必须强制 value-b 为 String。如果 value-b 是 value-a 的一个可读属性，则要调用该属性的 getter 方法，从中返回值。如果 getter 方法抛出异常，该表达式就是无效的，否则，该表达式有效。

4.2 访问 JavaBean

利用“.”或“[]”运算符，都可以访问 bean 的属性，其结构如下：

```
${beanName["propertyName"]}
${beanName.propertyName}
```

例如，访问 myBean 的 secret 属性，使用以下表达式：

```
${myBean.secret}
```

如果该属性是一个带属性的对象，那么同样也可以利用“.”或“[]”运算符来访问第二个对象的该属性。假如该属性是一个 Map、List 或者 array，则可以利用和访问 Map 值或 List 成员或 array 元素的同样规则。

4.3　EL 隐式对象

在 JSP 页面中，可以利用 JSP 脚本来访问 JSP 隐式对象。但是，在免脚本的 JSP 页面中，则不可能访问这些隐式对象。EL 允许通过提供一组它自己的隐式对象来访问不同的对象。EL 隐式对象如表 4.1 所示。

表 4.1　EL 隐式对象

对象	描述
pageContext	这是当前 JSP 的 javax.servlet.jsp.PageContext
initParam	这是一个包含所有环境初始化参数，并用参数名作为 key 的 Map
param	这是一个包含所有请求参数，并用参数名作为 key 的 Map。每个 key 的值就是指定名称的第一个参数值。因此，如果两个请求参数同名，则只有第一个能够利用 param 获取值。要想访问同名参数的所有参数值，就得用 params 代替
paramValues	这是一个包含所有请求参数，并用参数名作为 key 的 Map。每个 key 的值就是一个字符串数组，其中包含了指定参数名称的所有参数值。就算该参数只有一个值，它也仍然会返回一个带有一个元素的数组
header	这是一个包含请求标题，并用标题名作为 key 的 Map。每个 key 的值就是指定标题名称的第一个标题。换句话说，如果一个标题的值不止一个，则只返回第一个值。要想获得多个值的标题，得用 headerValues 对象代替
headerValues	这是一个包含请求标题，并用标题名作为 key 的 Map。每个 key 的值就是一个字符串数组，其中包含了指定标题名称的所有参数值。就算该标题只有一个值，它也仍然会返回一个带有一个元素的数组
cookie	这是一个包含了当前请求对象中所有 Cookie 对象的 Map。Cookie 名称就是 key 名称，并且每个 key 都映射到一个 Cookie 对象
applicationScope	这是一个包含了 ServletContext 对象中所有属性的 Map，并用属性名称作为 key
sessionScope	这是一个包含了 HttpSession 对象中所有属性的 Map，并用属性名称作为 key
requestScope	这是一个 Map，其中包含了当前 HttpServletRequest 对象中的所有属性，并用属性名称作为 key
pageScope	这是一个 Map，其中包含了全页面范围内的所有属性。属性名称就是 Map 的 key

下面逐个介绍这些对象。

4.3.1　pageContext

pageContext 对象表示当前 JSP 页面的 javax.servlet.jsp.PageContext。它包含了所有其他的 JSP 隐式对象，见表 4.2。

表 4.2　JSP 隐式对象

对象	EL 中的类型
request	javax.servlet.http.HttpServletRequest
response	javax.servlet.http.HttpServletResponse

续表

对象	EL 中的类型
Out	javax.servlet.jsp.JspWriter
session	javax.servlet.http.HttpSession
application	javax.servlet.ServletContext
config	javax.servlet.ServletConfig
PageContext	javax.servlet.jsp.PageContext
page	javax.servlet.jsp.HttpJspPage
exception	java.lang.Throwable

例如，可以利用以下任意一个表达式来获取当前的 ServletRequest：

```
${pageContext.request}
${pageContext["request"]
```

并且，还可以利用以下任意一个表达式来获取请求方法：

```
${pageContext["request"]["method"]}
${pageContext["request"].method}
${pageContext.request["method"]}
${pageContext.request.method}
```

对请求参数的访问比对其他隐式对象更加频繁；因此，它提供了 param 和 paramValues 两个隐式对象。

4.3.2 initParam

隐式对象 initParam 用于获取上下文参数的值。例如，为了获取名为 password 的上下文参数值，可以使用以下表达式：

```
${initParam.password}
```

或者

```
${initParam["password"]
```

4.3.3 param

隐式对象 param 用于获取请求参数值。这个对象表示一个包含所有请求参数的 Map。例如，要获取 userName 参数，可以使用以下任意一种表达式：

```
${param.userName}
${param["userName"]}
```

4.3.4 paramValues

利用隐式对象 paramValues 可以获取一个请求参数的多个值。这个对象表示一个包含所有请求参数，并以参数名称作为 key 的 Map。每个 key 的值是一个字符串数组，其中包含了指定参数名称的所有值。即使该参数只有一个值，它也仍然返回一个带有一个元素的数组。例如，为了获得 selectedOptions 参数的第一个值和第二个值，可以使用以下表达式：

```
${paramValues.selectedOptions[0]}
${paramValues.selectedOptions[1]}
```

4.3.5 header

隐式对象 header 表示一个包含所有请求标题的 Map。为了获取 header 值，要利用 header 名称作为 key。例如，为了获取 accept-language 这个 header 值，可以使用以下表达式：

```
${header["accept-language"]}
```

如果 header 名称是一个有效的 Java 变量名，如 connection，那么也可以使用“.”运算符：

```
${header.connection}
```

隐式对象 headerValues 表示一个包含所有请求 head，并以 header 名称作为 key 的 Map。但是，与 head 不同的是，隐式对象 headerValues 返回的 Map 返回的是一个字符串数组。例如，为了获取标题 accept-language 的第一个值，要使用以下表达式：

```
${headerValues["accept-language"][0]}
```

4.3.6 cookie

隐式对象 cookie 可以用来获取一个 cookie。这个对象表示当前 HttpServletRequest 中所有 cookie 的值。例如，为了获取名为 jsessionid 的 cookie 值，要使用以下表达式：

```
${cookie.jsessionid.value}
```

为了获取 jsessionid cookie 的路径值，要使用以下表达式：

```
${cookie.jsessionid.path}
```

4.3.7 applicationScope、sessionScope、requestScope 和 pageScope

隐式对象 applicationScope 用于获取应用程序范围级变量的值。假如有一个应用程序范围级变量 myVar，就可以利用以下表达式来获取这个属性：

```
${applicationScope.myVar}
```

注意，在 servlet/JSP 编程中，有界对象是指在以下对象中作为属性的对象：PageContext、ServletRequest、HttpSession 或者 ServletContext。隐式对象 sessionScope、requestScope 和 pageScope 与 applicationScope 相似。但是，其范围分别为 session、request 和 page。

有界对象也可以通过没有范围的 EL 表达式获取。在这种情况下，JSP 容器将返回 PageContext、ServletRequest、HttpSession 或者 ServletContext 中第一个同名的对象。执行顺序是从最小范围（PageContext）到最大范围（ServletContext）。例如，以下表达式将返回 today 引用的任意范围的对象：

```
${today}
```

4.4　使用其他 EL 运算符

除了“.”和“[]”运算符外，EL 还提供了其他运算符：算术运算符、关系运算符、逻辑运算符、条件运算符以及 empty 运算符。使用这些运算符时，可以进行不同的运算。但是，由于 EL 的目的是方便免脚本 JSP 页面的编程，因此，除了关系运算符外，这些 EL 运算符的用处都很有限。

4.4.1　算术运算符

算术运算符有 5 种：

- 加法（+）
- 减法（−）
- 乘法（*）
- 除法（/和 div）
- 取余/取模（%和 mod）

除法和取余运算符有两种形式，与 XPath 和 ECMAScript 是一致的。

注意，EL 表达式的计算按优先级从高到低、从左到右进行。下列运算符是按优先级递减顺序排列的：

*、/、div、%、mod

+ -

这表示*、/、div、%以及 mod 运算符的优先级别相同，+与−的优先级别相同，但第二组运算符的优先级小于第一组运算符。因此，表达式

```
${1+2*3}
```

的运算结果是 7，而不是 9。

4.4.2　逻辑运算符

下面是逻辑运算符列表：

- 和（&&和 and）

- 或（|| 和 or）
- 非（! 和 not）

4.4.3 关系运算符

下面是关系运算符列表：

- 等于（==和 eq）
- 不等于（!=和 ne）
- 大于（>和 gt）
- 大于或等于（>=和 ge）
- 小于（<和 lt）
- 小于或等于（<=和 le）

例如，表达式${3==4}返回 False，${ “b” < “d” }则返回 True。

EL 关系运算符的语法如下：

```
${statement? A:B}
```

如果 statement 的计算结果为 True，那么该表达式的输出结果就是 A，否则为 B。

例如，利用下列 EL 表达式可以测试 HttpSession 中是否包含名为 loggedIn 的属性。如果找到这个属性，就显示“You have logged in（您已经登录）”，否则显示“You have not logged in（您尚未登录）”：

```
${(sessionScope.loggedIn==null)? "You have not logged in" :
        "You have logged in"}
```

4.4.4 empty 运算符

empty 运算符用来检查某一个值是否为 null 或者 empty。下面是一个 empty 运算符的使用范例：

```
${empty X}
```

如果 X 为 null，或者说 X 是一个长度为 0 的字符串，那么该表达式将返回 True。如果 X 是一个空 Map、空数组或者空集合，它也将返回 True，否则，将返回 False。

4.5 应用 EL

示例 app04a 包含了一个 JSP 页面，该页面通过 EL 访问一个 JavaBean（Address，详见清单 4.1）并输出该 bean 的属性。该 bean 对象是另一个 JavaBean（Employee，详见清单 4.2）的一个属性，并用 EL 访问一个 Map 对象的内容，以及 HTTP 头部信息和会话标识。EmployeeServlet 类（详见清单 4.3）创建了所需的对象，并将这些对象放入到 ServletRequest 中，然后通过 RequestDispatcher 跳转到 employee.jsp 页面。

清单 4.1　Address 类

```
package app04a.model;
public class Address {
    private String streetName;
    private String streetNumber;
    private String city;
    private String state;
    private String zipCode;
    private String country;

    public String getStreetName() {
        return streetName;
    }
    public void setStreetName(String streetName) {
        this.streetName = streetName;
    }
    public String getStreetNumber() {
        return streetNumber;
    }
    public void setStreetNumber(String streetNumber) {
        this.streetNumber = streetNumber;
    }
    public String getCity() {
        return city;
    }
    public void setCity(String city) {
        this.city = city;
    }
    public String getState() {
        return state;
    }
    public void setState(String state) {
        this.state = state;
    }
    public String getZipCode() {
        return zipCode;
    }
    public void setZipCode(String zipCode) {
        this.zipCode = zipCode;
    }
```

```
    public String getCountry() {
        return country;
    }
    public void setCountry(String country) {
        this.country = country;
    }
}
```

清单 4.2　Employee 类

```
package app04a.model;
public class Employee {
    private int id;
    private String name;
    private Address address;

    public int getId() {
        return id;
    }
    public void setId(int id) {
        this.id = id;
    }
    public String getName() {
        return name;
    }
    public void setName(String name) {
        this.name = name;
    }
    public Address getAddress() {
        return address;
    }
    public void setAddress(Address address) {
        this.address = address;
    }
}
```

清单 4.3　EmployeeServlet 类

```
package app04a.servlet;
import java.io.IOException;
import java.util.HashMap;
import java.util.Map;
import javax.servlet.RequestDispatcher;
import javax.servlet.ServletException;
import javax.servlet.annotation.WebServlet;
import javax.servlet.http.HttpServlet;
import javax.servlet.http.HttpServletRequest;
```

```
import javax.servlet.http.HttpServletResponse;
import app04a.model.Address;
import app04a.model.Employee;

@WebServlet(urlPatterns = {"/employee"})
public class EmployeeServlet extends HttpServlet {
    private static final int serialVersionUID = -5392874;
    @Override
    public void doGet(HttpServletRequest request,
            HttpServletResponse response)
            throws ServletException, IOException {
        Address address = new Address();
        address.setStreetName("Rue D'Anjou");
        address.setStreetNumber("5090B");
        address.setCity("Brossard");
        address.setState("Quebec");
        address.setZipCode("A1A B2B");
        address.setCountry("Canada");

        Employee employee = new Employee();
        employee.setId(1099);
        employee.setName("Charles Unjeye");
        employee.setAddress(address);
        request.setAttribute("employee", employee);

        Map<String, String> capitals = new HashMap<String, String>();
        capitals.put("China", "Beijing");
        capitals.put("Austria", "Vienna");
        capitals.put("Australia", "Canberra");
        capitals.put("Canada", "Ottawa");
        request.setAttribute("capitals", capitals);

        RequestDispatcher rd =
                request.getRequestDispatcher("/employee.jsp");
        rd.forward(request, response);
    }
}
```

清单 4.4 employee.jsp

```
<html>
<head>
<title>Employee</title>
</head>
<body>
accept-language: ${header['accept-language']}
<br/>
session id: ${pageContext.session.id}
```

```
<br/>
employee: ${requestScope.employee.name}, ${employee.address.city}
<br/>
capital: ${capitals["Canada"]}
</body>
</html>
```

请注意，在 app04a 中使用一个 servlet 和 JSP 页面来显示 JavaBean 属性和其他值符合现代 Web 应用程序的推荐的设计，在第 16 章中会进一步讨论。

要特别注意在 JSP 页面的 EL 表达式中，对于 request 域的 employee 对象的访问，可以是显式的，也可以是隐式的：

```
employee: ${requestScope.employee.name}, ${employee.address.city}
```

现在可以通过如下 URL 来调用 EmployeeServlet 以便测试应用：

```
http://localhost:8080/app04a/employee
```

4.6　如何在 JSP 2.0 及其更高版本中配置 EL

有了 EL、JavaBeans 和定制标签，就可以编写免脚本的 JSP 页面了。JSP 2.0 及其更高的版本中还提供了一个开关，可以使所有的 JSP 页面都禁用脚本。现在，软件架构师们可以强制编写免脚本的 JSP 页面了。

另一方面，在有些情况下，可能还会需要在应用程序中取消 EL。例如，正在使用与 JSP 2.0 兼容的容器，却尚未准备升级到 JSP 2.0，那么就需要这么做。在这种情况下，可以关闭 EL 表达式的计算。

4.6.1　实现免脚本的 JSP 页面

为了关闭 JSP 页面中的脚本元素，要使用 jsp-property-group 元素以及 url-pattern 和 scripting- invalid 两个子元素。url-pattern 元素定义禁用脚本要应用的 URL 样式。下面示范如何将一个应用程序中所有 JSP 页面的脚本都关闭：

```
<jsp-config>
    <jsp-property-group>
        <url-pattern>*.jsp</url-pattern>
        <scripting-invalid>true</scripting-invalid>
    </jsp-property-group>
</jsp-config>
```

注意：在部署描述符中只能有一个 jsp-config 元素。如果已经为禁用 EL 而定义了一个 jsp-property-group，就必须在同一个 jsp-config 元素下，为禁用脚本而编写 jsp-property-group。

4.6.2 禁用 EL 计算

在某些情况下，比如，当需要在 JSP 2.0 及其更高版本的容器中部署 JSP 1.2 应用程序时，可能就需要禁用 JSP 页面中的 EL 计算了。此时，一旦出现 EL 架构，就不会作为一个 EL 表达式进行计算。目前有两种方式可以禁用 JSP 中的 EL 计算。

第一种，可以将 page 指令的 isELIgnored 属性设为 True，如下：

```
<%@ page isELIgnored="true" %>
```

isELIgnored 属性的默认值为 False。如果想在一个或者几个 JSP 页面中关闭 EL 表达式计算，建议使用 isELIgnored 属性。

第二种，可以在部署描述符中使用 jsp-property-group 元素。jsp-property-group 元素是 jsp-config 元素的子元素。利用 jsp-property-group 可以将某些设置应用到应用程序中的一组 JSP 页面中。

为了利用 jsp-property-group 元素禁用 EL 计算，还必须有 url-pattern 和 el-ignored 两个子元素。url-pattern 元素用于定义 EL 禁用要应用的 URL 样式。el-ignored 元素必须设为 True。

下面举一个例子，示范如何在名为 noEl.jsp 的 JSP 页面中禁用 EL 计算：

```
<jsp-config>
    <jsp-property-group>
        <url-pattern>/noEl.jsp</url-pattern>
        <el-ignored>true</el-ignored>
    </jsp-property-group>
</jsp-config>
```

也可以像下面这样，通过给 url-pattern 元素赋值*.jsp，来禁用一个应用程序中所有 JSP 页面的 EL 计算：

```
<jsp-config>
    <jsp-property-group>
        <url-pattern>*.jsp</url-pattern>
        <el-ignored>true</el-ignored>
    </jsp-property-group>
</jsp-config>
```

无论是将其 page 指令的 isELIgnored 属性设为 True，还是将其 URL 与子元素 el-ignored 设为 True 的 jsp-property-group 元素中的模式相匹配，都将禁用 JSP 页面中的 EL 计算。假如将一个 JSP 页面中 page 指令的 isELIgnored 属性设为 False，但其 URL 与在部署描述符中禁用了 EL 计算的 JSP 页面的模式匹配，那么该页面的 EL 计算也将被禁用。

此外，如果使用的是与 Servlet 2.3 及其更低版本兼容的部署描述符，那么 EL 计算已经默认关闭，即便使用的是 JSP 2.0 及其更高版本的容器，也一样。

4.7　小结

EL 是 JSP 2.0 及其更高版本中最重要的特性之一。它有助于编写更简短、更高效的 JSP 页面，还能帮助编写免脚本的页面。本章介绍了如何利用 EL 来访问 JavaBeans 和隐式对象，还介绍了如何使用 EL 运算符。本章的最后一个小节介绍了如何在与 JSP 2.0 及其更高版本相关的容器中使用与 EL 相关的应用程序设置。

第 5 章 JSTL

JSP 标准标签库（JavaServer Pages Standard Tag Library，JSTL）是一个定制标签库的集合，用来解决像遍历 Map 或集合、条件测试、XML 处理，甚至数据库访问和数据操作等常见的问题。

本章要介绍的是 JSTL 中最重要的标签，尤其是访问有界对象、遍历集合，以及格式化数字和日期的那些标签。如果有兴趣进一步了解，可以在 JSTL 规范文档中找到所有 JSTL 标签的完整版说明。

5.1 下载 JSTL

JSTL 目前的最新版本是 1.2，这是由 JSR-52 专家组在 JCP（www.jcp.org）上定义的，在 java.net 网站上可以下载：

```
http://jstl.java.net
```

其中，JSTL API 和 JSTL 实现这两个软件是必需下载的。JSTL API 中包含 javax.servlet.jsp.jstl 包，里面包含了 JSTL 规范中定义的类型。JSTL 实现中包含实现类。这两个 JAR 文件都必须复制到应用 JSTL 的每个应用程序的 WEB-INF/lib 目录下。

5.2 JSTL 库

JSTL 是标准标签库，但它是通过多个标签库来暴露其行为的。JSTL 1.2 中的标签可以分成 5 类区域，如表 5.1 所示。

表 5.1 JSTL 标签库

区域	子函数	URI	前缀
核心	变量支持	http://java.sun.com/jsp/jstl/core	c
	流控制		
	URL 管理		
	其他		

续表

区域	子函数	URI	前缀
XML	核心	http://java.sun.com/jsp/jstl/xml	x
	流控制		
	转换		
国际化	语言区域	http://java.sun.com/jsp/jstl/fmt	fmt
	消息格式化		
	数字和日期格式化		
数据库	SQL	http://java.sun.com/jsp/jstl/sql	sql
函数	集合长度	http://java.sun.com/jsp/jstl/functions	fn
	字符串操作		

在 JSP 页面中使用 JSTL 库，必须通过以下格式使用 taglib 指令：

```
<%@ taglib uri="uri" prefix="prefix" %>
```

例如，要使用 Core 库，必须在 JSP 页面的开头处做以下声明：

```
<%@ taglib uri="http://java.sun.com/jsp/jstl/core" prefix="c" %>
```

这个前缀可以是任意的。但是，采用惯例能使团队的其他开发人员以及后续加入该项目的其他人员更容易熟悉这些代码。因此，建议使用预定的前缀。

注意：本章中讨论的每一个标签都将在各自独立的小节中做详细的介绍，每一个标签的属性也都将列表说明。属性名称后面的星号（*）表示该属性是必需的。加号（+）表示该属性的 rtexprvalue 值为 True，这意味着该属性可以赋静态字符串或者动态值（Java 表达式、EL 表达式或者通过<jsp:attribute>设置的值）。rtexprvalue 值为 False 时，表示该属性只能赋静态字符串的值。

注意：JSTL 标签的 body content 可以为 empty、JSP 或者 tagdependent。

5.3 一般行为

下面介绍 Core 库中用来操作有界变量的 3 个一般行为：out、set、remove。

5.3.1 out 标签

out 标签在运算表达式时，是将结果输出到当前的 JspWriter。out 的语法有两种形式，即有 body content 和没有 body content：

```
<c:out value="value" [escapeXml="{true|false}"]
        [default="defaultValue"]/>

<c:out value="value" [escapeXml="{true|false}"]>
```

```
    default value
</c:out>
```

注意：

在标签的语法中，[]表示可选的属性。如果值带下划线，则表示为默认值。

out 的 body content 为 JSP。out 标签的属性如表 5.2 所示。

表 5.2　out 标签的属性

属性	类型	描述
value*+	对象	要计算的表达式
escapeXml+	布尔	表示结果中的字符<、>、&、'和 "将被转化成相应的实体码，如<转移成 lt;等等。
default+	对象	默认值

例如，下列的 out 标签将输出有界变量 *X* 的值：

```
<c:out value="${x}"/>
```

默认情况下，out 会将特殊字符<、>、'、"和&分别编写成它们相应的字符实体码 <、>、'、"和&。

在 JSP 2.0 版本前，out 标签是用于输出有界对象值的最容易的方法。在 JSP 2.0 及其更高的版本中，除非需要对某个值进行 XML 转义，否则可以放心地使用 EL 表达式：

```
${x}
```

警告：

如果包含一个或多个特殊字符的字符串没有进行 XML 转义，它的值就无法在浏览器中正常显示。此外，没有通过转义的特殊字符，会使网站易于遭受交叉网站的脚本攻击。例如，别人可以对它 post 一个能够自动执行的 JavaScript 函数/表达式。

out 中的 default 属性可以赋一个默认值，当赋予其 value 属性的 EL 表达式返回 null 时，就会显示默认值。default 属性可以赋动态值，如果这个动态值返回 null，out 就会显示一个空的字符串。

例如，在下面的 out 标签中，如果在 HttpSession 中没有找到 myVar 变量，就会显示应用程序范围的变量 myVar 值。如果没有找到，则输出一个空的字符串：

```
<c:out value="${sessionScope.myVar}"
       default="${applicationScope.myVar"/>
```

5.3.2　set 标签

利用 set 标签，可以完成以下工作：

（1）创建一个字符串和一个引用该字符串的有界变量。

（2）创建一个引用现存有界对象的有界变量。

（3）设置有界对象的属性。

如果用 set 创建有界变量，那么，在该标签出现后的整个 JSP 页面中都可以使用该变量。

set 标签的语法有 4 种形式。第一种形式用于创建一个有界变量，并用 value 属性在其中定义一个要创建的字符串或者现存有界对象：

```
<c:set value="value" var="varName"
        [scope="{page|request|session|application}"]/>
```

这里的 scope 属性指定了有界变量的范围。

例如，下面的 set 标签创建了字符串"The wisest fool"，并将它赋给新创建的页面范围变量 foo：

```
<c:set var="foo" value="The wisest fool"/>
```

下面的 set 标签则创建了一个名为 job 的有界变量，它引用请求范围的对象 position。变量 job 的范围为 page：

```
<c:set var="job" value="${requestScope.position}" scope="page"/>
```

注意：最后一个例子可能有点令人费解，因为它创建了一个引用请求范围对象的页面范围变量。如果清楚有界对象本身并非真的在 HttpServletRequest"里面"，就不难明白了。引用（名为 position）其实是指引用该对象。有了上一个例子中的 set 标签，再创建一个引用相同对象的有界变量（job）即可。

第二种形式与第一种形式相似，只是要创建的字符串或者要引用的有界对象是作为 body content 赋值的：

```
<c:set var="varName" [scope="{page|request|session|application}"]>
    body content
</c:set>
```

第二种形式允许在 body content 中有 JSP 代码。

第三种形式是设置有界对象的属性值。target 属性定义有界对象，以及有界对象的 property 属性。对该属性的赋值是通过 value 属性进行的：

```
<c:set target="target" property="propertyName" value="value"/>
```

例如，下面的 set 标签是将字符串"Tokyo"赋予有界对象 address 的 city 属性：

```
<c:set target="${address}" property="city" value="Tokyo"/>
```

注意，必须在 target 属性中用一个 EL 表达式来引用这个有界对象。

第四种形式与第三种形式相似，只是赋值是作为 body content 完成的：

```
<c:set target="target" property="propertyName">
    body content
```

```
</c:set>
```

例如，下面的 set 标签是将字符串“Beijing”赋予有界对象 address 的 city 属性：

```
<c:set target="${address}" property="city">Beijing</c:set>
```

set 标签的属性如表 5.3 所示。

表 5.3　set 标签的属性

属性	类型	描述
value+	对象	要创建的字符串，或者要引用的有界对象，或者新的属性值
var	字符串	要创建的有界变量
scope	字符串	新创建的有界变量的范围
target+	对象	其属性要被赋新值的有界对象；这必须是一个 JavaBeans 实例或者 java.util.Map 对象
property+	字符串	要被赋新值的属性名称

5.3.3　remove 标签

remove 标签用于删除有界变量，其语法如下：

```
<c:remove var="varName"
        [scope="{page|request|session|application}"]/>
```

注意，有界变量引用的对象不能删除。因此，如果另一个有界对象也引用了同一个对象，仍然可以通过另一个有界变量访问该对象。

remove 标签的属性如表 5.4 所示。

表 5.4　remove 标签的属性

属性	类型	描述
var	字符串	要删除的有界变量的名称
scope	字符串	要删除的有界变量的范围

举个例子，下面的 remove 标签就是删除了页面范围的变量 job：

```
<c:remove var="job" scope="page"/>
```

5.4　条件行为

条件行为用于处理页面输出取决于特定输入值的情况，这在 Java 中是利用 if、if...else 和 switch 声明解决的。

JSTL 中执行条件行为的有 4 个标签，即 if、choose、when 和 otherwise 标签。下面分别对其进行详细讲解。

5.4.1　if 标签

if 标签是对某一个条件进行测试，假如结果为 True，就处理它的 body content。测试结果保存在 Boolean 对象中，并创建有界变量来引用这个 Boolean 对象。利用 var 属性和 scope 属性分别定义有界变量的名称和范围。

if 的语法有两种形式。第一种形式没有 body content：

```
<c:if test="testCondition" var="varName"
        [scope="{page|request|session|application}"]/>
```

在这种情况下，var 定义的有界对象一般是通过其他标签在同一个 JSP 的后续阶段再进行测试。

第二种形式中使用了一个 body content：

```
<c:if test="testCondition [var="varName"]
        [scope="{page|request|session|application}"]>
    body content
</c:if>
```

body content 是 JSP，当测试条件的结果为 True 时，就会得到处理。if 标签的属性如表 5.5 所示。

表 5.5　if 标签的属性

属性	类型	描述
test+	布尔	决定是否处理任何现有 body content 的测试条件
var	字符串	引用测试条件值的有界变量名称；var 的类型为 Boolean
scope	字符串	var 定义的有界变量的范围

例如，如果找到请求参数 user 且值为 ken，并且找到请求参数 password 且值为 blackcomb，以下 if 标签将显示“You logged in successfully（您已经成功登录）”：

```
<c:if test="${param.user=='ken' && param.password=='blackcomb'}">
    You logged in successfully.
</c:if>
```

为了模拟 else，下面使用了两个 if 标签，并使用了相反的条件。例如，如果 user 和 password 参数的值为 ken 和 blackcomb，以下代码片断将显示“You logged in successfully（您已经成功登录）”，否则，将显示“Login failed（登录失败）”：

```
<c:if test="${param.user=='ken' && param.password=='blackcomb'}">
    You logged in successfully.
</c:if>
<c:if test="${!(param.user=='ken' && param.password=='blackcomb')}">
    Login failed.
</c:if>
```

下面的 if 标签是测试 user 和 password 参数值是否分别为 ken 和 blackcomb，并将结果保存在页面范围的变量 loggedIn 中。之后，利用一个 EL 表达式，如果 loggedIn 变量值为 True，则显示“You logged in successfully（您已经成功登录）”；如果 loggedIn 变量值为 False，则显示“Login failed（登录失败）”：

```
<c:if var="loggedIn"
      test="${param.user=='ken' && param.password=='blackcomb'}"/>
   ...
${(loggedIn)? "You logged in successfully" : "Login failed"}
```

5.4.2 choose、when 和 otherwise 标签

choose 和 when 标签的作用与 Java 中的关键字 switch 和 case 类似。也就是说，它们是为相互排斥的条件执行提供上下文的。choose 标签中必须嵌有一个或者多个 when 标签，并且每个 when 标签都表示一种可以计算和处理的情况。otherwise 标签则用于默认的条件块，假如没有任何一个 when 标签的测试条件结果为 True，它就会得到处理。假如是这种情况，otherwise 就必须放在最后一个 when 后。

choose 和 otherwise 标签没有属性。when 标签必须带有定义测试条件的 test 属性，用来决定是否应该处理 body content。

举个例子，以下代码是测试参数 status 的值。如果 status 的值为 full，将显示“You are a full member（您是正式会员）”。如果这个值为 student，则显示“You are a student member（您是学生会员）”。如果 status 参数不存在，或者它的值既不是 full，也不是 student，那么这段代码将不显示任何内容：

```
<c:choose>
    <c:when test="${param.status=='full'}">
        You are a full member
    </c:when>
    <c:when test="${param.status=='student'}">
        You are a student member
    </c:when>
</c:choose>
```

下面的例子与前面的例子相似，但它是利用 otherwise 标签，如果 status 参数不存在，或者它的值不是 full 或者 student，则将显示“Please register（请注册）”：

```
<c:choose>
    <c:when test="${param.status=='full'}">
        You are a full member
    </c:when>
    <c:when test="${param.status=='student'}">
        You are a student member
    </c:when>
    <c:otherwise>
        Please register
    </c:otherwise>
</c:choose>
```

5.5　遍历行为

当需要无数次地遍历一个对象集合时，遍历行为就很有帮助。JSTL 提供了 forEach 和 forTokens 两个执行遍历行为的标签：这两个标签将在接下来的小节中讨论。

5.5.1　forEach 标签

forEach 标签会无数次地反复遍历 body content 或者对象集合。可以被遍历的对象包括 java.util.Collection 和 java.util.Map 的所有实现，以及对象数组或者主类型。也可以遍历 java.util.Iterator 和 java.util.Enumeration，但不应该在多个行为中使用 Iterator 或者 Enumeration，因为无法重置 Iterator 或者 Enumeration。

forEach 标签的语法有两种形式。第一种形式是固定次数地重复 body content：

```
<c:forEach [var="varName"] begin="begin" end="end" step="step">
    body content
</c:forEach>
```

第二种形式用于遍历对象集合：

```
<c:forEach items="collection" [var="varName"]
        [varStatus="varStatusName"] [begin="begin"] [end="end"]
        [step="step"]>
    body content
</c:forEach>
```

body content 是 JSP。forEach 标签的属性如表 5.6 所示。

表 5.6　forEach 标签的属性

属性	类型	描述
var	字符串	引用遍历的当前项目的有界变量名称
items+	支持的任意类型	遍历的对象集合
varStatus	字符串	保存遍历状态的有界变量名称。类型值为 javax.servlet.jsp.jstl.core.LoopTagStatus
begin+	整数	如果指定 items，遍历将从指定索引处的项目开始，例如，集合中第一个项目的索引为 0。如果没有指定 items，遍历将从设定的索引值开始。如果指定，begin 的值必须大于或者等于 0
end+	整数	如果指定 items，遍历将在（含）指定索引处的项目结束。如果没有指定 items，遍历将在索引到达指定值时结束
step+	整数	遍历将只处理间隔指定 step 的项目，从第一个项目开始。在这种情况下，step 的值必须大于或者等于 1

例如，下列的 forEach 标签将显示“1，2，3，4，5”。

```
<c:forEach var="x" begin="1" end="5">
```

```
    <c:out value="${x}"/>,
</c:forEach>
```

下面的 forEach 标签将遍历有界变量 address 的 phones 属性：

```
<c:forEach var="phone" items="${address.phones}">
    ${phone}"<br/>
</c:forEach>
```

对于每一次遍历，forEach 标签都将创建一个有界变量，变量名称通过 var 属性定义。在本例中，有界变量命名为 phone。forEach 标签中的 EL 表达式用于显示 phone 的值。这个有界变量只存在于开始和关闭的 forEach 标签之间，一到关闭的 forEach 标签前，它就会被删除。

forEach 标签有一个类型为 javax.servlet.jsp.jstl.core.LoopTagStatus 的变量 varStatus。LoopTagStatus 接口带有 count 属性，它返回当前遍历的"次数"。第一次遍历时，status.count 值为 1；第二次遍历时，status.count 值为 2，依次类推。通过测试 status.count%2 的余数，可以知道该标签正在处理的是偶数编号的元素，还是奇数编号的元素。

以 app05a 应用程序中的 BookController 类和 Books.jsp 页面为例。如清单 5.1 所示，BookController 类调用了一个 service 方法，返回一个 Book 对象 List。Book 类如清单 5.2 所示。

清单 5.1 BookController 类

```
package app05a.servlet;
import java.io.IOException;
import java.util.ArrayList;
import java.util.List;
import javax.servlet.RequestDispatcher;
import javax.servlet.ServletException;
import javax.servlet.annotation.WebServlet;
import javax.servlet.http.HttpServlet;
import javax.servlet.http.HttpServletRequest;
import javax.servlet.http.HttpServletResponse;
import app05a.model.Book;

@WebServlet(urlPatterns = {"/books"})
public class BooksServlet extends HttpServlet {
    private static final int serialVersionUID = -234237;
    @Override
    public void doGet(HttpServletRequest request,
            HttpServletResponse response) throws ServletException,
             IOException {

        List<Book> books = new ArrayList<Book>();
        Book book1 = new Book("978-0980839616",
                "Java 7: A Beginner's Tutorial", 45.00);
        Book book2 = new Book("978-0980331608",
                "Struts 2 Design and Programming: A Tutorial",
                49.95);
        Book book3 = new Book("978-0975212820",
                "Dimensional Data Warehousing with MySQL: A "
```

```
                    + "Tutorial", 39.95);
        books.add(book1);
        books.add(book2);
        books.add(book3);
        request.setAttribute("books", books);
        RequestDispatcher rd =
                request.getRequestDispatcher("/books.jsp");
        rd.forward(request, response);
    }
}
```

清单 5.2 Book 类

```
package app05a.model;
public class Book {
    private String isbn;
    private String title;
    private double price;

    public Book(String isbn, String title, double price) {
        this.isbn = isbn;
        this.title = title;
        this.price = price;
    }

    public String getIsbn() {
        return isbn;
    }
    public void setIsbn(String isbn) {
        this.isbn = isbn;
    }
    public String getTitle() {
        return title;
    }
    public void setTitle(String title) {
        this.title = title;
    }
    public double getPrice() {
        return price;
    }
    public void setPrice(double price) {
        this.price = price;
    }
}
```

清单 5.3 Books.jsp 页面

```
<%@ taglib uri="http://java.sun.com/jsp/jstl/core" prefix="c" %>
<html>
<head>
<title>Book List</title>
<style>
table, tr, td {
    border: 1px solid brown;
```

```
}
</style>
</head>
<body>
Books in Simple Table
<table>
    <tr>
        <td>ISBN</td>
        <td>Title</td>
    </tr>
    <c:forEach items="${requestScope.books}" var="book">
    <tr>
        <td>${book.isbn}</td>
        <td>${book.title}</td>
    </tr>
    </c:forEach>
</table>
<br/>
Books in Styled Table
<table>
    <tr style="background:#ababff">
        <td>ISBN</td>
        <td>Title</td>
    </tr>
    <c:forEach items="${requestScope.books}" var="book"
            varStatus="status">
        <c:if test="${status.count%2 == 0}">
            <tr style="background:#eeeeff">
        </c:if>
        <c:if test="${status.count%2 != 0}">
            <tr style="background:#dedeff">
        </c:if>
        <td>${book.isbn}</td>
        <td>${book.title}</td>
    </tr>
    </c:forEach>
</table>

<br/>
ISBNs only:
    <c:forEach items="${requestScope.books}" var="book"
            varStatus="status">
        ${book.isbn}<c:if test="${!status.last}">,</c:if>
    </c:forEach>
</body>
</html>
```

注意，Books.jsp 页面显示了三次 books，第一次是利用没有 varStatus 属性的 forEach 标签。

```
<table>
    <tr>
        <td>ISBN</td>
        <td>Title</td>
    </tr>
    <c:forEach items="${requestScope.books}" var="book">
    <tr>
```

```
            <td>${book.isbn}</td>
            <td>${book.title}</td>
        </tr>
        </c:forEach>
    </table>
```

第二次是利用有 varStatus 属性的 forEach 标签来显示，这是为了根据偶数行或奇数行来给表格行设计不同的颜色。

```
    <table>
        <tr style="background:#ababff">
            <td>ISBN</td>
            <td>Title</td>
        </tr>
        <c:forEach items="${requestScope.books}" var="book"
                varStatus="status">
            <c:if test="${status.count%2 == 0}">
                <tr style="background:#eeeeff">
            </c:if>
            <c:if test="${status.count%2 != 0}">
                <tr style="background:#dedeff">
            </c:if>
            <td>${book.isbn}</td>
            <td>${book.title}</td>
        </tr>
        </c:forEach>
    </table>
```

利用以下 URL 可以查看到以上范例：

```
http://localhost:8080/app05/books
```

其输出结果与图 5.1 所示的屏幕截图相似。

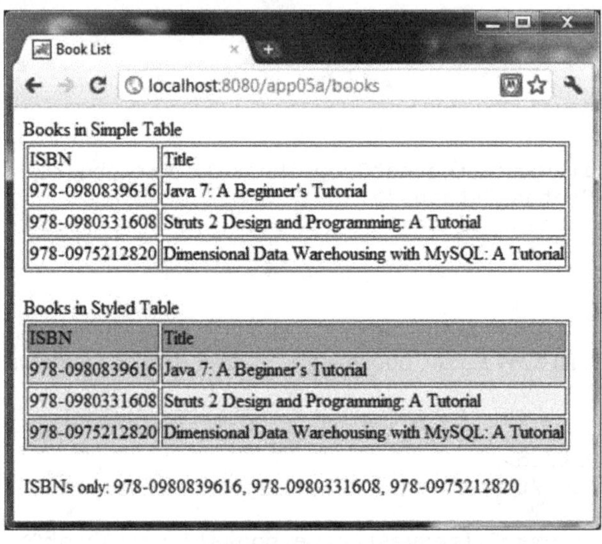

图 5.1　使用有 List 的 forEach

利用 forEach 还可以遍历 Map。要分别利用 key 和 value 属性引用一个 Map key 和一个 Map 值。遍历 Map 的伪代码如下：

```
<c:forEach var="mapItem" items="map">
    ${mapItem.key} : ${mapItem.value}
</c:forEach>
```

下一个范例展示了 forEach 与 Map 的结合使用。清单 5.4 中的 CityController 类将两个 Map 实例化，并为它们赋予键/值对。第一个 Map 中的每一个元素都是一个 String/String 对，第二个 Map 中的每一个元素则都是一个 String/String[]对。

清单 5.4 CityController 类

```
package app05a.servlet;
import java.io.IOException;
import java.util.Collections;
import java.util.HashMap;
import java.util.List;
import java.util.Map;
import javax.servlet.RequestDispatcher;
import javax.servlet.ServletException;
import javax.servlet.annotation.WebServlet;
import javax.servlet.http.HttpServlet;
import javax.servlet.http.HttpServletRequest;
import javax.servlet.http.HttpServletResponse;

@WebServlet(urlPatterns = {"/bigCities"})
public class BigCitiesServlet extends HttpServlet {
    private static final int serialVersionUID = 112233;
    @Override
    public void doGet(HttpServletRequest request, HttpServletResponse
       response) throws ServletException, IOException {

        Map<String, String> capitals =
                new HashMap<String, String>();
        capitals.put("Indonesia", "Jakarta");
        capitals.put("Malaysia", "Kuala Lumpur");
        capitals.put("Thailand", "Bangkok");
        request.setAttribute("capitals", capitals);

        Map<String, String[]> bigCities =
                new HashMap<String, String[]>();
        bigCities.put("Australia", new String[] {"Sydney",
                "Melbourne", "Perth"});
        bigCities.put("New Zealand", new String[] {"Auckland",
                "Christchurch", "Wellington"});
        bigCities.put("Indonesia", new String[] {"Jakarta",
                "Surabaya", "Medan"});

        request.setAttribute("capitals", capitals);
```

```
        request.setAttribute("bigCities", bigCities);
        RequestDispatcher rd =
                request.getRequestDispatcher("/Cities.jsp");
        rd.forward(request, response);
    }
}
```

在 listCities 方法的结尾处，控制器跳转到 Cities.jsp 页面，它利用 forEach 遍历 Map。Cities.jsp 页面如清单 5.5 所示。

清单 5.5　Cities.jsp 页面

```
<%@ taglib uri="http://java.sun.com/jsp/jstl/core" prefix="c" %>
<html>
<head>
<title>Big Cities</title>
<style>
table, tr, td {
    border: 1px solid #aaee77;
    padding: 3px;
}
</style>
</head>
<body>
Capitals
<table>
    <tr style="background:#448755;color:white;font-weight:bold">
        <td>Country</td>
        <td>Capital</td>
    </tr>
    <c:forEach items="${requestScope.capitals}" var="mapItem">
    <tr>
        <td>${mapItem.key}</td>
        <td>${mapItem.value}</td>
    </tr>
    </c:forEach>
</table>
<br/>
Big Cities
<table>
    <tr style="background:#448755;color:white;font-weight:bold">
        <td>Country</td>
        <td>Cities</td>
    </tr>
    <c:forEach items="${requestScope.bigCities}" var="mapItem">
    <tr>
        <td>${mapItem.key}</td>
        <td>
            <c:forEach items="${mapItem.value}" var="city"
                        varStatus="status">
                ${city}<c:if test="${!status.last}">,</c:if>
            </c:forEach>
        </td>
```

```
        </tr>
        </c:forEach>
    </table>
    </body>
    </html>
```

最重要的是，第二个 forEach 中还嵌套了另一个 forEach：

```
<c:forEach items="${requestScope.bigCities}" var="mapItem">
        <c:forEach items="${mapItem.value}" var="city"
                    varStatus="status">
            ${city}<c:if test="${!status.last}">,</c:if>
        </c:forEach>
</c:forEach>
```

这里的第二个 forEach 是遍历 Map 的元素值，它是一个 String 数组。

登录以下网站可以查看到以上范例：

```
http://localhost:8080/app05a/bigCities
```

打开网页后，浏览器上应该会以 HTML 表格的形式显示出几个国家的首都及其大城市，如图 5.2 所示。

图 5.2 有 Map 的 forEach

5.5.2 forTokens 标签

forTokens 标签用于遍历以特定分隔符隔开的令牌，其语法如下：

```
<c:forTokens items="stringOfTokens" delims="delimiters"
        [var="varName"] [varStatus="varStatusName"]
        [begin="begin"] [end="end"] [step="step"]
>
    body content
</c:forTokens>
```

body content 是 JSP。forTokens 标签的属性如表 5.7 所示。

表 5.7　forTokens 标签的属性

属性	类型	描述
var	字符串	引用遍历的当前项目的有界变量名称
items+	支持的任意类型	要遍历的 token 字符串
varStatus	字符串	保存遍历状态的有界变量名称。类型值为 javax.servlet.jsp.jstl.core.LoopTagStatus
begin+	整数	遍历的起始索引，此处索引是从 0 开始的。如有指定，begin 的值必须大于或者等于 0
end+	整数	遍历的终止索引，此处索引是从 0 开始的
step+	整数	遍历将只处理间隔指定 step 的 token，从第一个 token 开始。如有指定，step 的值必须大于或者等于 1
delims+	字符串	一组分隔符

下面是一个 forTokens 范例：

```
<c:forTokens var="item" items="Argentina,Brazil,Chile" delims=",">
    <c:out value="${item}"/><br/>
</c:forTokens>
```

当它被粘贴到 JSP 中时，以上 forTokens 将会产生如下结果：

```
Argentina
Brazil
Chile
```

5.6　格式化行为

JSTL 提供了格式化和解析数字与日期的标签，它们是 formatNumber、formatDate、timeZone、setTimeZone、parseNumber 和 parseDate。

5.6.1　formatNumber 标签

formatNumber 用于格式化数字。这个标签使你可以根据需要，利用它的各种属性来获得自己想要的格式。formatNumber 的语法有两种形式。第一种形式没有 body content：

```
<fmt:formatNumber value="numericValue"
        [type="{number|currency|percent}"]
        [pattern="customPattern"]
        [currencyCode="currencyCode"]
        [currencySymbol="currencySymbol"]
        [groupingUsed="{true|false}"]
        [maxIntegerDigits="maxIntegerDigits"]
        [minIntegerDigits="minIntegerDigits"]
```

```
        [maxFractionDigits="maxFractionDigits"]
        [minFractionDigits="minFractionDigits"]
        [var="varName"]
        [scope="{page|request|session|application}"]
/>
```

第二种形式有 body content：

```
<fmt:formatNumber [type="{number|currency|percent}"]
        [pattern="customPattern"]
        [currencyCode="currencyCode"]
        [currencySymbol="currencySymbol"]
        [groupingUsed="{true|false}"]
        [maxIntegerDigits="maxIntegerDigits"]
        [minIntegerDigits="minIntegerDigits"]
        [maxFractionDigits="maxFractionDigits"]
        [minFractionDigits="minFractionDigits"]
        [var="varName"]
        [scope="{page|request|session|application}"]>
    numeric value to be formatted
</fmt:formatNumber>
```

body content 是 JSP。formatNumber 标签的属性如表 5.8 所示。

表 5.8 formatNumber 标签的属性

属性	类型	描述
value+	字符串或数字	要格式化的数字化值
type+	字符串	说明该值是要被格式化成数字、货币，还是百分比。这个属性值有 number、currency、percent
pattern+	字符串	定制格式化样式
currencyCode+	字符串	ISO 4217 码，如表 5.9 所示
CurrencySymbol+	字符串	货币符号
groupingUsed+	布尔	说明输出结果中是否包含组分隔符
maxIntegerDigits+	整数	规定输出结果的整数部分最多几位数字
minIntegerDigits+	整数	规定输出结果的整数部分最少几位数字
maxFractionDigits+	整数	规定输出结果的小数部分最多几位数字
minFractionDigits+	整数	规定输出结果的小数部分最少几位数字
var	字符串	将输出结果存为字符串的有界变量名称
scope	字符串	var 的范围。如果有 scope 属性，则必须指定 var 属性

formatNumber 标签的用途之一就是将数字格式化成货币。为此，可以利用 currencyCode 属性来定义一个 ISO 4217 货币代码。部分 ISO 4217 货币代码如表 5.9 所示。

表 5.9　部分 ISO 4217 货币代码

币别	ISO 4217 码	大单位名称	小单位名称
加拿大元	CAD	加元	分
人民币	CNY	元	角
欧元	EUR	欧元	分
日元	JPY	日元	钱
英磅	GBP	英磅	便士
美元	USD	美元	美分

formatNumber 的用法范例如表 5.10 所示。

表 5.10　formatNumber 的用法范例

行为	结果
<fmt:formatNumber value="12" type="number"/>	12
<fmt:formatNumber value="12" type="number"minIntegerDigits="3"/>	012
<fmt:formatNumber value="12" type="number"minFractionDigits="2"/>	12.00
<fmt:formatNumber value="123456.78" pattern=".000"/>	123456.780
<fmt:formatNumber value="123456.78" pattern="#,#00.0#"/>	123,456.78
<fmt:formatNumber value="12" type="currency"/>	$12.00
<fmt:formatNumber value="12" type="currency"currencyCode="GBP"/>	GBP 12.00
<fmt:formatNumber value="0.12" type="percent"/>	12%
<fmt:formatNumber value="0.125" type="percent"minFractionDigits="2"/>	12.50%

注意，在格式化货币时，如果没有定义 currencyCode 属性，就使用浏览器的 locale。

5.6.2　formatDate 标签

formatDate 标签用于格式化日期，其语法如下：

```
<fmt:formatDate value="date"
        [type="{time|date|both}"]
        [dateStyle="{default|short|medium|long|full}"]
        [timeStyle="{default|short|medium|long|full}"]
        [pattern="customPattern"]
        [timeZone="timeZone"]
        [var="varName"]
        [scope="{page|request|session|application}"]
/>
```

body content 为 JSP。formatDate 标签的属性如表 5.11 所示。

表 5.11 formatDate 标签的属性

属性	类型	描述
value+	java.util.Date	要格式化的日期和/或时间
type+	字符串	说明要格式化的是时间、日期，还是时间与日期元件
dataStyle+	字符串	预定义日期的格式化样式，遵循 java.text.DateFormat 中定义的语义
timeStyle+	字符串	预定义时间的格式化样式，遵循 java.text.DateFormat 中定义的语义
pattern+	字符串	定制格式化样式
timezone+	字符串或 java.util.TimeZone	定义用于显示时间的时区
var	字符串	将输出结果存为字符串的有界变量名称
scope	字符串	var 的范围

timeZone 属性的可能值，请查看 5.6.3 节。

下列代码利用 formatDate 标签格式化有界变量 now 引用的 java.util.Date 对象：

```
Default: <fmt:formatDate value="${now}"/>
Short: <fmt:formatDate value="${now}" dateStyle="short"/>
Medium: <fmt:formatDate value="${now}" dateStyle="medium"/>
Long: <fmt:formatDate value="${now}" dateStyle="long"/>
Full: <fmt:formatDate value="${now}" dateStyle="full"/>
```

下面的 formatDate 标签用于格式化时间：

```
Default: <fmt:formatDate type="time" value="${now}"/>
Short: <fmt:formatDate type="time" value="${now}"
        timeStyle="short"/>
Medium: <fmt:formatDate type="time" value="${now}"
        timeStyle="medium"/>
Long: <fmt:formatDate type="time" value="${now}" timeStyle="long"/>
Full: <fmt:formatDate type="time" value="${now}" timeStyle="full"/>
```

下面的 formatDate 标签用于格式化日期和时间：

```
Default: <fmt:formatDate type="both" value="${now}"/>
Short date short time: <fmt:formatDate type="both"
  value="${now}" dateStyle="short" timeStyle="short"/>
Long date long time format: <fmt:formatDate type="both"
  value="${now}" dateStyle="long" timeStyle="long"/>
```

下面的 formatDate 标签用于格式化带时区的时间：

```
Time zone CT: <fmt:formatDate type="time" value="${now}"
        timeZone="CT"/><br/>
Time zone HST: <fmt:formatDate type="time" value="${now}"
        timeZone="HST"/><br/>
```

下面的 formatDate 标签利用定制模式格式化日期和时间：

```
<fmt:formatDate type="both" value="${now}" pattern="dd.MM.yy"/>
<fmt:formatDate type="both" value="${now}" pattern="dd.MM.yyyy"/>
```

5.6.3　timeZone 标签

timeZone 标签用于定义时区，使其 body content 中的时间信息按指定时区进行格式化或者解析。其语法如下：

```
<fmt:timeZone value="timeZone">
    body content
</fmt:timeZone>
```

body content 是 JSP。属性值可以是类型为 String 或者 java.util.TimeZone 的动态值。美国和加拿大时区的值如表 5.12 所示。

如果 value 属性为 null 或者 empty，则使用 GMT 时区。

下面的范例是用 timeZone 标签格式化带时区的日期：

```
<fmt:timeZone value="GMT+1:00">
    <fmt:formatDate value="${now}" type="both"
            dateStyle="full" timeStyle="full"/>
</fmt:timeZone>
<fmt:timeZone value="HST">
    <fmt:formatDate value="${now}" type="both"
            dateStyle="full" timeStyle="full"/>
</fmt:timeZone>
<fmt:timeZone value="CST">
    <fmt:formatDate value="${now}" type="both"
            dateStyle="full" timeStyle="full"/>
</fmt:timeZone>
```

表 5.12　美国和加拿大时区的值

缩写	全名	时区
NST	纽芬兰标准时间	UTC-3:30
NDT	纽芬兰夏时制	UTC-2:30
AST	大西洋标准时间	UTC-4
ADT	大西洋夏时制	UTC-3
EST	东部标准时间	UTC-5
EDT	东部夏时制	UTC-4
ET	东部时间，如 EST 或 EDT	*
CST	中部标准时间	UTC-6
CDT	中部夏时制	UTC-5

续表

缩写	全名	时区
CT	中部时间，如 CST 或 CDT	*
MST	山地标准时间	UTC-7
MDT	山地夏时制	UTC-6
MT	山地时间，如 MST 或 MDT	*
PST	太平洋标准时间	UTC-8
PDT	太平洋夏时制	UTC-7
PT	太平洋时间，如 PST 或 PDT	*
AKST	阿拉斯加标准时间	UTC-9
AKDT	阿拉斯加夏时制	UTC-8
HST	夏威夷标准时间	UTC-10

5.6.4 setTimeZone 标签

setTimeZone 标签用于将指定时区保存在一个有界变量或者时间配置变量中。setTimeZone 的语法如下：

```
<fmt:setTimeZone value="timeZone" [var="varName"]
        [scope="{page|request|session|application}"]
/>
```

表 5.13 展示了 setTimeZone 标签的属性。

表 5.13 setTimeZone 标签的属性

属性	类型	描述
value+	字符串或 java.util.TimeZone	时区
var	字符串	保存类型为 java.util.TimeZone 的时区的有界变量
scope	字符串	var 的范围或者时区配置变量

5.6.5 parseNumber 标签

parseNumber 标签用于将以字符串表示的数字、货币或者百分比解析成数字，其语法有两种形式。第一种形式没有 body content：

```
<fmt:parseNumber value="numericValue"
        [type="{number|currency|percent}"]
        [pattern="customPattern"]
        [parseLocale="parseLocale"]
        [integerOnly="{true|false}"]
```

```
        [var="varName"]
        [scope="{page|request|session|application}"]
/>
```

第二种形式有 body content：

```
<fmt:parseNumber [type="{number|currency|percent}"]
        [pattern="customPattern"]
        [parseLocale="parseLocale"]
        [integerOnly="{true|false}"]
        [var="varName"]
        [scope="{page|request|session|application}"]>
    numeric value to be parsed
</fmt:parseNumber>
```

body content 是 JSP。parseNumber 标签的属性如表 5.14 所示。

下面的 parseNumber 标签用于解析有界变量 quantity 引用的值，并将结果保存在有界变量 formattedNumber 中：

```
<fmt:parseNumber var="formattedNumber" type="number"
        value="${quantity}"/>
```

表 5.14　parseNumber 标签的属性

属性	类型	描述
value+	字符串或数字	要解析的字符串
type+	字符串	说明该字符串是要被解析成数字、货币，还是百分比
pattern+	字符串	定制格式化样式，决定 value 属性中的字符串要如何解析
parseLocale+	字符串或者 java.util.Locale	定义 locale，在解析操作期间将其默认为格式化样式，或将 pattern 属性定义的样式应用其中
integerOnly+	布尔	说明是否只解析指定值的整数部分
var	字符串	保存输出结果的有界变量名称
scope	字符串	var 的范围

5.6.6　parseDate 标签

parseDate 标签以区分地域的格式解析以字符串表示的日期和时间，其语法有两种形式。第一种形式没有 body content：

```
<fmt:parseDate value="dateString"
        [type="{time|date|both}"]
        [dateStyle="{default|short|medium|long|full}"]
        [timeStyle="{default|short|medium|long|full}"]
        [pattern="customPattern"]
        [timeZone="timeZone"]
        [parseLocale="parseLocale"]
```

```
        [var="varName"]
        [scope="{page|request|session|application}"]
/>
```

第二种形式有 body content：

```
<fmt:parseDate [type="{time|date|both}"]
        [dateStyle="{default|short|medium|long|full}"]
        [timeStyle="{default|short|medium|long|full}"]
        [pattern="customPattern"]
        [timeZone="timeZone"]
        [parseLocale="parseLocale"]
        [var="varName"]
        [scope="{page|request|session|application}"]>
    date value to be parsed
</fmt:parseDate>
```

body content 是 JSP。表 5.15 列出了 parseDate 标签的属性。

表 5.15 parseDate 标签的属性

属性	类型	描述
value+	字符串	要解析的字符串
type+	字符串	说明要解析的字符串中是否包含日期、时间或二者均有
dateStyle+	字符串	日期的格式化样式
timeStyle+	字符串	时间的格式化样式
pattern+	字符串	定制格式化样式，决定要如何解析该字符串
timeZone+	字符串或者 java.util.TimeZone	定义时区，使日期字符串中的时间信息均根据它来解析
parseLocale+	字符串或者 java.util.Locale	定义 locale，在解析操作期间用其默认为格式化样式，或将 pattern 属性定义的样式应用其中
var	字符串	保存输出结果的有界变量名称
scope	字符串	var 的范围

下面的 parseDate 标签用于解析有界变量 myDate 引用的日期，并将得到的 java.util.Date 保存在一个页面范围的有界变量 formattedDate 中：

```
<c:set var="myDate" value="12/12/2005"/>
<fmt:parseDate var="formattedDate" type="date"
        dateStyle="short" value="${myDate}"/>
```

5.7 函数

除了定制行为外，JSTL 1.1 和 JSTL 1.2 还定义了一套可以在 EL 表达式中使用的标准函数。这些函数都集中放在 function 标签库中。为了使用这些函数，必须在 JSP 的最前面使用以下 taglib 指令：

```
<%@ taglib uri="http://java.sun.com/jsp/jstl/functions"
        prefix="fn" %>
```

调用函数时，要以下列格式使用一个 EL：

```
${fn:functionName}
```

这里的 functionName 是函数名。

大部分函数都用于字符串操作。例如，length 函数用于字符串和集合，并返回集合或者数组中的项目数，或者返回一个字符串的字符数。

5.7.1　contains 函数

contains 函数用于测试一个字符串中是否包含指定的子字符串。如果字符串中包含该子字符串，则返回值为 True，否则，返回 False。其语法如下：

```
contains(string, substring).
```

例如，下面这两个 EL 表达式都将返回 True：

```
<c:set var="myString" value="Hello World"/>
${fn:contains(myString, "Hello")}

${fn:contains("Stella Cadente", "Cadente")}
```

5.7.2　containsIgnoreCase 函数

containsIgnoreCase 函数与 contains 函数相似，但测试是区分大小写的，其语法如下：

```
containsIgnoreCase(string, substring)
```

例如，下列的 EL 表达式将返回 True：

```
${fn:containsIgnoreCase("Stella Cadente", "CADENTE")}
```

5.7.3　endsWith 函数

endsWith 函数用于测试一个字符串是否以指定的后缀结尾，其返回值是一个 Boolean，语法如下：

```
endsWith(string, suffix)
```

例如，下列的 EL 表达式将返回 True。

```
${fn:endsWith("Hello World", "World")}
```

5.7.4 escapeXml 函数

escapeXml 函数用于给 String 编码。这种转换与 out 标签将其 escapeXml 属性设为 True 一样。escapeXml 的语法如下：

```
escapeXml(string)
```

例如，下面的 EL 表达式：

```
${fn:escapeXml("Use <br/> to change lines")}
```

将被渲染成：

```
Use &lt;br/&gt; to change lines
```

5.7.5 indexOf 函数

indexOf 函数返回指定子字符串在某个字符串中第一次出现时的索引。如果没有找到指定的子字符串，则返回-1。其语法如下：

```
indexOf(string, substring)
```

例如，下列的 EL 表达式将返回 7：

```
${fn:indexOf("Stella Cadente", "Cadente")}
```

5.7.6 join 函数

join 函数将一个 String 数组中的所有元素都合并成一个字符串，并用指定的分隔符分开，其语法如下：

```
join(array, separator)
```

如果这个数组为 null，就会返回一个空字符串。

例如，如果 myArray 是一个 String 数组，它带有两个元素“my”和“world”，那么，下列 EL 表达式：

```
${fn:join(myArray,",")}
```

将返回“my, world”。

5.7.7 length 函数

length 函数用于返回集合中的项目数，或者字符串中的字符数，其语法如下：

```
length{input}
```

下列的 EL 表达式将返回 14：

```
${fn:length("Stella Cadente", "Cadente")}
```

5.7.8 replace 函数

replace 函数将字符串中出现的所有 beforeString 用 afterString 替换，并返回结果，其语法如下：

```
replace(string, beforeSubstring, afterSubstring)
```

例如，下列的 EL 表达式将返回“StElla CadEntE”：

```
${fn:replace("Stella Cadente", "e", "E")}
```

5.7.9 split 函数

split 函数用于将一个字符串分离成一个子字符串数组。它的作用与 join 相反。例如，下列代码是分离字符串“my, world”，并将结果保存在有界变量 split 中。随后，利用 forEach 标签将 split 格式化成一个 HTML 表：

```
<c:set var="split" value='${fn:split("my,world",",")}'/>
<table>
<c:forEach var="substring" items="${split}">
    <tr><td>${substring}</td></tr>
</c:forEach>
</table>
```

结果为：

```
<table>
    <tr><td>my</td></tr>
    <tr><td>world</td></tr>
</table>
```

5.7.10 startsWith 函数

startsWith 函数用于测试一个字符串是否以指定的前缀开头，其语法如下：

```
startsWith(string, prefix)
```

例如，下列的 EL 表达式将返回 True：

```
${fn:startsWith("Stella Cadente", "St")}
```

5.7.11 substring 函数

substring 函数用于返回一个从指定基于 0 的起始索引（含）到指定基于 0 的终止索引的子字符串，其语法如下：

```
substring(string, beginIndex, endIndex)
```

下列的 EL 表达式将返回“Stel”：

```
${fn:substring("Stella Cadente", 0, 4)}
```

5.7.12 substringAfter 函数

substringAfter 函数用于返回指定子字符串第一次出现后的字符串部分，其语法如下：

```
substringAfter(string, substring)
```

例如，下列的 EL 表达式将返回“lla Cadente”：

```
${fn:substringAfter("Stella Cadente", "e")}
```

5.7.13 substringBefore 函数

substringBefore 函数用于返回指定子字符串第一次出现前的字符串部分，其语法如下：

```
substringBefore(string, substring)
```

例如，下列的 EL 表达式将返回“St”：

```
${fn:substringBefore("Stella Cadente", "e")}
```

5.7.14 toLowerCase 函数

toLowerCase 函数将一个字符串转换成它的小写版本，其语法如下：

```
toLowerCase(string)
```

例如，下列的 EL 表达式将返回“stella cadente”：

```
${fn:toLowerCase("Stella Cadente")}
```

5.7.15 toUpperCase 函数

toUpperCase 函数将一个字符串转换成它的大写版本，其语法如下：

```
toUpperCase(string)
```

例如，下列的 EL 表达式将返回“STELLA CADENTE”：

```
${fn:toUpperCase("Stella Cadente")}
```

5.7.16 trim 函数

trim 函数用于删除一个字符串开头和结尾的空白，其语法如下：

```
trim(string)
```

例如，下列的 EL 表达式将返回“Stella Cadente”：

```
${fn:trim("          Stella Cadente      ")}
```

5.8 小结

JSTL 可以完成一般的任务（如遍历、集合和条件）、处理 XML 文档、格式化文本、访问数据库以及操作数据，等等。本章介绍了比较重要的一些标签，如操作有界对象的标签（out、set、remove）、执行条件测试的标签（if、choose、when、otherwise）、遍历集合或 token 的标签（forEach、forTokens）、解析和格式化日期与数字的标签（parseNumber、formatNumber、parseDate、formatDate 等），以及可以在 EL 表达式中使用的 JSTL 1.2 函数。

第 6 章 自定义标签

在第 5 章“JSTL”中，介绍了如何在 JSTL 中使用自定义标签。JSTL 库提供了一些标签，能解决常用的问题，但是对于一些非常见的问题，就需要扩展 javax.servlet.jsp.tagext 包中的成员，实现自定义标签了。本章将介绍如何制作自定义标签。

6.1 自定义标签概述

使用标准 JSP 方法访问、操作 JavaBean，是实现展现（HTML）与业务实现（Java 代码）分离的第一步。然而，标准方法功能不够强大，以至于开发者无法仅仅使用它们开发应用，还要在 JSP 页面中使用 Java 代码。例如，标准方法无法遍历集合，但是 JSTL 中的 forEach 标签可以。

介于 JavaBean 中解决展现与业务实现分离的方法的不完善，就产生了 JSP 1.1 中的自定义标签。自定义标签提供了在 JavaBean 中所不能实现的便利。其中就包括，自定义标签允许访问 JSP 中隐藏的对象及它们的属性。

尽管自定义标签能编写无脚本的 JSP 页面，但是 JSP 1.1 及 JSP 1.2 中提供的经典自定义标签，非常难用。直到 JSP 2.0，才增加了两个特性，用于改善自定义标签实现。第一个特性是一个接口——SimpleTag，在本章后面的小节中将讨论它。另一个特性是标签文件中定义标签的机制。标签文件将在第 7 章中说明。

自定义标签的实现，叫作标签处理器，而简单标签处理器是指继承 SimpleTag 实现的标签处理器。在本章中，将会看到自定义标签是如何工作的，以及如何实现一个标签处理器。本文只讨论简单标签处理器，因为我们没有理由还要再去使用经典的标签处理器。

除了比实现经典的标签处理器更简单外，简单标签处理器不再被 JSP 容器缓存了。但这并不意味着简单的标签处理器会比之前的慢。JSP 规范的作者在 JSP 规范中的 7.1.5 一节中写道：“初始化性能指标显示，缓存标签处理器并不能提供较好的性能优化，但缓存这些标签让实现标签变得更加困难，而且让这些标签带来更多的潜在错误。”

6.2 简单标签处理器

JSP 2.0 的设计者意识到了在 JSP 1.1 及 JSP1.2 中实现标签及标签处理器的复杂性。因此，JSP 2.0 中，在 javax.servlet.jsp.tagext 包下增加了接口——SimpleTag。实现 SimpleTag 的标签处理器都叫作简单标签处理器；实现 Tag、IterationTag 及 BodyTag 的标签处理器都叫作经典标签处理器。

简单标签处理器有着简单的生命周期，而且比经典标签处理器更加易于实现。SimpleTag 接口中用于标签触发的方法只有一个——doTag，并且该方法只会执行一次。业务逻辑、遍历及页面内容操作都在这里实现。简单标签处理器中的页面内容都在 JspFragment 类的实例中体现。JspFragment 将在本小节末讨论：

简单标签的生命周期如下：

- JSP 容器通过简单标签处理器的无参数构造器创建它的实例。因此，简单标签处理器必需有无参数构造器。
- JSP 容器通过 setJspContext 的方法，传入 JspContext 对象：该对象中最重要的方法是 getOut，它能返回 JspWriter，通过 JspWriter 就可以把响应返回前端了。setJspContext 方法的定义如下：

```
public void setJspContext(JspContext jspContext)
```

通常情况下，都需要把使用传入的 JspContext 指定为类的成员变量以便后继使用：

- 如果自定义标签被另一个自定义标签所嵌套，JSP 容器就会调用 setParent 的方法，该方法的定义如下：

```
public void setParent(JspTag parent)
```

- JSP 容器调用该标签中所定义的每个属性的 Set 方法。
- 如果需要处理页面内容，JSP 容器还会调用 SimpleTag 接口的 setJspBody 方法，把使用 JspFragment 封装的页面内容传过来。当然，如果没有页面内容，那么 JSP 容器就不会调用该方法。

javax.servlet.jsp.tagext 包中也包含一个 SimpleTag 的基础类：SimpleTagSupport。SimpleTagSupport 提供了 SimpleTag 所有方法的默认实现，并便于扩展实现简单标签处理器。在 SimpleTagSupport 类中用 getJspContext 方法返回 JspContext 实例，这个实例在 JSP 容器调用 SimpleTag 的 setJspContext 方法时传入。

6.3 SimpleTag 示例

本节讨论 app06a 应用的例子，该例子是说明简单标签处理器的。自定义标签需要有两个步骤：编写标签处理器及注册标签。这两个步骤下面均有说明。

注意在构建标签处理器时，需要在构建目录中有 Servlet API 及 JSP API。如果使用 Tomcat，可以在 Tomcat 的 lib 目录下找到包含这两个 API 的包（即 servlet-api.jar、jsp-api.jar 这两个文件）。

app06a 应用的目录结构如图 6.1 所示。自定义标签由组件处理器（在 WEB-INF/classes 目录中）及标签描述器（WEB-INF 目录中的 mytags.tld 文文件）组成。图 6.1 中也列出了测试自定义标签的文件。

```
app06a
  WEB-INF
    classes
      customtag
        MyFirstTag.class
    mytags.tld
  firstTagTest.jsp
```

图 6.1　app06a 应用的目录结构

6.3.1　编写标签处理器

清单 6.1 中列出了 MyFirstTag 类，它是一个 SimpleTag 的实现。

清单 6.1　MyFirstTag 类

```java
package customtag;
import java.io.IOException;
import javax.servlet.jsp.JspContext;
import javax.servlet.jsp.JspException;
import javax.servlet.jsp.tagext.JspFragment;
import javax.servlet.jsp.tagext.JspTag;
import javax.servlet.jsp.tagext.SimpleTag;

public class MyFirstTag implements SimpleTag {
    JspContext jspContext;

    public void doTag() throws IOException, JspException {
        System.out.println("doTag");
        jspContext.getOut().print("This is my first tag.");
    }

    public void setParent(JspTag parent) {
        System.out.println("setParent");
    }

    public JspTag getParent() {
        System.out.println("getParent");
        return null;
    }

    public void setJspContext(JspContext jspContext) {
        System.out.println("setJspContext");
        this.jspContext = jspContext;
    }

    public void setJspBody(JspFragment body) {
```

```
            System.out.println("setJspBody");
        }
    }
```

MySimpleTag 类中有一个名为 jspContext 的 JspContext 类型变量。在 setJspContext 方法中，将由 JSP 容器中传入的 JspContext 对象赋给该变量。在 doTag 方法中，通过 JspContext 对象获取 JspWriter 对象实例。然后用 JspWriter 方法中的 print 方法输出"This is my first tag"的字符串。

6.3.2　注册标签

在标签处理器能够被 JSP 页面使用之前，它需要在标签库描述器中注册一下，这个描述器是以.tld 结尾的 XML 文件。本例标签库描述是一个名为 mytags.tld 的文件，在清单 6.2 中给出。这个文件必须放在 WEB-INF 目录下。

清单 6.2　标签库描述文件（mytags.tld 文件）

```
<?xml version="1.0" encoding="UTF-8"?>
<taglib xmlns="http://java.sun.com/xml/ns/j2ee"
    xmlns:xsi="http://www.w3.org/2001/XMLSchema-instance"
    xsi:schemaLocation="http://java.sun.com/xml/ns/j2ee web-jsptaglibrary_2_1.xsd"
    version="2.1">

    <description>
         Simple tag examples
    </description>
    <tlib-version>1.0</tlib-version>
    <short-name>My First Taglib Example</short-name>
    <tag>
        <name>firstTag</name>
        <tag-class>customtag.MyFirstTag</tag-class>
        <body-content>empty</body-content>
    </tag>
</taglib>
```

在标签描述文件中最主要的节点是 tag，它用于定义一个标签。它可以包含一个 name 节点及一个 tag-class 的节点。name 节点用于说明这个标签的名称；tag-class 则用于指出标签处理器的完整类名。一个标签库描述器中可以定义多个标签。

此外，在标签描述器中还有其他节点。description 节点用于说明这个描述器中的所有标签。tlib-version 节点用于指定自定义标签的版本。short-name 节点则是这些标签的名称。

6.3.3　使用标签

要使用自定义标签，就要用到 taglib 指令。taglib 指令中的 uri 属性是标签描述器的绝对路径或者相对路径。本例中使用相对路径。但是，如果使用的是 jar 包中的标签库，就必须要使用绝对路径了。后面的 6.7 节中，将会介绍如何使用简单的方式给自定义标签打包。

可以使用在清单 6.3 中所列出的 firstTagTest.jsp 页面来测试自定义的 fisrtTag 标签。

清单 6.3 firstTagTest.jsp

```
<%@ taglib uri="/WEB-INF/mytags.tld" prefix="easy"%>
<html>
<head>
    <title>Testing my first tag</title>
</head>
<body>
Hello!!!!
<br/>
<easy:firstTag></easy:firstTag>
</body>
</html>
```

通过如下 URL 路径就可以访问 firstTagTest.jsp 页面了：

```
http://localhost:8080/app06a/firstTagTest.jsp
```

一旦访问 firtTagTest.jsp 页面，JSP 容器就会调用标签处理器中的 setJspContext 方法。由于 firstTagTest.jsp 中的标签没有内容，因此 JSP 容器也就不会在调用 doTag 方法前调用 setJspBody 的方法。在控制台就将会得到如下内容：

```
setJspContext

doTag
```

注意，JSP 容器并没有调用标签处理器的 setParent 方法，因为这个简单标签并没有被另一个标签给嵌套。

6.4 处理属性

实现 SimpleTag 接口或者扩展 SimpleTagSupport 的标签处理器都可以有属性。清单 6.4 列出的名为 DataFormaterTag 的标签处理器可以将逗号分隔内容转换成 HTML 表格。这个标签有两个属性：header、items。header 属性值将会转成表头。 例如，将“Cities”作为 header 属性值，“London，Montreal”作为 items 属性值，那么会得到如下输出：

```
<table style="border:1px solid green">
<tr><td><b>Cities</b></td></tr>
<tr><td>London</td></tr>
<tr><td>Montreal</td></tr>
</table>
```

清单 6.4　DataFormatterTag 类

```
package customtag;
import java.io.IOException;
import java.util.StringTokenizer;
import javax.servlet.jsp.JspContext;
import javax.servlet.jsp.JspException;
import javax.servlet.jsp.JspWriter;
import javax.servlet.jsp.tagext.SimpleTagSupport;

public class DataFormatterTag extends SimpleTagSupport {
    private String header;
    private String items;

    public void setHeader(String header) {
        this.header = header;
    }

    public void setItems(String items) {
        this.items = items;
    }

    public void doTag() throws IOException, JspException {
        JspContext jspContext = getJspContext();
        JspWriter out = jspContext.getOut();

        out.print("<table style='border:1px solid green'>\n"
                + "<tr><td><span style='font-weight:bold'>"
                + header + "</span></td></tr>\n");
        StringTokenizer tokenizer = new StringTokenizer(items,
                ",");
        while (tokenizer.hasMoreTokens()) {
            String token = tokenizer.nextToken();
            out.print("<tr><td>" + token + "</td></tr>\n");
        }
        out.print("</table>");
    }
}
```

DataFormatterTag 类有两个 Set 方法用于接收属性：setHeader、setItems。doTag 方法中则实现了其余的内容。

doTag 方法中，首先通过 getJspContext 方法获取通过 JSP 容器传入的 JSPContext 对象：

```
JspContext jspContext = getJspContext();
```

接着，通过 JspContext 实例中的 getOut 方法获取 JspWriter 对象，它能将响应写回客户端：

```
JspWriter out = jspContext.getOut();
```

然后，doTag 方法使用 StringTokenizer 解析 items 属性值，然后将每个 item 都转换成表格中的一行：

```
out.print("<table style='border:1px solid green'>\n"
        + "<tr><td><span style='font-weight:bold'>"
        + header + "</span></td></tr>\n");
StringTokenizer tokenizer = new StringTokenizer(items, ",");
while (tokenizer.hasMoreTokens()) {
    String token = tokenizer.nextToken();
    out.print("<tr><td>" + token + "</td></tr>\n");
}
out.print("</table>");
```

为了能够使用 DataFormatterTag 的标签处理器，还需要在 tag 节点中注册一下，如清单 6.5 所示。简单地说，就是把它加入 mytags.tld 中，用法如下所示。

清单 6.5 注册 dataFormatter 标签

```
<tag>
    <name>dataFormatter</name>
    <tag-class>customtag.DataFormatterTag</tag-class>
    <body-content>empty</body-content>
    <attribute>
        <name>header</name>
        <required>true</required>
    </attribute>
    <attribute>
        <name>items</name>
        <required>true</required>
    </attribute>
</tag>
```

现在就可以使用 dataFormatterTagTest.jsp 页面来测试这个标签处理器了，如清单 6.6 所示。

清单 6.6 dataFormatterTagTest.jsp 页面

```
<%@ taglib uri="/WEB-INF/mytags.tld" prefix="easy"%>
<html>
<head>
    <title>Testing DataFormatterTag</title>
</head>
<body>
<easy:dataFormatter header="States"
    items="Alabama,Alaska,Georgia,Florida"
/>

<br/>
<easy:dataFormatter header="Countries">
    <jsp:attribute name="items">
        US,UK,Canada,Korea
    </jsp:attribute>
</easy:dataFormatter>
```

```
</body>
</html>
```

注意，清单 6.6 所列出来的 JSP 页面使用了 dataFormatter 标签两次，每次都使用不同的两种方式：一种是标签属性，另一种是标准属性。可以使用如下 URL 来访问 dataFormatterTagTest.jsp:

```
http://localhost:8080/app06a/dataFormatterTagTest.jsp
```

图 6.2 中显示了 dataFormatterTagTest.jsp 的访问结果。

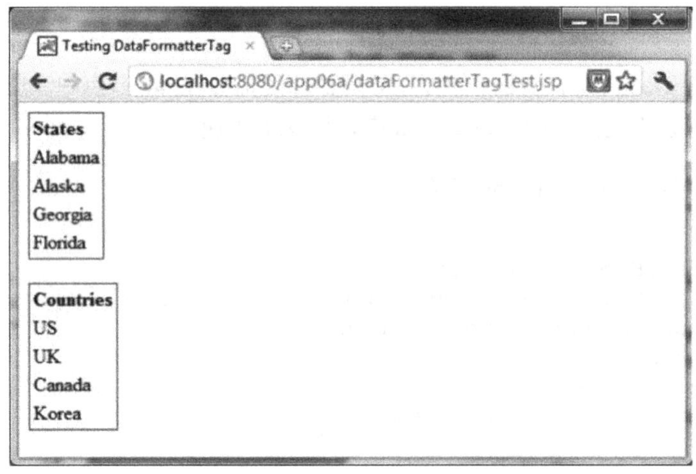

图 6.2　使用 SimpleTag 的属性

6.5　访问标签内容

在 SimpleTag 中，可以通过 JSP 容器传入的 JspFragment 来访问标签内容。 JspFragment 类提供了多次访问 JSP 中这部分代码的能力。JSP 片段的定义不能包含脚本或者脚本表达式，它只能是文件模板或者 JSP 标准节点。

JspFragment 类中有两个方法：getJspContext、invoke。我们的定义如下：

```
public abstract JspContext getJspContext()

public abstract void invoke(java.io.Writer writer)
        throws JspException, java.io.IOException
```

getJspContext 方法返回这个 JspFragment 关联的 JspContext 对象。可以通过 invoke 方法来执行这个片段（标签的内容），然后通过指定的 Writer 对象把它直接输出。如果把 null 传入 invoke 方法中，那么这个 Writer 将会被 JspFragment 所关联的 JspContext 对象中的 getOut 方法返回的 JspWriter 方法所接管。

看清单 6.7 中所列出来的 SelectElementTag 类。使用标签处理器可以输出如下格式的

HTML select 节点：

```
<select>
<option value="value-1">text-1</option>
<option value="value-2">text-2</option>
...
<option value="value-n">text-n</option>
</select>
```

在本例中，这些值都是 String 数组类型 countries 的国家名。

清单 6.7 SelectElementTag

```
package customtag;
import java.io.IOException;
import javax.servlet.jsp.JspContext;
import javax.servlet.jsp.JspException;
import javax.servlet.jsp.JspWriter;
import javax.servlet.jsp.tagext.SimpleTagSupport;

public class SelectElementTag extends SimpleTagSupport {
    private String[] countries = {"Australia", "Brazil", "China" };

    public void doTag() throws IOException, JspException {
        JspContext jspContext = getJspContext();
        JspWriter out = jspContext.getOut();
        out.print("<select>\n");
        for (int i=0; i<3; i++) {
            getJspContext().setAttribute("value", countries[i]);
            getJspContext().setAttribute("text", countries[i]);
            getJspBody().invoke(null);
        }
        out.print("</select>\n");
    }
}
```

清单 6.8 中，Tag 节点用于注册 SelectElementTag，并把它转成 select 的标签。接着，像上面的例子一样，我们继续把这个节点加入到 mytags.tld 文件中。

清单 6.8 注册 SelectElementTag

```
<tag>
    <name>select</name>
    <tag-class>customtag.SelectElementTag</tag-class>
    <body-content>scriptless</body-content>
</tag>
```

清单 6.9 列出了一个使用 SelectElementTag 的 JSP 页面（selectElementTagTest.jsp）。

清单 6.9 selectElementTagTest.jsp 页面

```
<%@ taglib uri="/WEB-INF/mytags.tld" prefix="easy"%>
```

```
<html>
<head>
    <title>Testing SelectElementFormatterTag</title>
</head>
<body>
<easy:select>
    <option value="${value}">${text}</option>
</easy:select>
</body>
</html>
```

注意，select 标签传入如下内容：

```
<option value="${value}">${text}</option>
```

在 SelectElementTag 标签处理器中的 doTag 里，每次触发 JspFragment 时，都要获取一次 value 及 text 属性值：

```
for (int i=0; i<3; i++) {
    getJspContext().setAttribute("value", countries[i]);
    getJspContext().setAttribute("text", countries[i]);
    getJspBody().invoke(null);
}
```

可以通过以下的 URL 路径访问 selectElementTagTest.jsp：

```
http://localhost:8080/app06a/selectElementTagTest.jsp
```

图 6.3 显示了该页面的返回结果。

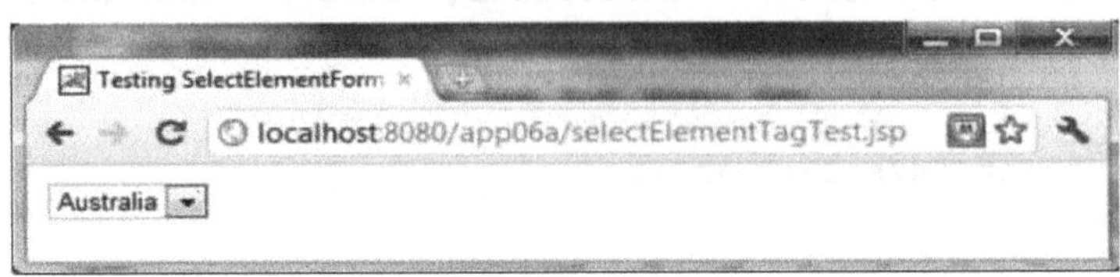

图 6.3　使用 JspFragment

如果在 Web 浏览器中查看源码，将会得到如下内容：

```
<select>
  <option value="Australia">Australia</option>
  <option value="Brazil">Brazil</option>
  <option value="China">China</option>
</select>
```

6.6　编写 EL 函数

第 4 章中讨论了 JSP 的表达式语言（EL），也提到了可以自定义实现通过表达式语言触发的函数。本节在第 4 章的基础上讨论编写 EL 函数，因为它用到了标签库描述。

一般来说，编写 EL 函数需要以下两个步骤：

（1）创建一个包含静态方法的 public 类。每个类的静态方法表示一个 EL 函数。这个类可以不需要实现任何接口或者继承特定的类。可以像发布其他任何类一样发布这个类。这个类必须放在应用中的/WEB-INF/classes 目录或者它的子目录下。

（2）用 function 节点在标签库描述器中注册这个函数。

function 节点是 taglib 节点的下级节点，它有如下子节点：

- description：可选，标签说明。
- display-name：在 XML 工具中显示的缩写名字。
- icon：可选，在 XML 工具中使用的 icon 节点。
- name：函数的唯一名字。
- function-class：该函数对应实现的 Java 类的全名。
- function-signature：该函数对应实现的 Java 静态方法。
- example：可选，使用该函数的示例说明。
- function-extension：可以是一个或者多个节点，在 XML 工具中使用，用于提供该函数的更多的细节。

要使用这个函数，须将 taglib 指令中的 uri 属性指向标签库描述，并指明使用的前缀。然后在 JSP 页面中使用如下语法来访问该函数：

```
${prefix:functionName(parameterList)}
```

具体的例子可以查看本书附带的 app06b 应用。清单 6.10 列出了 StringFunction 类，封装了一个静态方法 reverseString。

清单 6.10　StringFunction 类中的 reverseString 方法

```
package function;
public class StringFunctions {
    public static String reverseString(String s) {
        return new StringBuffer(s).reverse().toString();
    }
}
```

清单 6.11 列出了 functiontags.tld 文件，它包含描述了函数名为 reverseString 的 function 节点。这个 TLD 文件必须要保存在应用的 WEB-INF 目录下才会生效。

清单 6.11　functiontags.tld 文件

```
<?xml version="1.0" encoding="UTF-8"?>
```

```
<taglib xmlns="http://java.sun.com/xml/ns/j2ee"
    xmlns:xsi="http://www.w3.org/2001/XMLSchema-instance"
    xsi:schemaLocation="http://java.sun.com/xml/ns/j2ee web-jsptaglibrary_2_1.xsd"
    version="2.1">

    <description>
         Function tag examples
    </description>
    <tlib-version>1.0</tlib-version>
    <function>
        <description>Reverses a String</description>
        <name>reverseString</name>
        <function-class>function.StringFunctions</function-class>
        <function-signature>
            java.lang.String reverseString(java.lang.String)
        </function-signature>
    </function>
</taglib>
```

清单 6.12 列出了测试这个 EL 函数的 reverseStringFunctionTest.jsp 页面。

清单 6.12　使用 EL 函数

```
<%@ taglib uri="/WEB-INF/functiontags.tld" prefix="f"%>
<html>
<head>
    <title>Testing reverseString function</title>
</head>
<body>
${f:reverseString("Hello World")}
</body>
</html>
```

可以使用如下 URL 路径访问 reverse StringFunctionTest.jsp：

```
http://localhost:8080/app06b/reverseStringFunctionTest.jsp
```

访问以上的 JSP 页面，就可以看到反过来拼写的“Hello World”。

6.7　发布自定义标签

可以把自定义的标签处理器以及标签描述器打包到 JAR 包里，这样就可以把它发布出来给别人使用了，就像 JSTL 一样。这种情况下，需要包含其所有的标签处理器及描述它们的 TLD 文件。此外，还需要在描述器中的 uri 节点中指定绝对的 URI。

例如，在本书附带的 app06c 应用中，把 app06b 应用中的标签及标签器打包在 mytags.jar 文件中。这个 JAR 包的内容如图 6.4 所示。

```
mytags.jar
  function
    StringFunction.class
  META-INF
    functiontags.tld
```

图 6.4 mytags.jar 文件

清单 6.13 列出了 functiontags.tld 文件。注意这里增加了 uri 节点。这个节点的值是：http://example.com/taglib/function。

清单 6.13 自定义标签包中的 functiontags.tld 文件

```
<?xml version="1.0" encoding="UTF-8"?>
<taglib xmlns="http://java.sun.com/xml/ns/j2ee"
    xmlns:xsi="http://www.w3.org/2001/XMLSchema-instance"
    xsi:schemaLocation="http://java.sun.com/xml/ns/j2ee
        web-jsptaglibrary_2_1.xsd"
    version="2.1">
    <description>
         Function tag examples
    </description>
    <tlib-version>1.0</tlib-version>

    <uri>http://example.com/taglib/function</uri>

    <function>
        <description>Reverses a String</description>
        <name>reverseString</name>
        <function-class>function.StringFunction</function-class>
        <function-signature>
            java.lang.String reverseString(java.lang.String)
        </function-signature>
    </function>
</taglib>
```

为了在应用中使用这个库，需要把这个 JAR 文件拷贝到应用的 WEB-INF/lib 目录下。在使用的时候，任何使用自定义标签的 JSP 页面都要使用这个标签库描述器中定义的 URL。

清单 6.14 列出的 reverseStringFunction.jsp 页面中，使用到了这个自定义标签。

清单 6.14 app06c 中的 reverseStringFunction.jsp 页面

```
<%@ taglib uri="http://example.com/taglib/function" prefix="f"%>
<html>
<head>
    <title>Testing reverseString function</title>
</head>
<body>
${f:reverseString("Welcome")}
</body>
</html>
```

在浏览器中输入如下 URL 路径，来测试这个示例：

```
http://localhost:8080/app06c/reverseStringFunction.jsp
```

6.8 小结

在本章中提到了自定义标签是解决 JavaBean 中前端展现与后端逻辑分离的好办法。编写自定义标签，需要创建标签处理器，并在标签库描述器中注册它。

在 JSP 2.3 中，有两种标签处理器可以使用：经典标签处理器和简单标签处理器。前者需要实现 Tag、IterationTag 及 BodyTag 的接口或者扩展 TagSupport、BodyTagSupport 这两个基类。另一方面，简单标签处理器，需要实现 SimpleTag 或者扩展 SimpleTagSupport。相对经典标签处理器来说，简单标签处理器更容易实现，它拥有更简单的生命周期。简单标签处理器是推荐的使用方法。本章提供了一些简单标签处理器的例子。在 JAR 包中，可以发布自定义标签，以便其他人使用。

第 7 章 标签文件

在第 6 章中，我们介绍了自定义标签，通过写无脚本的 JSP 文件，可以促进分工，页面设计者可以和后台逻辑编码者同时进行工作。不过，编写自定义标签是一件冗长琐碎的事，你需要编写并编译一个标签处理类，还需要在标签库描述文件中定义标签。

从 JSP 2.0 开始，通过 tag file 的方式，无须编写标签处理类和标签库描述文件，也能够自定义标签了。tag file 在使用之前无须编译，并且不需要标签库定义文件。

本章会对 tag file 进行详细的说明。首先我们对 tag file 进行介绍，然后会通过几个实例来详细了解如何通过 tag file 进行自定义标签。最后，还会介绍 doBody 和 invoke 这两个动作元素。

7.1 tag file 简介

tag file 从两个方面简化了自定义标签的开发。首先，tag file 无须提前编译，直到第一次被调用才会编译。除此之外，仅仅使用 JSP 语法就可以完成标签的扩展定义，这意味着不懂 Java 的人也能够进行标签自定义了。

其次，标签库描述文件也不再需要了。原先需要在标签库描述文件里定义标签元素的名字，以及它所对应的 action。使用 tag file 的方式，tag file 名和 action 相同，因此不再需要标签库描述文件了。

JSP 容器提供多种方式将 tag file 编译成 Java 的标签处理类。例如 Tomcat 将 tag file 翻译成继承于 javax.servlet.jsp.tagext.SimpleTag 接口的标签处理类。

一个 tag file 和 JSP 页面一样，它拥有指令、脚本、EL 表达式、动作元素以及自定义的标签。一个 tag file 以 tag 和 tagx 为后缀，它们可以包含其他资源文件。一个被其他文件包含的 tag file 应该以 tagf 为后缀。

tag 文件必须放在应用路径的 WEB-INF/tags 目录下才能生效。和标签处理类一样，tag 文件可以被打到 jar 包里。

tag file 中也有一些隐藏对象，通过脚本或者 EL 表达式可以访问这些隐藏对象。表 7.1 列出了这些隐藏对象。这些隐藏对象和第 3 章中介绍的 JSP 隐藏对象类似。

表 7.1　tag file 中可用的隐藏对象

对象	类型
request	javax.servlet.http.HttpServletRequest
response	javax.servlet.http.HttpServletResponse
out	javax.servlet.jsp.JspWriter
session	javax.servlet.http.HttpSession
application	javax.servlet.ServletContext
config	javax.servlet.ServletConfig
jspContext	javax.servlet.jsp.JspContext

7.2　第一个 tag file

这一节将用一个实例说明使用 tag file 是多么方便。下面的这个例子包含一个 tag 文件和一个使用这个 tag 文件的 JSP 页面。例子的目录结构如图 7.1 所示。

```
app07a
  WEB-INF
    tags
      firstTag.tag
  firstTagTest.jsp
```

图 7.1　目录结构

这个 tag file 的名称是 firstTag.tag，代码如清单 7.1 所示。

清单 7.1　firstTag.tag

```
<%@ tag import="java.util.Date" import="java.text.DateFormat"%>
<%
    DateFormat dateFormat =
            DateFormat.getDateInstance(DateFormat.LONG);
    Date now = new Date(System.currentTimeMillis());
    out.println(dateFormat.format(now));
%>
```

从清单 7.1 可以看出来，tag file 和 JSP 页面是很相似的。在 firstTag.tag 文件里包含了一个 tag 指令和一个脚本片段，其中 tag 指令里又有两个 import 属性。接下来，只需要将这个 tag file 放到 WEB-INF/tags 目录下就可以使用了。注意 tag file 名和标签的名字是一样的，例如这个 firstTag.tag 的 tag file 对应的标签名即为 firstTag。

清单 7.2 是一个使用 firstTag.tag 文件的 JSP 实例：firstTagTest.jsp。

清单 7.2　firstTagTest.jsp 页面

```
<%@ taglib prefix="easy" tagdir="/WEB-INF/tags" %>
Today is <easy:firstTag/>
```

可以用下面的链接访问 firstTagTest.jsp 来查看效果：

```
http://localhost:8080/app07a/firstTagTest.jsp
```

7.3　tag file 指令

和 JSP 页面一样，tag file 可以使用指令来指挥 JSP 容器如何编译这个 tag file。tag file 的指令语法和 JSP 是一样的：

```
<%@ directive (attribute="value")* %>
```

星号（*）表示括号内的可以重复 0 次或者多次，上面的指令也可以写成下面这种更直白的样子：

```
<%@ directive attribute1="value1" attribute2="value2" ... %>
```

属性必须被单引号或者双引号包裹，<%@之后和 %>之前的空格加不加都不影响正确性，但是为了可读性，建议加上空格。除了 page 指令，其他所有的 JSP 指令都可以用于 tag file。在 tag file 中，可以使用 tag 指令代替 page 指令。另外，你还可以使用两个新指令：attribute 和 variable。表 7.2 展示了所有可以在 tag file 中使用的指令。

表 7.2　tag file 指令

指令	描述
tag	作用与 JSP 页面中的 page 指令类似
include	用于将其他资源导入 tag file 中
taglib	用于将自定义标签库导入 tag file 中
attribute	用于将自定义标签库导入 tag file 中
variable	用于将自定义标签库导入 tag file 中

接下来，我们会对这些指令分别进行介绍。

7.3.1　tag 指令

tag 指令和 JSP 页面中的 page 指令类似。以下是它的使用语法：

```
<%@ tag (attribute="value")* %>
```

也可以使用下面这种更直白的表达式：

```
<%@ tag attribute1="value1" attribute2="value2" ... %>
```

表 7.3 列出了 tag 指令的全部属性，这些属性都是非必须的。

表 7.3　tag 指令的属性

属性	描述
display-name	在 XML 工具中显示的名称。默认值是不包含后缀的 tag file 名
body-content	指定标签 body 的类型，body-content 属性值有 empty、tagdependent、scriptless，默认值是 scriptless

续表

属性	描述
dynamic-attributes	指定 tag file 动态属性的名称。当 dynamicattributes 值被设定时，会产生一个 Map 来存放这些动态属性的名称和对应的值
small-icon	指定一个图片路径，用于在 XML 工具上显示小图标。一般不会用到
large-icon	指定一个图片路径，用于在 XML 工具上显示大图标。一般也不会用到
description	标签的描述信息
example	标签使用实例的描述
language	tag file 中使用的脚本语言类型。当前版本的 JSP 中，该值必须设为“java”
import	用于导入一个 java 类型，和 JSP 页面中的 import 相同
pageEncoding	指定 tag file 使用的编码格式，可以使用“CHARSET”中的值。和 JSP 页面中的 pageEncoding 相同

除了 import 属性，其他所有的属性在一个 tag 指令或一个 tag file 中都只能出现一次。例如，以下的 tag file 就是无效的，因为 body-content 属性在同一个 tag file 中出现了多次：

```
<%@ tag display-name="first tag file" body-content="scriptless" %>
<%@ tag body-content="empty" %>
```

下面是一个有效的 tag 指令，尽管 import 属性出现了两次，但这是被允许的：

```
<%@ tag import="java.util.ArrayList" import="java.util.Iterator" %>
```

同理，下面的 tag 指令也是有效的：

```
<%@ tag body-content="empty" import="java.util.Enumeration" %>
<%@ tag import="java.sql.*" %>
```

7.3.2　include 指令

tag file 中的 include 指令和 JSP 页面中的 include 指令是一样的。可以使用这个指令来将外部文件导入到 tag file 中。当你有一个公共资源文件有可能用在多个 tag file 中时，include 指令将能够发挥它的作用。这个公共资源文件可以是静态文件（例如 HTML 文件），也可以是动态文件（例如其他 tag file）。

例如清单 7.3 中的 includeDemoTag.tag 文件就导入了一个静态文件（included.html）和一个动态文件（included.tagf）。

清单 7.3　includeDemoTag.tag 文件

```
This tag file shows the use of the include directive.
The first include directive demonstrates how you can include
a static resource called included.html.
<br/>
```

```
Here is the content of included.html:
<%@ include file="included.html" %>
<br/>
<br/>
The second include directive includes another dynamic resource:
included.tagf.
<br/>
<%@ include file="included.tagf" %>
```

included.html 和 included.tagf 文件如清单 7.4 和清单 7.5 所示。它们都和 tag file 放在同一个目录下。注意：被导入的 tag file 片段必须以 tagf 为后缀。

清单 7.4 included.html 文件

```
<table>
<tr>
    <td><b>Menu</b></td>
</tr>
<tr>
    <td>CDs</td>
</tr>
<tr>
    <td>DVDs</td>
</tr>
<tr>
    <td>Others</td>
</tr>
</table>
```

清单 7.5 included.tagf 文件

```
<%
    out.print("Hello from included.tagf");
%>
```

接下来，在清单 7.6 的 includeDemoTagTest.jsp 中使用 includeDemoTag.tag 定义的标签。

清单 7.6 includeDemoTagTest.jsp 页面

```
<%@ taglib prefix="easy" tagdir="/WEB-INF/tags" %>
<easy:includeDemoTag/>
```

可以通过下面的 URL 来访问 includeDemoTagTest.jsp 页面：

```
http://localhost:8080/app07a/includeDemoTagTest.jsp
```

结果如图 7.2 所示。

关于 include 指令更详细的介绍，可以查看第 3 章。

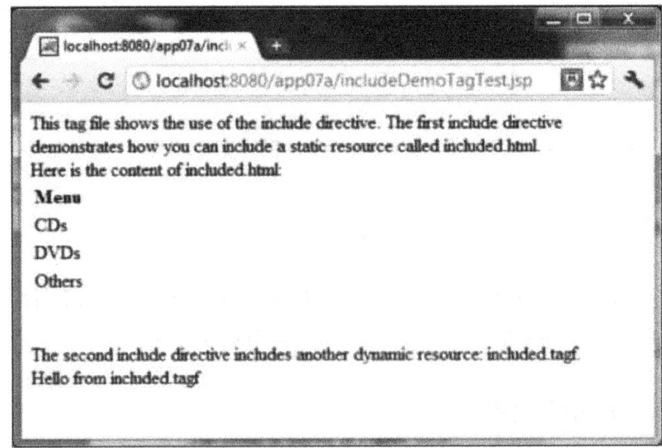

图 7.2　包含其他资源文件的 tag file

7.3.3　taglib 指令

可以通过 taglib 指令在 tag file 中使用自定义标签。taglib 指令的语法如下：

```
<%@ taglib uri="tagLibraryURI" prefix="tagPrefix" %>
```

其中 uri 属性用来指定与前缀相关联的标签库描述文件的绝对路径或相对路径。

prefix 属性用来定义自定义标签的前缀。

使用 taglib 指令，你可以像下面那样使用不包含 content body 的自定义标签：

```
<prefix:tagName/>
```

当然，也可以使用包含 content body 的自定义标签：

```
<prefix:tagName>body</prefix:tagName>
```

tag file 中的 taglib 指令和 JSP 页面中的 taglib 指令是一样的。清单 7.7 的 taglibDemo.tag 文件展示了一个 taglib 指令的示例。

清单 7.7　taglibDemo.tag 文件

```
<%@ taglib prefix="simple" tagdir="/WEB-INF/tags" %>
The server's date: <simple:firstTag/>
```

taglibDemo.tag 导入了清单 7.1 中的 firstTag.tag 来显示服务器日期。清单 7.8 中的 taglibDemoTest.jsp 调用了 taglibDemo.tag。

清单 7.8　taglibDemoTest.jsp 页面

```
<%@ taglib prefix="easy" tagdir="/WEB-INF/tags" %>
<easy:taglibDemo/>
```

访问下面的 URL 可以查看这个 JSP 页面的效果：

```
http://localhost:8080/app07a/taglibDemoTest.jsp
```

7.3.4 attribute 指令

attribute 用于设定 tag file 中标签的属性。它和标签库描述文件中的 attribute 元素等效。下面是该指令的语法：

```
<%@ attribute (attribute="value")* %>
```

也可以用以下更直白的方式表达：

```
<%@ attribute attribute1="value1" attribute2="value2" ... %>
```

attribute 指令的属性参见表 7.4。其中只有 name 属性是必须的。

表 7.4 attribute 指令的属性

属性	描述
name	用于设定该属性的名称。在一个 tag file 中，每个属性的名称必须是唯一的
required	用于设定该属性是否是必须的。值可以取 true 或 false，默认值为 flase
fragment	用于设定该属性是否是 fragment。默认值为 false
rtexprvalue	用于设定该属性的值是否在运行时被动态计算。值可以取 true 或 false，默认值为 true
type	用于设定该属性的类型，默认值为 java.lang.String
description	用于设定该属性的描述信息

下面是一个例子，清单 7.9 中的 encode.tag 文件可用于对一个字符串进行 HTML 编码。这个 encode 标签定义了一个 input 属性，该属性的类型是 java.lang.String。

清单 7.9 encode.tag 文件

```
<%@ attribute name="input" required="true" %>
<%!
    private String encodeHtmlTag(String tag) {
        if (tag==null) {
            return null;
        }
        int length = tag.length();
        StringBuilder encodedTag = new StringBuilder(2 * length);
        for (int i=0; i<length; i++) {
            char c = tag.charAt(i);
            if (c=='<') {
                encodedTag.append("&lt");
            } else if (c=='>') {
                encodedTag.append("&gt");
            } else if (c=='&') {
                encodedTag.append("&amp");
```

```
                } else if (c=='"') {
                    encodedTag.append("&qout");
                } else if (c==' ') {
                    encodedTag.append(" ");
                } else {
                    encodedTag.append(c);
                }
            }
            return encodedTag.toString();
        }
%>
<%=encodeHtmlTag(input)%>
```

清单 7.10 中的 encodeTagTest.jsp 使用了 encode.tag 定义的标签。

清单 7.10　encodeTagTest.jsp 文件

```
<%@ taglib prefix="easy" tagdir="/WEB-INF/tags" %>
<easy:encode input="<br/> means changing line"/>
```

可以通过以下 URL 来查看 encodeTagTest.jsp 页面的效果：

```
http://localhost:8080/app07a/encodeTagTest.jsp
```

结果如图 7.3 所示。

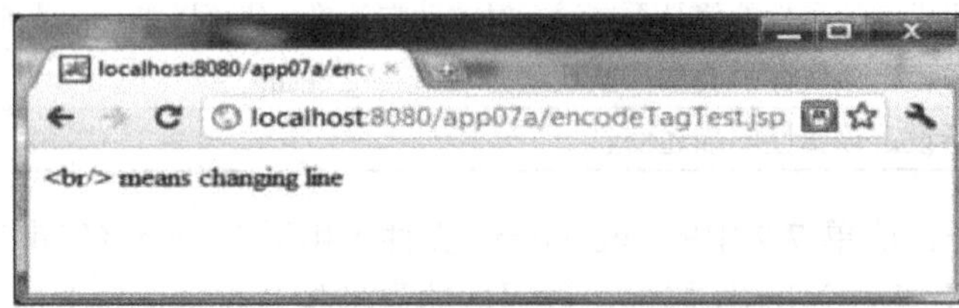

图 7.3　在 tag file 中使用 attribute 指令

7.3.5　variable 指令

有时候我们需要将 tag file 中的一些值传递到 JSP 页面。这时候通过 variable 来完成。tag file 中的 variable 指令和标签库描述文件中的 variable 元素类似，它用于定义那些需要传递到 JSP 页面的变量。

tag file 支持多个 variable 指令，这意味着可以传递多个值到 JSP 页面。相对而言，attribute 指令的作用与 variable 相反，它用于将值从 JSP 页面传递到 tag file。

variable 指令的语法如下：

```
<%@ variable (attribute="value")* %>
```

也可以用下面这样更直白的表达方式：

```
<%@ variable attribute1="value1" attribute2="value2" ... %>
```

variable 指令的属性参见表 7.5。

表 7.5 variable 属性

属性	描述
name-given	变量名。在 JSP 页面的脚本和 EL 表达式中，可以使用该变量名。如果指定了 name-from-attribute 属性，那么 name-given 属性就不能出现了，反之亦然。name-given 的值不能和同一个 tag file 中的属性名重复
name-from-attribute	和 name-given 属性类似，由标签属性的值来决定变量的名称。如果 name-from-attribute 和 name-given 属性同时出现或者都不出现的话会出现错误
alias	设定一个用来接收变量值的局部范围
variable-class	变量的类型。默认为 java.lang.String
declare	设定该变量是否声明。默认值为 false
scope	用于指定该变量的范围。可取的值为 AT_BEGIN、AT_END、和 NESTED。默认值为 NESTED
description	用于描述该变量

你或许会奇怪，既然 JSP 页面可以调用 JspWriter 来接收变量值了，为什么还需要通过 variable 指令来传递变量值呢。那是因为通过 JspWriter 只能简单地将一个 String 传递到 JSP 页面，灵活性很差。举一个例子，清单 7.1 中的 firstTag.tag 用于输出服务器当前日期的长格式。但是如果你还需要输出服务器日期的短格式的话，就必须再写一个 tag file。写两个功能类似的 tag file 显然是冗余工作。如果使用变量指令，就没有这样的问题了，只需要在 tag file 中定义 longDate 和 shortDate 两个变量就可以了。

例如，在清单 7.11 中，varDemo.tag 提供了输出服务器当前日期长格式和短格式的两个功能，它定义了两个变量：longDate 和 shortDate。

清单 7.11 varDemo.tag

```
<%@ tag import="java.util.Date" import="java.text.DateFormat"%>
<%@ variable name-given="longDate" %>
<%@ variable name-given="shortDate" %>
<%
    Date now = new Date(System.currentTimeMillis());
    DateFormat longFormat =
            DateFormat.getDateInstance(DateFormat.LONG);
    DateFormat shortFormat =
            DateFormat.getDateInstance(DateFormat.SHORT);
    jspContext.setAttribute("longDate", longFormat.format(now));
    jspContext.setAttribute("shortDate", shortFormat.format(now));
%>
<jsp:doBody/>
```

注意，这里使用了 jspContext.setAttribute 方法来设置变量。jspContext 是一个隐藏对象。JSTL 中的 set 标签也能实现同样的功能，如果对 JSTL 熟悉，可以使用 set 标签来代替 setAttribute

方法。JSTL 在第 5 章“JSTL”中介绍过。

同时需要注意的是，这里使用了 doBody 动作元素来调用这个标签体。关于 doBody 和 invoke 动作元素我们将在下一节进行介绍。

清单 7.12 中的 varDemoTest.jsp 使用了 varDemo.tag 的标签。

清单 7.12　varDemoTest.jsp 页面

```
<%@ taglib prefix="tags" tagdir="/WEB-INF/tags" %>
Today's date:
<br/>
<tags:varDemo>
In long format: ${longDate}
<br/>
In short format: ${shortDate}
</tags:varDemo>
```

可以通过下面的 URL 来访问 varDemoTest.jsp：

```
http://localhost:8080/app07a/varDemoTest.jsp
```

结果如图 7.4 所示。

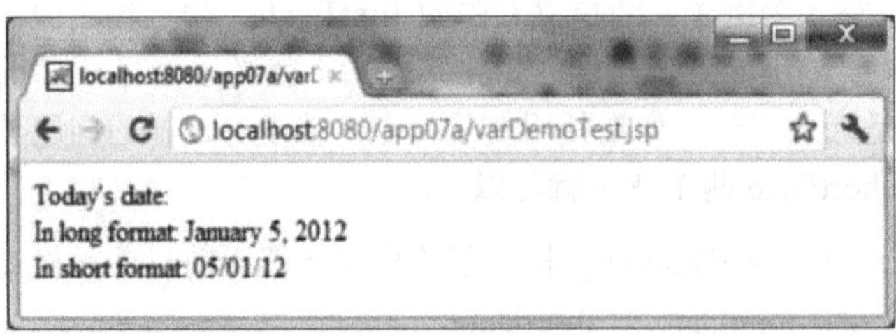

图 7.4　varDemoTest.jsp 的结果

在很多情况下都需要用到变量。比如说，你希望实现一个这样的功能：根据产品标识从数据库中获取该产品的详细信息。你可以通过一个属性来传递产品标识。然后可以用多个变量来保存产品的详细信息，每个变量对应为产品的每个属性。最终，你会用到例如 name、price、description、imageUrl 等变量。

7.4　doBody

doBody 动作元素只能在 tag file 中使用，它用来调用一个标签的本体内容。在清单 7.11 中我们已经使用到了 doBody 动作元素，现在我们来介绍更详细的内容。

doBody 动作元素也可以有属性。你可以通过这些属性来指定某个变量来接收主体内容，如果不使用这些指令，那么 doBody 动作元素会把主体内容写到 JSP 页面的 JspWriter 上。

doBody 动作元素的属性参见表 7.6，所有的这些属性都是非必须的。

表 7.6 doBody 的属性

属性	描述
var	用于保存标签主体内容的变量值，主体内容就会以 java.lang.String 的类型保存这个变量内。var 和 varReader 属性只能出现一个
varReader	用于保存标签主体内容的变量值，主体内容就会以 java.io.Reader 的类型保存这个变量内。var 和 varReader 属性只能出现一个
scope	变量保存到的作用域

下面的这个例子说明了如何用 doBody 来调用标签本体内容并将内容保存在一个叫作 referer 的变量中。假设你有一个卖玩具的网站，并且在多个搜索引擎上做了这个玩具网站的广告。现在你想要知道每个搜索引擎为玩具网站带来的流量有多少转化成了购买行为。为了做到这点，你可以记录每个网站首页访问的 referer 头部信息，使用一个 tag file 来将 referer 头信息保存到 session 属性中。如果某个用户在后续购买了产品，就可以从 session 属性中获得 referer 头信息，并记录在数据库中。

这个例子包含了一个 HTML 文件（searchEngine.html）、两个 JSP 文件（main.jsp 和 viewReferer.jsp）以及一个 tag file (doBodyDemo.tag)。main.jsp 页面是玩具网站的首页，使用了 doBodyDemo 标签来保存 referer 头信息。viewReferer.jsp 页面用来查看收集到的 referer 头信息。如果直接通过 URL 访问 main.jsp，那么 referer 头信息即为 null。因此你必须通过 searchEngine.html 来链接到 main.jsp 页面。

doBodyDemo.tag 文件内容如清单 7.13 所示。

清单 7.13 doBodyDemo.tag

```
<jsp:doBody var="referer" scope="session"/>
```

没错，doBodyDemo.tag 只有一行：一个 doBody 动作元素。它指定了一个叫作 referer 的 session 属性来保存标签本体内容。

main.jsp 文件内容如清单 7.14 所示。

清单 7.14 main.jsp

```
<%@ taglib prefix="tags" tagdir="/WEB-INF/tags" %>
Your referer header: ${header.referer}
<br/>
<tags:doBodyDemo>
    ${header.referer}
</tags:doBodyDemo>
<a href="viewReferer.jsp">View</a> the referer as a Session attribute.
```

main.jsp 页面通过文本和 EL 表达式输出 referer 头信息如下：

```
Your referer header: ${header.referer}
<br/>
```

页面使用了 doBody Demo 标签，标签 body 也输出了 referer 头信息：

```
<tags:doBodyDemo>
    ${header.referer}
</tags:doBodyDemo>
```

紧接着，输出一个指向 ViewReferer 页面的链接：

```
<a href="viewReferer.jsp">View</a> the referer as a Session attribute.
```

viewReferer.jsp 文件内容如清单 7.15 所示。

清单 7.15　viewReferer.jsp

```
The referer header of the previous page is ${sessionScope.referer}
```

viewReferer.jsp 页面通过 EL 表达式将 referer 中保存的值打印了出来。

最后，searchEngine.html 文件内容如清单 7.16 所示。

清单 7.16　searchEngine.html

```
Please click <a href="main.jsp">here</a>
```

可以通过以下 URL 访问 searchEngine.html 来查看结果：

```
http://localhost:8080/app07a/searchEngine.html
```

结果如图 7.5 所示。

图 7.5　searchEngine.html 的访问结果

现在点击这个链接跳转到 main.jsp 页面，main.jsp 中获取的 referer 头信息将包含 searchEngine.html 的 URL 地址。图 7.6 显示了 main.jsp 的页面。

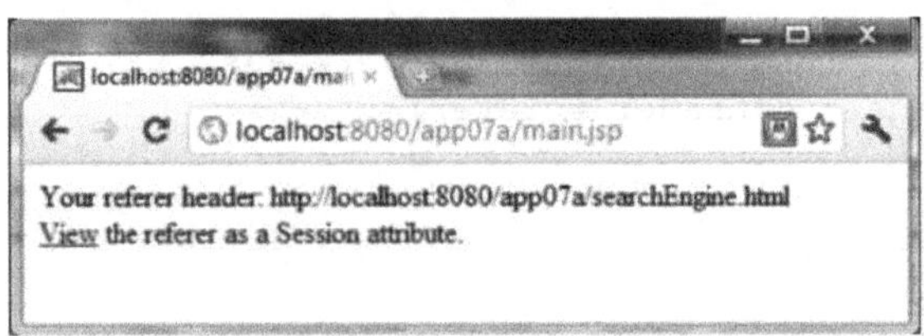

图 7.6　main.jsp 页面

main.jsp 页面调用了 doBodyDemo 元素标签，将内容存储在名为 referer 的 session 属性中。接下来，点击 main.jsp 中的 View 链接，就可以在 viewReferer.jsp 页面中看到这个内容了，如图 7.7 所示。

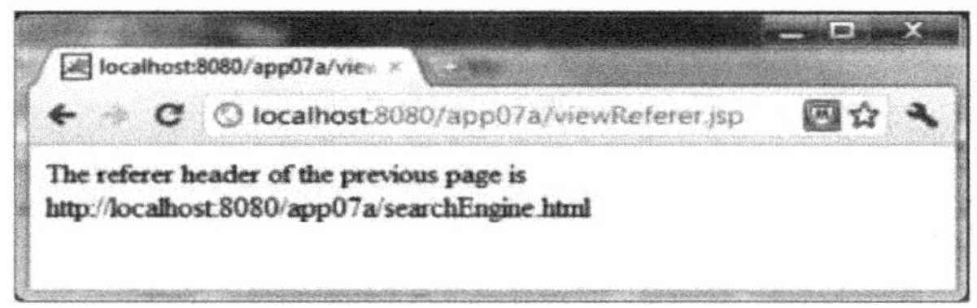

图 7.7 viewReferer.jsp 页面

7.5 invoke

invoke 动作元素和 doBody 类似，在 tag file 中，可以使用它来调用一个 fragment。还记得在定义属性的 attribute 指令中有一个 fragment 属性，它的值可以是 true 或者 false。如果 fragment 值为 true，那么这个属性就是一个 fragment，这意味着可以从 tag file 中多次调用。invoke 动作元素也有多个属性，表 7.7 展示了 invoke 动作元素中的全部属性，其中 fragment 属性是必须的。

表 7.7 invoke 动作元素的属性

属性	描述
fragment	要调用的 fragment 的名称
var	用于保存片段主体内容的变量值，主体内容就会以 java.lang.String 的类型保存这个变量内。var 和 varReader 属性只能出现一个
varReader	用于保存标签主体内容的变量值，主体内容就会以 java.io.Reader 的类型保存这个变量内。var 和 varReader 属性只能出现一个
scope	变量保存到的作用域

清单 7.17 中的 invokeDemo.tag 是一个 invoke 动作元素的例子。

清单 7.17 invokeDemo.tag 文件

```
<%@ attribute name="productDetails" fragment="true" %>
<%@ variable name-given="productName" %>
<%@ variable name-given="description" %>
<%@ variable name-given="price" %>
<%
    jspContext.setAttribute("productName", "Pelesonic DVD Player");
    jspContext.setAttribute("description",
        "Dolby Digital output through coaxial digital-audio jack," +
        " 500 lines horizontal resolution-image digest viewing");
    jspContext.setAttribute("price", "65");
%>
<jsp:invoke fragment="productDetails"/>
```

invokeDemo.tag 中使用了 attribute 指令，并且将 fragment 属性值设为 true。另外还定义了三个变量。最后调用了 productDetails 的 fragment。由于在 invoke 动作元素中，var 和 varReader 都没有设置，因此 fragment 的内容将直接传递到 JSP 页面的 JspWriter 中。

作为测试，清单 7.18 中的 invokeTest.jsp 使用了这个 tag file。

清单 7.18　invokeTest.jsp 页面

```
<%@ taglib prefix="easy" tagdir="/WEB-INF/tags" %>
<html>
<head>
<title>Product Details</title>
</head>
<body>
<easy:invokeDemo>
    <jsp:attribute name="productDetails">
        <table width="220" border="1">
        <tr>
            <td><b>Product Name</b></td>
            <td>${productName}</td>
        </tr>
        <tr>
            <td><b>Description</b></td>
            <td>${description}</td>
        </tr>
        <tr>
            <td><b>Price</b></td>
            <td>${price}</td>
        </tr>
        </table>
    </jsp:attribute>
</easy:invokeDemo>
</body>
</html>
```

可以通过下面的 URL 访问 invokeTest.jsp 页面：

```
http://localhost:8080/app07a/invokeTest.jsp
```

结果如图 7.8 所示。

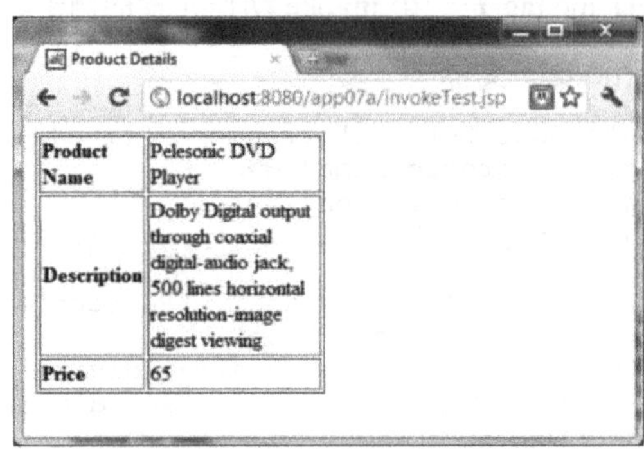

图 7.8　使用 fragment 属性

7.6　小结

本章介绍了如何使用 tag file 更简单地进行标签自定义。通过 tag file，可无须编写标签库描述文件和标签处理类。同时，本章还介绍了如何使用 invoke 和 doBody 动作元素。

第 8 章 监听器

Servlet API 提供了一系列的事件和事件监听接口。上层的 servlet/JSP 应用能够通过调用这些 API 进行事件驱动的开发。这里监听的所有事件都继承自 java.util.EventObject 对象。监听器接口可以分为三类：ServletContext、HttpSession 和 ServletRequest 。

本章介绍如何在 servlet/JSP 应用中使用监听器。Servlet 3.0 中出现的新监听器接口——javax.servlet.AsyncListener 将在第 11 章进行介绍。

8.1 监听器接口和注册

监听器接口主要在 javax.servlet 和 javax.servlet.http 的包中。有以下这些接口：

- javax.servlet.ServletContextListener：它能够响应 ServletContext 生命周期事件，它提供了 ServletContext 创建之后和 ServletContext 关闭之前的会被调用的方法。
- javax.servlet.ServletContextAttributeListener：它能够响应 ServletContext 范围的属性添加、删除、替换事件。
- javax.servlet.http.HttpSessionListener：它能够响应 HttpSession 的创建、超时和失效事件。
- javax.servlet.http.HttpSessionAttributeListener：它能响应 HttpSession 范围的属性添加、删除、替换事件。
- javax.servlet.http.HttpSessionActivationListener：它在一个 HttpSession 激活或者失效时被调用。
- javax.servlet.http.HttpSessionBindingListener：可以实现这个接口来保存 HttpSession 范围的属性。当有属性从 HttpSession 添加或删除时，HttpSessionBindingListener 接口能够做出响应。
- javax.servlet.ServletRequestListener：它能够响应一个 ServletRequest 的创建或删除。
- javax.servlet.ServletRequestAttributeListener：它能响应 ServletRequest 范围的属性值添加、删除、修改事件。
- javax.servlet.AsyncListener：一个用于异步操作的监听器，在第 11 章会进行更详细的介绍。

编写一个监听器，只需要写一个 Java 类来实现对应的监听器接口就可以了。在 Servlet 3.0 和 Servlet 3.1 中提供了两种注册监听器的方法。第一种是使用 WebListener 注解。例如：

```
@WebListener
public class ListenerClass implements ListenerInterface {

}
```

第二种方法是在部署描述文档中增加一个 listener 元素。

```
</listener>
    <listener-class>fully-qualified listener class</listener-class>
</listener>
```

你可以在一个应用中添加多个监听器，这些监听器是同步工作的。

8.2　Servlet Context 监听器

ServletContext 的监听器接口有两个：ServletContextListener 和 ServletContextAttributeListener。

8.2.1　ServletContextListener

ServletContextListener 能对 ServletContext 的创建和销毁做出响应。当 ServletContext 初始化时，容器会调用所有注册的 ServletContextListeners 的 contextInitialized 方法。该方法如下：

```
void contextInitialized(ServletContextEvent event)
```

当 ServletContext 将要销毁时，容器会调用所有注册的 ServletContextListeners 的 context Destroyed 方法。该方法如下：

```
void contextDestroyed(ServletContextEvent event)
```

contextInitialized 方法和 contextDestroyed 方法都会从容器获取到一个 ServletContextEvent。javax.servlet.ServletContextEvent 是一个 java.util.EventObject 的子类 ，它定义了一个访问 ServletContext 的 getServletContext 方法：

```
ServletContext getServletContext()
```

通过这个方法能够轻松地获取到 ServletContext。

以本书的 app08a 应用来举例说明。清单 8.1 的 AppListener 类实现了 ServletContextListener 接口，它在 ServletContext 刚创建时，将一个保存国家编码和国家名的 Map 放置到 ServletContext 中。

清单 8.1　AppListener 类

```
package app08a.listener;
import java.util.HashMap;
import java.util.Map;
import javax.servlet.ServletContext;
```

```
import javax.servlet.ServletContextEvent;
import javax.servlet.ServletContextListener;
import javax.servlet.annotation.WebListener;

@WebListener
public class AppListener implements ServletContextListener {

    @Override
    public void contextDestroyed(ServletContextEvent sce) {
    }

    @Override
    public void contextInitialized(ServletContextEvent sce) {
        ServletContext servletContext = sce.getServletContext();

        Map<String, String> countries =
                new HashMap<String, String>();
        countries.put("ca", "Canada");
        countries.put("us", "United States");
        servletContext.setAttribute("countries", countries);
    }
}
```

注意，清单 8.1 里实现的 contextInitialized 方法。它通过调用 getServletContext 方法从容器获得了 ServletContext，然后创建了一个 Map 用于保存国家编码和国家名，再将这个 Map 放置到 ServletContext 里。在实际开发中，往往是把数据库里的数据放置到 ServletContext 里。

清单 8.2 中的 countries.jsp 用到了这个监听器。

清单 8.2 countries.jsp 页面

```
<%@ taglib uri="http://java.sun.com/jsp/jstl/core" prefix="c" %>
<html>
<head>
<title>Country List</title>
</head>
<body>
We operate in these countries:
<ul>
    <c:forEach items="${countries}" var="country">
        <li>${country.value}</li>
    </c:forEach>
</ul>
</body>
</html>
```

countries.jsp 页面使用了 JSTL 的 forEach 标签来迭代地读取名为 countries 的 map 里的数据。因此需要在 app08a 应用的 WEB-INF/lib 路径下加入 JSTL 的相关库才能够运行。

可以通过下面的 URL 来访问这个页面：

```
http://localhost:8080/app08a/countries
```

效果如图 8.1 所示。

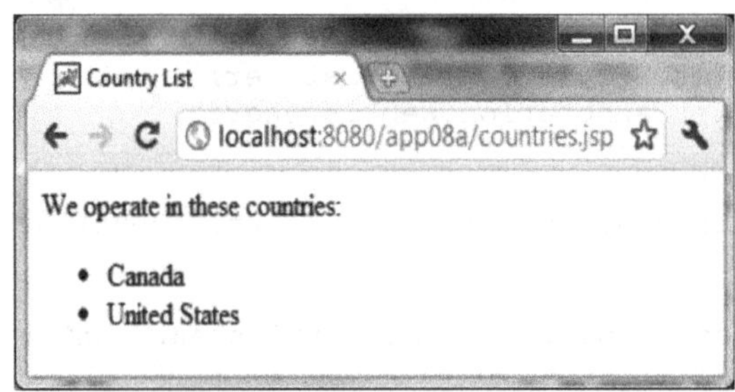

图 8.1　使用 ServletContextListener 读取初始数据

8.2.2　ServletContextAttributeListener

当一个 ServletContext 范围的属性被添加、删除或者替换时，ServletContextAttributeListener 接口的实现类会接收到消息。这个接口定义了如下三个方法：

```
void attributeAdded(ServletContextAttributeEvent event)

void attributeRemoved(ServletContextAttributeEvent event)

void attributeReplaced(ServletContextAttributeEvent event)
```

attributeAdded 方法在一个 ServletContext 范围属性被添加时被容器调用。attributeRemoved 方法在一个 ServletContext 范围属性被删除时被容器调用。而 attributeReplaced 方法在一个 ServletContext 范围属性被新的替换时被容器调用。

这三个方法都能获取到一个 ServletContextAttributeEvent 的对象，通过这个对象可以获取属性的名称和值。

ServletContextAttributeEvent 类继承自 ServletContextEvent，并且增加了下面两个方法分别用于获取该属性的名称和值：

```
java.lang.String getName()

java.lang.Object getValue()
```

8.3　Session Listeners

一共有四个 HttpSession 相关的监听器接口：HttpSessionListener,HttpSessionActivationListener、HttpSessionAttributeListener 和 HttpSessionBindingListener。这四个接口都在 javax.servlet.http 包中，下面分别对它们进行介绍。

8.3.1　HttpSessionListener

当一个 HttpSession 创建或者销毁时，容器都会通知所有的 HttpSessionListener 监听器，

HttpSessionListener 接口有两个方法：sessionCreated 和 sessionDestroyed：

```
void sessionCreated(HttpSessionEvent event)

void sessionDestroyed(HttpSessionEvent event)
```

这两个方法都可以接收到一个继承于 java.util.EventObject 的 HttpSessionEvent 对象。可以通过调用 HttpSessionEvent 对象的 getSession 方法来获取当前的 HttpSession。getSession 方法如下：

```
HttpSession getSession()
```

举一个例子，看看清单 8.3，app08a 应用中的 SessionListener 类。这个监听器来统计 HttpSession 的数量。它使用了一个 AtomicInteger 对象来统计，并且将这个对象保存成 ServletContext 范围的属性。每当有一个 HttpSession 被创建时，这个 AtomicInteger 对象就会加一。每当有一个 HttpSession 被销毁时，这个 AtomicInteger 对象就会减一。所以这个对象会保存着当前存活的 HttpSession 数量。这里使用了 AtomicInteger 来代替 Integer 类型是为了保证能同步进行加减的操作。

清单 8.3 SessionListener 类

```
package app08a.listener;
import java.util.concurrent.atomic.AtomicInteger;
import javax.servlet.ServletContext;
import javax.servlet.ServletContextEvent;
import javax.servlet.ServletContextListener;
import javax.servlet.annotation.WebListener;
import javax.servlet.http.HttpSession;
import javax.servlet.http.HttpSessionEvent;
import javax.servlet.http.HttpSessionListener;

@WebListener
public class SessionListener implements HttpSessionListener,
        ServletContextListener {

    @Override
    public void contextInitialized(ServletContextEvent sce) {
        ServletContext servletContext = sce.getServletContext();
        servletContext.setAttribute("userCounter",
                new AtomicInteger());
    }

    @Override
    public void contextDestroyed(ServletContextEvent sce) {
    }

    @Override
    public void sessionCreated(HttpSessionEvent se) {
        HttpSession session = se.getSession();
        ServletContext servletContext = session.getServletContext();
        AtomicInteger userCounter = (AtomicInteger) servletContext
                .getAttribute("userCounter");
        int userCount = userCounter.incrementAndGet();
```

```
            System.out.println("userCount incremented to :" +
                    userCount);
        }

        @Override
        public void sessionDestroyed(HttpSessionEvent se) {
            HttpSession session = se.getSession();
            ServletContext servletContext = session.getServletContext();
            AtomicInteger userCounter = (AtomicInteger) servletContext
                    .getAttribute("userCounter");
            int userCount = userCounter.decrementAndGet();
            System.out.println("---------- userCount decremented to :"
                    + userCount);
        }
    }
```

如清单 8.3 所示，SessionListener 类实现了 ServletContextListener 和 HttpSessionListener 接口。所以需要实现这两个接口的所有方法。

其中继承自 ServletContextListener 接口的 contextInitialized 方法创建了一个 AtomicInteger 对象并将其保存在 ServletContext 属性中。由于是在应用启动的时候创建，因此这个 AtomicInteger 对象的初始值为 0。这个 ServletContext 属性的名字为 userCounter。

```
public void contextInitialized(ServletContextEvent sce) {
    ServletContext servletContext = sce.getServletContext();
    servletContext.setAttribute("userCounter",
            new AtomicInteger());
}
```

sessionCreated 方法在每个 HttpSession 创建时被调用。当有 HttpSession 创建时，从 ServletContext 中获取 userCounter 属性。然后调用 userCounter 的 incrementAndGet 方法让计数加一。最后在控制台将 userCounter 的值打印出来，可以直观地看到效果。

```
public void sessionCreated(HttpSessionEvent se) {
    HttpSession session = se.getSession();
    ServletContext servletContext = session.getServletContext();
    AtomicInteger userCounter = (AtomicInteger) servletContext
            .getAttribute("userCounter");
    int userCount = userCounter.incrementAndGet();
    System.out.println("userCount incremented to :" +
            userCount);
}
```

sessionDestroyed 方法会在 HttpSession 销毁之前被调用。这个方法的实现和 sessionCreated 类似，只不过对 userCounter 改为减一操作。

```
public void sessionDestroyed(HttpSessionEvent se) {
    HttpSession session = se.getSession();
    ServletContext servletContext = session.getServletContext();
    AtomicInteger userCounter = (AtomicInteger) servletContext
            .getAttribute("userCounter");
    int userCount = userCounter.decrementAndGet();
    System.out.println("---------- userCount decremented to :"
```

```
            + userCount);
}
```

可以通过不同的浏览器访问 countries.jsp 页面来查看监听器的效果，下面是 countries.jsp 的访问 URL：

```
http://localhost:8080/app08a/countries.jsp
```

第一次访问时，控制台会打印如下信息：

```
userCount incremented to :1
```

用同一个浏览器再次访问这个 URL 并不会改变 userCounter，因为这属于同一个 HttpSession。使用不同的浏览器访问才能增加 userCounter 的值。

如果你有时间等待 HttpSession 过期的话，在控制台也能看到 HttpSession 销毁时打印的信息。

8.3.2 HttpSessionAttributeListener

HttpSessionAttributeListener 接口和 ServletContextAttributeListener 类似，它响应的是 HttpSession 范围属性的添加、删除和替换。

HttpSessionAttributeListener 接口有以下方法：

```
void attributeAdded(HttpSessionBindingEvent event)

void attributeRemoved( HttpSessionBindingEvent event)

void attributeReplaced( HttpSessionBindingEvent event)
```

attributeAdded 方法在一个 HttpSession 范围属性被添加时被容器调用。attributeRemoved 方法在一个 HttpSession 范围属性被删除时被容器调用。而 attributeReplaced 方法在一个 HttpSession 范围属性被新的替换时被容器调用。

这三个方法都能获取到一个 HttpSessionBindingEvent 的对象，通过这个对象可以获取属性的名称和值：

```
java.lang.String getName()

java.lang.Object getValue()
```

由于 HttpSessionBindingEvent 是 HttpSessionEvent 的子类，因此也可以在 HttpSession AttributeListener 实现类中获得 HttpSession。

8.3.3 HttpSessionActivationListener

在分布式环境下，会用多个容器来进行负载均衡，有可能需要将 session 保存起来，在容器之间传递。例如当一个容器内存不足时，会把很少用到的对象转存到其他容器上。这时候，容器就会通知所有 HttpSessionActivationListener 接口的实现类。

HttpSessionActivationListener 接口有两个方法，sessionDidActivate 和 sessionWillPassivate：

```
void sessionDidActivate(HttpSessionEvent event)
```

```
void sessionWillPassivate(HttpSessionEvent event)
```

当 HttpSession 被转移到其他容器之后，sessionDidActivate 方法会被调用。容器将一个 HttpSessionEvent 方法传递到方法里，可以从这个对象获得 HttpSession。

当一个 HttpSession 将要失效时，容器会调用 sessionWillPassivate 方法。和 sessionDidActivate 方法一样，容器将一个 HttpSessionEvent 方法传递到方法里，可以从这个对象获得 HttpSession。

8.3.4　HttpSessionBindingListener

当有属性绑定或者解绑到 HttpSession 上时，HttpSessionBindingListener 监听器会被调用。如果对 HttpSession 属性的绑定和解绑动作感兴趣，就可以实现 HttpSessionBindingListener 来监听。例如可以在 HttpSession 属性绑定时更新状态，或者在属性解绑时释放资源。

清单 8.4 中的 Product 类就是一个例子。

清单 8.4　HttpSessionBindingListener 的一个实现类

```
package app08a.model;
import javax.servlet.http.HttpSessionBindingEvent;
import javax.servlet.http.HttpSessionBindingListener;

public class Product implements HttpSessionBindingListener {
    private String id;
    private String name;
    private double price;
    public String getId() {
        return id;
    }
    public void setId(String id) {
        this.id = id;
    }
    public String getName() {
        return name;
    }
    public void setName(String name) {
        this.name = name;
    }
    public double getPrice() {
        return price;
    }
    public void setPrice(double price) {
        this.price = price;
    }
    @Override
    public void valueBound(HttpSessionBindingEvent event) {
        String attributeName = event.getName();
        System.out.println(attributeName + " valueBound");
    }
```

```
    @Override
    public void valueUnbound(HttpSessionBindingEvent event) {
        String attributeName = event.getName();
        System.out.println(attributeName + " valueUnbound");
    }
}
```

这个监听器会在 HttpSession 属性绑定和解绑时在控制台打印信息。

8.4 ServletRequest Listeners

ServletRequest 范围的监听器接口有三个：ServletRequestListener、ServletRequestAttributeListener 和 AsyncListener。前两个接口会在本节进行介绍，而 AsyncListener 接口则会在第 11 章中进行介绍。

8.4.1 ServletRequestListener

ServletRequestListener 监听器会对 ServletRequest 的创建和销毁事件进行响应。容器会通过一个池来存放并重复利用多个 ServletRequest，ServletRequest 的创建是从容器池里被分配出来的时刻开始，而它的销毁时刻是放回容器池里的时间。

ServletRequestListener 接口有两个方法，requestInitialized 和 requestDestroyed：

```
void requestInitialized(ServletRequestEvent event)

void requestDestroyed(ServletRequestEvent event)
```

当一个 ServletRequest 创建（从容器池里取出）时，requestInitialized 方法会被调用，当 ServletRequest 销毁（被容器回收）时，requestDestroyed 方法会被调用。这两个方法都会接收到一个 ServletRequestEvent 对象，可以通过使用这个对象的 getServletRequest 方法来获取 ServletRequest 对象：

```
ServletRequest getServletRequest()
```

另外，ServletRequestEvent 接口也提供了一个 getServletContext 方法来获取 ServletContext，如下所示：

```
ServletContext getServletContext()
```

以 app08a 里的 PerfStatListener 类为例。这个监听器用来计算每个 ServletRequest 从创建到销毁的生存时间。

清单 8.5 中的 PerfStatListener 实现了 ServletRequestListener 接口，来计算每个 HTTP 请求的完成时间。由于容器在请求创建时会调用 ServletRequestListener 的 requestInitialized 方法，在销毁时会调用 requestDestroyed，因此很容易就可以计算出时间。只需要在记录下两个事件的事件，并且相减，就可以计算出一次 HTTP 请求的完成时间了。

清单 8.5　The PerfStatListener

```
package app08a.listener;
import javax.servlet.ServletRequest;
import javax.servlet.ServletRequestEvent;
import javax.servlet.ServletRequestListener;
import javax.servlet.annotation.WebListener;
import javax.servlet.http.HttpServletRequest;

@WebListener
public class PerfStatListener implements ServletRequestListener {

    @Override
    public void requestInitialized(ServletRequestEvent sre) {
        ServletRequest servletRequest = sre.getServletRequest();
        servletRequest.setAttribute("start", System.nanoTime());
    }

    @Override
    public void requestDestroyed(ServletRequestEvent sre) {
        ServletRequest servletRequest = sre.getServletRequest();
        Long start = (Long) servletRequest.getAttribute("start");
        Long end = System.nanoTime();
        HttpServletRequest httpServletRequest =
                (HttpServletRequest) servletRequest;
        String uri = httpServletRequest.getRequestURI();
        System.out.println("time taken to execute " + uri +
                ":" + ((end - start) / 1000) + "microseconds");
    }
}
```

清单 8.5 的 requestInitialized 方法调用 System.nanoTime()获取当前系统时间的数值(Long 类型)，并将这个数值保存到 ServletRequest 中：

```
public void requestInitialized(ServletRequestEvent sre) {
    ServletRequest servletRequest = sre.getServletRequest();
    servletRequest.setAttribute("start", System.nanoTime());
}
```

nanoTime 返回一个 long 类型的数值来表示任意时间。这个数值和系统或是时钟时间都没什么关系，但是同一个 JVM 上调用两次 nanoTime 得到的数值可以计算出两次调用之间的时间。

所以，在 requestDestroyed 方法中再次调用 nanoTime 方法，并且减去第一次调用获得的数值，就得到 HTTP 请求的完成时间了：

```
public void requestDestroyed(ServletRequestEvent sre) {
    ServletRequest servletRequest = sre.getServletRequest();
```

```
        Long start = (Long) servletRequest.getAttribute("start");
        Long end = System.nanoTime();
        HttpServletRequest httpServletRequest =
                (HttpServletRequest) servletRequest;
        String uri = httpServletRequest.getRequestURI();
        System.out.println("time taken to execute " + uri +
                ":" + ((end - start) / 1000) + "microseconds");
    }
```

调用 app08a 应用中的 countries.jsp 页面可以看到 PerfStatListener 的效果。

8.4.2 ServletRequestAttributeListener

当一个 ServletRequest 范围的属性被添加、删除或替换时，ServletRequestAttributeListener 接口会被调用。ServletRequestAttributeListener 接口提供了三个方法：attributeAdded、attribute Replaced 和 attributeRemoved。如下所示：

```
void attributeAdded(ServletRequestAttributeEvent event)
void attributeRemoved(ServletRequestAttributeEvent event)
void attributeReplaced(ServletRequestAttributeEvent event)
```

这些方法都可以获得一个继承自 ServletRequestEvent 的 ServletRequestAttributeEvent 对象。通过 ServletRequestAttributeEvent 类提供的 getName 和 getValue 方法可以访问到属性的名称和值：

```
java.lang.String getName()

java.lang.Object getValue()
```

8.5 小结

本章，我们学习了 Servlet API 提供的多个监听器类型。这些监听器可以分成三类：application 范围、session 范围和 request 范围。监听器的使用很简单，可以通过两种方式注册监听器：在实现类上使用@WebListener 注解或者在部署描述文件中增加 listener 元素。

Servlet 3.0 新增了一个监听器接口 javax.servlet.AsyncListener，我们将在第 11 章中进行介绍。

第 9 章 Filters

Filter 是拦截 Request 请求的对象：在用户的请求访问资源前处理 ServletRequest 以及 ServletResponse，它可用于日志记录、加解密、Session 检查、图像文件保护等。通过 Filter 可以拦截处理某个资源或者某些资源。Filter 的配置可以通过 Annotation 或者部署描述来完成。当一个资源或者某些资源需要被多个 Filter 所使用到，且它的触发顺序很重要时，只能通过部署描述来配置。

9.1 Filter API

接下来几节主要介绍 Filter 相关的接口，包含 Filter、FilterConfig、FilterChain。

Filter 的实现必须继承 javax.servlet.Filter 接口。这个接口包含了 Filter 的 3 个生命周期：init、doFilter、destroy。

Servlet 容器初始化 Filter 时，会触发 Filter 的 init 方法，一般来说是在应用开始时。也就是说，init 方法并不是在该 Filter 相关的资源使用到时才初始化的，而且这个方法只调用一次，用于初始化 Filter。init 方法的定义如下：

```
void init(FilterConfig filterConfig)
```

注意：FilterConfig 实例是由 Servlet 容器传入 init 方法中的。FilterConfig 将在后面的章节中讲解。

当 Servlet 容器每次处理 Filter 相关的资源时，都会调用该 Filter 实例的 doFilter 方法。Filter 的 doFilter 方法包含 ServletRequest、ServletResponse、FilterChain 这 3 个参数。

doFilter 的定义如下：

```
void doFilter(ServletRequest request, ServletResponse response,FilterChain
filterChain)
```

接下来，说明一下 doFilter 的实现中访问 ServletRequet、ServletResponse。这也就意味着允许给 ServletRequest 增加属性或者增加 Header。当然也可以修饰 ServletRequest 或者 ServletRespone 来改变它们的行为。在第 10 章中，“修饰 Requests 及 Responses”中将会有详细的说明。

在 Filter 的 doFilter 的实现中，最后一行需要调用 FilterChain 中的 doFilter 方法。注意 Filter

的 doFilter 方法里的第 3 个参数，就是 filterChain 的实例：

```
filterChain.doFilter(request, response)
```

一个资源可能需要被多个 Filter 关联到（更专业一点来说，这应该叫作 Filter 链条），这时 Filter.doFilter()的方法将触发 Filter 链条中下一个 Filter。只有在 Filter 链条中最后一个 Filter 里调用的 FilterChain.doFilter()，才会触发处理资源的方法。

如果在 Filter.doFilter()的实现中，没有在结尾处调用 FilterChain.doFilter()的方法，那么该 Request 请求中止，后面的处理就会中断。

注意：FilterChain 接口中，唯一的方法就是 doFilter。该方法与 Filter 中的 doFilter 的定义是不一致的：在 FilterChain 中，doFilter 方法只有两个参数，但在 Filter 中，doFilter 方法有三个参数。

Filter 接口中，最后一个方法是 destroy，它的定义如下：

```
Void destroy()
```

该方法在 Servlet 容器要销毁 Filter 时触发，一般在应用停止的时候进行调用。

除非 Filter 在部署描述中被多次定义到，否则 Servlet 窗口只会为每个 Filter 创建单一实例。由于 Serlvet/JSP 的应用通常要处理用户并发请求，此时 Filter 实例需要同时被多个线程所关联到，因此需要非常小心地处理多线程问题。关于如何处理线程安全问题的例子，可以参考 9.5 节“下载计数 Filter”。

9.2 Filter 配置

当完成 Filter 的实现后，就可以开始配置 Filter 了。Filter 的配置需要如下步骤：

- 确认哪些资源需要使用这个 Filter 拦截处理。
- 配置 Filter 的初始化参数值，这些参数可以在 Filter 的 init 方法中读取到；
- 给 Filter 取一个名称。一般来说，这个名称没有什么特别的含义，但在一些特殊的情况下，这个名字十分有用。例如，要记录 Filter 的初始化时间，但这个应用中有许多的 Filter，这时它就可以用来识别 Filter 了。

FilterConfig 接口允许通过它的 getServletContext 的方法来访问 ServletContext：

```
ServletContext getServletContext()
```

如果配置了 Filter 的名字，在 FilterConfig 的 getFilterName 中就可以获取 Filter 的名字。getFilterName 的定义如下：

```
java.lang.String getFilterName()
```

当然，最重要的还是要获取到开发者或者运维给 Filter 配置的初始化参数。为了获取这些初始化参数，需要用到 FilterConfig 中的两个方法，第一个方法是 getParameterNames：

```
java.util.Enumeration<java.lang.String> getInitParameterNames()
```

这个方法返回 Filter 参数名字的 Enumeration 对象。如果没有给这个 Filter 配置任何参数，该方法返回的是空的 Enumeration 对象。

第二个方法是 getParameter：

```
java.lang.String getInitParameter(java.lang.String parameterName)
```

有两种方法可以配置 Filter：一种是通过 WebFilter 的 Annotation 来配置 Filter，另一种是通过部署描述来注册。使用@WebFilter 的方法，只需要在 Filter 的实现类中增加一个注解即可，不需要重复地配置部署描述。当然，此时要修改配置参数，就需要重新构建 Filter 实现类了。换句话说，使用部署描述意味着修改 Filter 配置只要修改一下文本文件就可以了。

使用@WebFilter，你需要熟悉表 9.1 中所列出来的参数，这些参数是在 WebFilter 的 Annotation 里定义的。所有参数都是可选的。

表 9.1 WebFilter 的属性

属性	描述
asyncSupported	Filter 是否支持异步操作
description	Filter 的描述
dispatcerTypes	Filter 所生效范围
displayName	Filter 的显示名
filterName	Filter 的名称
initParams	Filter 的初始化参数
largeIcon	Filter 的大图名称
servletName	Filter 所生效的 Servlet 名称
smallIcon	Filter 的小图名称
urlPatterns	Filter 所生效的 URL 路径
value	Filter 所生效的 URL 路径

举个例子，下述@WebFilter 标注配置了一个 Filter，该名称为 DataCompressionFilter，且适用于所有资源：

```
@WebFilter(filterName="DataCompressionFilter", urlPatterns={"/*"})
```

如果使用部署描述中的 filter、filter-mapping 元素定义，那么它的内容如下：

```
<filter>
    <filter-name>DataCompressionFilter</filter-name>
    <filter-class>
        the fully-qualified name of the filter class
```

```
    </filter-class>
</filter>
<filter-mapping>
    <filter-name>DataCompresionFilter</filter-name>
    <url-pattern>/*</url-pattern>
</filter-mapping>
```

再举个例子，下述的 Filter 配置，描述了两个初始化参数：

```
@WebFilter(filterName = "Security Filter", urlPatterns = { "/*" },
        initParams = {
            @WebInitParam(name = "frequency", value = "1909"),
            @WebInitParam(name = "resolution", value = "1024")
        }
)
```

如果使用部署描述中的 filter、filter-mapping 元素，那么该配置应该为：

```
<filter>
    <filter-name>Security Filter</filter-name>
    <filter-class>filterClass</filter-class>
    <init-param>
        <param-name>frequency</param-name>
        <param-value>1909</param-value>
    </init-param>
    <init-param>
        <param-name>resolution</param-name>
        <param-value>1024</param-value>
    </init-param>
</filter>
<filter-mapping>
    <filter-name>DataCompresionFilter</filter-name>
    <url-pattern>/*</url-pattern>
</filter-mapping>
```

关于部署描述将在第 13 章“部署”中讨论。

9.3 示例 1：日志 Filter

作为第 1 个例子，将做一个简单的 Filter：在 app09a 的应用中把 Request 请求的 URL 记录到日志文本文件中。日志文本文件名通过 Filter 的初始化参数来配置。此外，日志的每条记录都会有一个前缀，该前缀也由 Filter 初始化参数来定义。通过日志文件，可以获得许多有用的信息，例如在应用中哪些资源访问最频繁；Web 站点在一天中的哪个时间段访问量最多。

这个 Filter 的类名叫 LoggingFilter，如清单 9.1 所示。一般情况下，Filter 的类名都以*Filter 结尾。

清单 9.1 类 LoggingFilter

```
package filter;
import java.io.File;
import java.io.FileNotFoundException;
import java.io.IOException;
import java.io.PrintWriter;
import java.util.Date;

import javax.servlet.Filter;
import javax.servlet.FilterChain;
import javax.servlet.FilterConfig;
import javax.servlet.ServletException;
import javax.servlet.ServletRequest;
import javax.servlet.ServletResponse;
import javax.servlet.annotation.WebFilter;
import javax.servlet.annotation.WebInitParam;
import javax.servlet.http.HttpServletRequest;

@WebFilter(filterName = "LoggingFilter", urlPatterns = { "/*" },
        initParams = {
                @WebInitParam(name = "logFileName",
                        value = "log.txt"),
                @WebInitParam(name = "prefix", value = "URI: ")  })
public class LoggingFilter implements Filter {

    private PrintWriter logger;
    private String prefix;

    @Override
    public void init(FilterConfig filterConfig)
            throws ServletException {
        prefix = filterConfig.getInitParameter("prefix");
        String logFileName = filterConfig
                .getInitParameter("logFileName");
        String appPath = filterConfig.getServletContext()
                .getRealPath("/");
        // without path info in logFileName, the log file will be
        // created in $TOMCAT_HOME/bin

        System.out.println("logFileName:" + logFileName);
        try {
            logger = new PrintWriter(new File(appPath,
                    logFileName));
        } catch (FileNotFoundException e) {
            e.printStackTrace();
            throw new ServletException(e.getMessage());
        }
    }

    @Override
```

```
    public void destroy() {
        System.out.println("destroying filter");
        if (logger != null) {
            logger.close();
        }
    }

    @Override
    public void doFilter(ServletRequest request,
            ServletResponse response, FilterChain filterChain)
            throws IOException, ServletException {
        System.out.println("LoggingFilter.doFilter");
        HttpServletRequest httpServletRequest =
                (HttpServletRequest) request;
        logger.println(new Date() + " " + prefix
                + httpServletRequest.getRequestURI());
        logger.flush();
        filterChain.doFilter(request, response);
    }
}
```

下面来仔细分析一下 Filter 类。

首先，该 Filter 的类实现了 Filter 的接口并声明两个变量：PrintWriter 类型的 logger 和 String 类型的 prefix。

```
private PrintWriter logger;
private String prefix:
```

其中 PrintWriter 用于记录日志到文本文件，prefix 的字符串用于每条日志的前缀。

Filter 的类使用了@WebFilter 的 Annotation，将两个参数（logFileName、prefix）传入到该 Filter 中：

```
@WebFilter(filterName = "LoggingFilter", urlPatterns = { "/*" },
        initParams = {
                @WebInitParam(name = "logFileName",
                        value = "log.txt"),
                @WebInitParam(name = "prefix", value = "URI: ")
        }
)
```

在 Filter 的 init 方法中，通过 FilterConfig 里传入的 getInitParameter 方法来获取 prefix 和 getFileName 的初始化参数。其中把 prefix 参数中赋给了类变量 prefix，logFileName 则用于创建一个 PrintWriter：

```
        prefix = filterConfig.getInitParameter("prefix");
        String logFileName = filterConfig
                .getInitParameter("logFileName");
```

如果 Servlet/JSP 应用是通过 Servlet/JSP 容器启动的，那么当前应用的工作目录是当前 JDK 所在的目录。如果是在 Tomcat 中，该目录是 Tomcat 的安装目录。在应用中创建日志文件，可以通过 ServletContext.getRealPath 来获取工作目录，结合应用工作目录以及初始化参数中的 logFileNmae，就可以得到日志文件的绝对路径：

```
String appPath = filterConfig.getServletContext()
        .getRealPath("/");
// without path info in logFileName, the log file will be
// created in $TOMCAT_HOME/bin

try {
    logger = new PrintWriter(new File(appPath,
            logFileName));
} catch (FileNotFoundException e) {
    e.printStackTrace();
    throw new ServletException(e.getMessage());
}
```

当 Filter 的 init 方法被执行时，日志文件就会创建出来。如果在应用的工作目录中该文件已经存在，那么该日志文件的内容将会被覆盖。

当应用关闭时，PrintWriter 需要被关闭。因此在 Filter 的 destroy 方法中，需要：

```
if (logger != null) {
    logger.close();
}
```

Filter 的 doFilter 实现中记录着所有从 ServletRequest 到 HttpServletRequest 的 Request，并调用了它的 getRequestURI 方法，该方法的返回值将记录通过 PrintWriter 的 println 记录下来：

```
HttpServletRequest httpServletRequest =
        (HttpServletRequest) request;
logger.println(new Date() + " " + prefix
        + httpServletRequest.getRequestURI());
```

每条记录都有一个时间戳以及前缀，这样可以很方便地标识每条记录。接下来 Filter 的 doFilter 实现调用 PrintWriter 的 flush 方法以及 FilterChain.doFilter，以唤起资源的调用：

```
logger.flush();
filterChain.doFilter(request, response);
```

如果使用 Tomcat，Filter 的初始化并不会等到第一个 Request 请求时才触发进行。这点可以在控制台中打印出来的 logFileName 参数值中可以看到。在 app09a 应用中通过 URL 调用 test.jsp 页面，就可以测试该 Filter 了：

```
http://localhost:8080/app09a/test.jsp
```

通过检查日志文件的内容，就可以验证这个 Filter 是否运行正常。

9.4　示例 2：图像文件保护 Filter

本例中的图像文件保护 Filter 用于在浏览器中输入图像文件的 URL 路径时，防止下载图像文件。应用中的图像文件只有当图像链接在页面中被点击的时候才会显示。该 Filter 的实现原理是检查 HTTP Header 的 referer 值。如果该值为 null，就意味着当前的请求中没有 referer 值，即当前的请求是直接通过输入 URL 来访问该资源的。如果资源的 Header 值为非空，将返回 Request 语法的原始页面作为 referer 值。注意 Header 的 referer 的属性名中，在第 2 个 e 以及第 3 个 e 中仅有一个 r。

ImageProtectorFilter 的 Filter 实现类，如清单 9.2 所示。从 WebFilter 的 Annotation 中，可以看到该 Filter 应用于所有的.png、.jpg、.gif 文件后缀。

清单 9.2 ImageProtectorFilter 实现类

```
package filter;
import java.io.IOException;
import javax.servlet.Filter;
import javax.servlet.FilterChain;
import javax.servlet.FilterConfig;
import javax.servlet.ServletException;
import javax.servlet.ServletRequest;
import javax.servlet.ServletResponse;
import javax.servlet.annotation.WebFilter;
import javax.servlet.http.HttpServletRequest;

@WebFilter(filterName = "ImageProtetorFilter", urlPatterns = {
        "*.png", "*.jpg", "*.gif" })
public class ImageProtectorFilter implements Filter {

    @Override
    public void init(FilterConfig filterConfig)
            throws ServletException {
    }

    @Override
    public void destroy() {
    }

    @Override
    public void doFilter(ServletRequest request,
            ServletResponse response, FilterChain filterChain)
            throws IOException, ServletException {
        System.out.println("ImageProtectorFilter");
        HttpServletRequest httpServletRequest =
                (HttpServletRequest) request;
        String referrer = httpServletRequest.getHeader("referer");
        System.out.println("referrer:" + referrer);
        if (referrer != null) {
            filterChain.doFilter(request, response);
        } else {
            throw new ServletException("Image not available");
        }
```

```
        }
    }
```

这里并没有 init 和 destroy 方法。其中 doFilter 方法读取到 Header 中的 referer 值，要确认是要继续处理这个资源还是给个异常：

```
String referrer = httpServletRequest.getHeader("referer");
System.out.println("referrer:" + referrer);
if (referrer != null) {
    filterChain.doFilter(request, response);
} else {
    throw new ServletException("Image not available");
}
```

测试该 Filter，可以在浏览器中输入如下 URL 路径，尝试访问 logo.png 图像：

```
http://localhost:8080/app09a/image/logo.png
```

将会得到“Image not available”的错误提示。

接下来，通过 image.jsp 的页面来访问该图像：

```
http://localhost:8080/app09a/image.jsp
```

可以访问到该图像了。这种方法生效的原因是 image.jsp 页面中包含了通知浏览器下载图像的链接：

```
<img src='image/logo.png'/>
```

当浏览器通过该连接获取图像资源时，它也将该页面的 URL（本示例中为 http://localhost:8080/app09a/image.jsp）作为 Header 的 referer 值传到服务中。

9.5　示例 3：下载计数 Filter

本例子中，下载计数 Filter 将会示范如何在 Filter 中计算资源下载的次数。这个示例特别有用，它将会得到文档、音频文件的受欢迎程度。作为简单的示例，这里将数值保存在属性文件中，而不保存在数据库中。其中资源的 URL 路径将作为属性名保存在属性文件中。

因为我们把值保存在属性文件中，并且 Filter 可以被多线程访问，因此涉及线程安全问题。用户访问一个资源时，Filter 需要读取相应的属性值加 1，然后保存该值。如果第二个用户在第一个线程完成前同时访问该资源，将会发生什么呢？计算值出错。在本例中，读写的同步锁并不是一个好的解决这个问题的方法，因为它会导致扩展性问题。

本示例中，解决这个线程安全问题是通过 Queue 以及 Executor。如果不熟悉这两个 Java 类型的话，请看第 18 章“多线程及线程安全”，或者作者写的《*Java: A Beginner' Tutorial (Third Edition)*》一书。

简而言之，进来的 Request 请求将会保存在单线程 Executor 的队列中。替换这个任务十分方便，因为这是一个异步的方法，因此你不需要等待该任务结束。Executor 一次从队列中获取一个对象，然后做相应属性值的增加。由于 Executor 只在一个线程中使用，因此可以消除多个线程同时访问一个属性文件的影响。

DownloadCounterFilter 的实现如清单 9.3 所示。

清单 9.3　DownloadCounterFilter 实现类

```
package filter;
import java.io.File;
import java.io.FileReader;
import java.io.FileWriter;
import java.io.IOException;
import java.util.Properties;
import java.util.concurrent.ExecutorService;
import java.util.concurrent.Executors;

import javax.servlet.Filter;
import javax.servlet.FilterChain;
import javax.servlet.FilterConfig;
import javax.servlet.ServletException;
import javax.servlet.ServletRequest;
import javax.servlet.ServletResponse;
import javax.servlet.annotation.WebFilter;
import javax.servlet.http.HttpServletRequest;

@WebFilter(filterName = "DownloadCounterFilter",
        urlPatterns = { "/*" })
public class DownloadCounterFilter implements Filter {

    ExecutorService executorService = Executors
            .newSingleThreadExecutor();
    Properties downloadLog;
    File logFile;

    @Override
    public void init(FilterConfig filterConfig)
            throws ServletException {
        System.out.println("DownloadCounterFilter");
        String appPath = filterConfig.getServletContext()
                .getRealPath("/");
        logFile = new File(appPath, "downloadLog.txt");
        if (!logFile.exists()) {
            try {
                logFile.createNewFile();
            } catch (IOException e) {
                e.printStackTrace();
            }
        }
```

```
        downloadLog = new Properties();
        try {
            downloadLog.load(new FileReader(logFile));
        } catch (IOException e) {
            e.printStackTrace();
        }
    }

    @Override
    public void destroy() {
        executorService.shutdown();
    }

    @Override
    public void doFilter(ServletRequest request,
            ServletResponse response, FilterChain filterChain)
            throws IOException, ServletException {
        HttpServletRequest httpServletRequest = (HttpServletReque)
      request;

        final String uri = httpServletRequest.getRequestURI();
        executorService.execute(new Runnable() {
            @Override
            public void run() {
                String property = downloadLog.getProperty(uri);
                if (property == null) {
                    downloadLog.setProperty(uri, "1");
                } else {
                    int count = 0;
                    try {
                        count = Integer.parseInt(property);
                    } catch (NumberFormatException e) {
                        // silent
                    }
                    count++;
                    downloadLog.setProperty(uri,
                            Integer.toString(count));
                }
                try {
                    downloadLog
                            .store(new FileWriter(logFile), "");
                } catch (IOException e) {
                }
            }
        });
        filterChain.doFilter(request, response);
    }
}
```

如果在当前应用的工作目录中不存在 downloadLog.txt 文件，这个 Filter 的 init 方法就会创建它：

```
        String appPath = filterConfig.getServletContext()
                .getRealPath("/");
        logFile = new File(appPath, "downloadLog.txt");
        if (!logFile.exists()) {
            try {
                logFile.createNewFile();
            } catch (IOException e) {
                e.printStackTrace();
            }
        }
```

接着创建 Properties 对象，并读取该文件：

```
        downloadLog = new Properties();
        try {
            downloadLog.load(new FileReader(logFile));
        } catch (IOException e) {
            e.printStackTrace();
        }
```

注意，Filter 的实现类中引用到了 ExecutorService（Executor 的子类）：

```
    ExecutorService executorService = Executors
            .newSingleThreadExecutor();
```

且当 Filter 销毁时，会调用 ExecutorService 的 shutdown 方法：

```
    public void destroy() {
        executorService.shutdown();
    }
```

Filter 的 doFilter 实现中大量地使用到这个 Job。每次 URL 请求都会调用到 ExecutorService 的 execute 方法，然后才调用 FilterChain.doFilter()。该任务的 execute 实现非常好理解：它将 URL 作为一个属性名，从 Properties 实例中获取该属性的值，然后加 1，并调用 flush 方法写回到指定的日志文件中：

```
            @Override
            public void run() {
                String property = downloadLog.getProperty(uri);
                if (property == null) {
                    downloadLog.setProperty(uri, "1");
                } else {
                    int count = 0;
                    try {
                        count = Integer.parseInt(property);
                    } catch (NumberFormatException e) {
                        // silent
                    }
                    count++;
                    downloadLog.setProperty(uri,
                            Integer.toString(count));
                }
```

```
            try {
                downloadLog
                        .store(new FileWriter(logFile), "");
            } catch (IOException e) {
            }
        }
```

这个 Filter 可在许多资源上生效，但也可以非常简单地配置，限定为 PDF 或者 AVI 文件资源。

9.6 Filter 顺序

如果多个 Filter 应用于同一个资源，Filter 的触发顺序将变得非常重要，这时就需要使用部署描述来管理 Filter：指定哪个 Filter 先被触发。例如：Filter 1 需要在 Filter 2 前被触发，那么在部署描述中，Filter 1 需要配置在 Filter 2 之前：

```
<filter>
    <filter-name>Filter1</filter-name>
    <filter-class>
        the fully-qualified name of the filter class
    </filter-class>
</filter>
<filter>
    <filter-name>Filter2</filter-name>
    <filter-class>
        the fully-qualified name of the filter class
    </filter-class>
</filter>
```

通过部署描述之外的配置来指定 Filter 触发的顺序是不可能的。第 13 章将会有更多部署描述的说明。

9.7 小结

本章介绍了 Filter API 的相关内容，如 Filter 接口、FilterConfig 接口、FilterChain 接口。通过本章内容，读者能够掌握如何实现一个 Filter 接口，并且通过@WebFilter 的 Annotation 或者部署描述来配置它。

每个 Filter 仅有一个实现，因此如果需要保持或者改变 Filter 实现中的状态，就要考虑到线程安全问题。最后一个 Filter 的例子中，有关于该问题的处理方法。

第 10 章
修饰 Requests 及 Responses

Servlet API 包含 4 个可修饰的类，用于改变 Servlet Request 以及 Servlet Response。这种修饰允许修改 ServletRequest 以及 ServletResponse 或者 HTTP 中的等价类（即 HttpServletRequest 和 HttpServletResponse）中的任务方法。这种修饰遵循 Decorator 模式或者 Wrapper 模式，因此在使用修饰前，需要了解一下该模式的内容。

本章从解释 Decorator 模式开始，说明如何通过修饰 HttpServletRequest 来修改 HttpServletRequest 对象的行为。该技术同样适用于修饰 HttpServletResponse 对象。

10.1 Decorator 模式

Decorator 模式或者 Wrapper 模式允许修饰或者封装（在字面意义中，即修改行为）一个对象，即使你没有该对象的源代码或者该对象标识为 final。

Decorator 模式适用于无法继承该类（例如，对象的实现类使用 final 标识）或者无法创建该类的实例，但可以从另外的系统中可以取得该类的实现时。例如，Servlet 容器方法。只有一种方法可以修改 ServletRequest 或者 ServletResponse 行为，即在另外的对象中封装该实例。唯一的限制是，修饰对象必须继承一个接口，然后实现接口以封装这些方法。

UML 类图如图 10.1 所示。

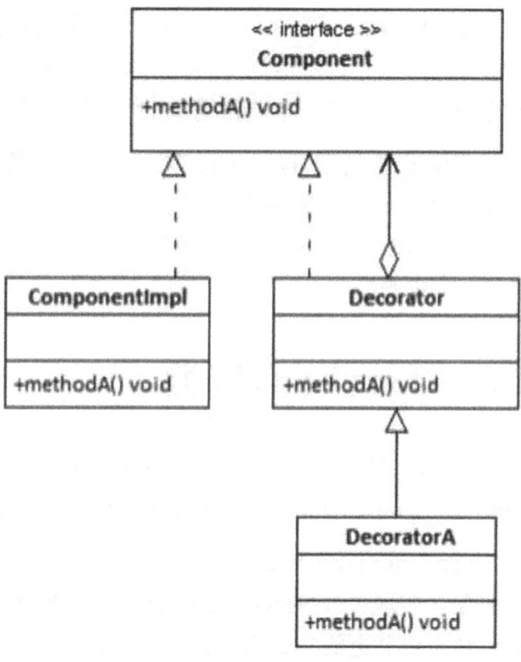

图 10.1　Decorator 模式

图 10.1 中的类图说明了一个 Component 接口以及它的实现类 ComponentImpl。Component 接口定义了 A 的方法。为了修饰 ComponentImpl

的实例，需要创建一个 Decorator 类，并实现 Component 的接口，然后在子类中扩展 Decorator 的新行为。在类图中 DecoratorA 就是 Decorator 的一个子类。每个 Decorator 实例需要包含 Component 的一个实例。Decorator 类代码如下（注意在构建函数中获取了 Component 的实例，这意味着创建 Decorator 对象只能传入 Component 的实例）：

```
public class Decorator implements Component {
    private Component decorated;

    // constructor takes a Component implementation
    public Decorator(Component component) {
        this.decorated = component;
    }

    // undecorated method
    @Override
    public void methodA(args) {
        decorated.methodA(args);
    }

    // decorated method
    @Override
    public void methodB(args) {
        decorated.methodB(args)
    }
}
```

在 Decorator 类中，有修饰的方法就是可能在子类中需要修改行为的方法，在子类中不需要修饰的方法可以不需要实现。所有的方法，无论是否需要修饰，都叫作 Component 中的配对方法。Decorator 是一个非常简单的类，便于提供每个方法的默认实现。修改行为在它的子类中。

需要牢记一点，Decorator 类及被修饰对象的类需要实现相同的接口。为了实现 Decorator，可以在 Decorator 中封装修饰对象，并把 Decorator 作为 Component 的一个实现。任何 Component 的实现都可以在 Decorator 中注入。事实上，你可以把一个修饰的对象传入另一个修饰的对象，以实现双重的修饰。

10.2　Servlet 封装类

Servlet API 源自于 4 个实现类，它很少被使用，但是十分强大：ServletRequestWrapper、ServletResponseWrapper 以及 HttpServletRequestWrapper、HttpServletResponseWrapper。

ServletRequestWrapper（或者其他 3 个 Wrapper 类）非常便于使用，因为它提供了每个方法的默认实现：即 ServletRequest 封闭的配置方法。通过继承 ServletRequestWrapper，只需要实现你需要变更的方法就可以了。如果不用 ServletRequestWrapper，则需要继承 ServletRequest 并实现 ServletRequest 中所有的方法。

图 10.2 所示为 Decorator 模式中 ServletRequestWrapper 的类图。Servlet 容器在每次 Servlet 服务调用时创建 ServletRequest、ContainerImpl。直接扩展 ServletRequestWrapper 就可以修饰 ServletRequest 了。

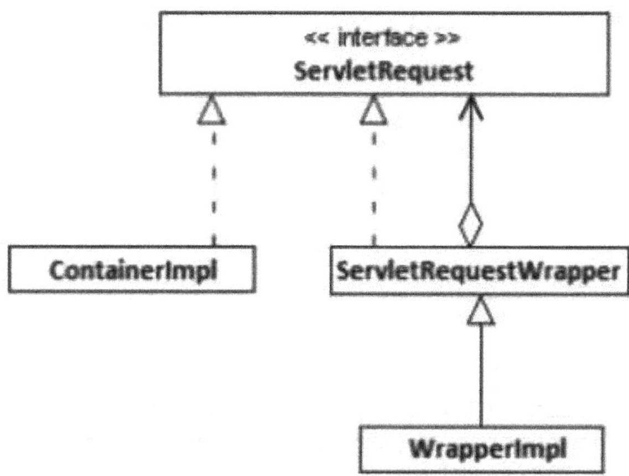

图 10.2　修饰 ServletRequest

10.3　示例：AutoCorrect Filter

在 Web 应用中，用户经常在单词的前面或者后面输入空格，更有甚者在单词之间也加入空格。是否很想在应用的每个 Servlet 中，把多余的空格删除掉呢？本节的 AutoCorrect Filter 可以帮助你搞定它。该 Filter 包含了 HttpServletRequestWrapper 子类 AutoCorrectHttpServletRequestWrapper，并重写了返回参数值的方法：getParameter、getParameterValues 及 getParameterMap。代码如清单 10.1 所示。

清单 10.1　AutoCorrectFilter

```
package filter;
import java.io.IOException;
import java.util.ArrayList;
import java.util.Collection;
import java.util.HashSet;
import java.util.Map;
import java.util.Set;

import javax.servlet.Filter;
import javax.servlet.FilterChain;
import javax.servlet.FilterConfig;
import javax.servlet.ServletException;
import javax.servlet.ServletRequest;
import javax.servlet.ServletResponse;
import javax.servlet.annotation.WebFilter;
```

```
import javax.servlet.http.HttpServletRequest;
import javax.servlet.http.HttpServletRequestWrapper;

@WebFilter(filterName = "AutoCorrectFilter",
        urlPatterns = { "/*" })
public class AutoCorrectFilter implements Filter {

    @Override
    public void init(FilterConfig filterConfig)
            throws ServletException {
    }

    @Override
    public void destroy() {
    }

    @Override
    public void doFilter(ServletRequest request,
            ServletResponse response, FilterChain filterChain)
            throws IOException, ServletException {
        HttpServletRequest httpServletRequest =
                (HttpServletRequest) request;
        AutoCorrectHttpServletRequestWrapper wrapper = new
                AutoCorrectHttpServletRequestWrapper (
                        httpServletRequest);
        filterChain.doFilter(wrapper, response);
    }

    class AutoCorrectHttpServletRequestWrapper extends
            HttpServletRequestWrapper {
        private HttpServletRequest httpServletRequest;
        public AutoCorrectHttpServletRequestWrapper(
                HttpServletRequest httpServletRequest) {
            super(httpServletRequest);
            this.httpServletRequest = httpServletRequest;
        }

        @Override
        public String getParameter(String name) {
            return autoCorrect(
                    httpServletRequest.getParameter(name));
        }

        @Override
        public String[] getParameterValues(String name) {
            return autoCorrect(httpServletRequest
                    .getParameterValues(name));
        }

        @Override
        public Map<String, String[]> getParameterMap() {
```

```
final Map<String, String[]> parameterMap =
        httpServletRequest.getParameterMap();

Map<String, String[]> newMap = new Map<String,
        String[]>() {

    @Override
    public int size() {
        return parameterMap.size();
    }

    @Override
    public boolean isEmpty() {
        return parameterMap.isEmpty();
    }

    @Override
    public boolean containsKey(Object key) {
        return parameterMap.containsKey(key);
    }

    @Override
    public boolean containsValue(Object value) {
        return parameterMap.containsValue(value);
    }

    @Override
    public String[] get(Object key) {
        return autoCorrect(parameterMap.get(key));
    }

    @Override
    public void clear() {
        // this will throw an IllegalStateException,
        // but let the user get the original
        // exception
        parameterMap.clear();
    }

    @Override
    public Set<String> keySet() {
        return parameterMap.keySet();
    }

    @Override
    public Collection<String[]> values() {
        return autoCorrect(parameterMap.values());
    }

    @Override
    public Set<Map.Entry<String,
```

```
                    String[]>> entrySet() {
                return autoCorrect(parameterMap.entrySet());
            }

            @Override
            public String[] put(String key, String[] value) {
                // this will throw an IllegalStateException,
                // but let the user get the original
                // exception
                return parameterMap.put(key, value);
            }

            @Override
            public void putAll(
                    Map<? extends String, ? extends
                            String[]> map) {
                // this will throw an IllegalStateException,
                // but let
                // the user get the original exception
                parameterMap.putAll(map);
            }

            @Override
            public String[] remove(Object key) {
                // this will throw an IllegalStateException,
                // but let
                // the user get the original exception
                return parameterMap.remove(key);
            }
        };
        return newMap;
    }
}

private String autoCorrect(String value) {
    if (value == null) {
        return null;
    }
    value = value.trim();
    int length = value.length();
    StringBuilder temp = new StringBuilder();
    boolean lastCharWasSpace = false;
    for (int i = 0; i < length; i++) {
        char c = value.charAt(i);
        if (c == ' ') {
            if (!lastCharWasSpace) {
                temp.append(c);
            }
            lastCharWasSpace = true;
        } else {
            temp.append(c);
```

```
                lastCharWasSpace = false;
            }
        }
        return temp.toString();
    }

    private String[] autoCorrect(String[] values) {
        if (values != null) {
            int length = values.length;
            for (int i = 0; i < length; i++) {
                values[i] = autoCorrect(values[i]);
            }
            return values;
        }
        return null;
    }

    private Collection<String[]> autoCorrect(
            Collection<String[]> valueCollection) {
        Collection<String[]> newCollection =
                new ArrayList<String[]>();
        for (String[] values : valueCollection) {
            newCollection.add(autoCorrect(values));
        }
        return newCollection;
    }

    private Set<Map.Entry<String, String[]>> autoCorrect(
            Set<Map.Entry<String, String[]>> entrySet) {
        Set<Map.Entry<String, String[]>> newSet = new
                HashSet<Map.Entry<String, String[]>>();
        for (final Map.Entry<String, String[]> entry
                : entrySet) {
            Map.Entry<String, String[]> newEntry = new
                    Map.Entry<String, String[]>() {
                @Override
                public String getKey() {
                    return entry.getKey();
                }

                @Override
                public String[] getValue() {
                    return autoCorrect(entry.getValue());
                }

                @Override
                public String[] setValue(String[] value) {
                    return entry.setValue(value);
                }
            };
            newSet.add(newEntry);
```

```
        }
        return newSet;
    }
}
```

这个 Filter 的 doFilter 方法非常简单：创建 ServletRequest 的修饰实现，然后，把修饰类传给 doFilter：

```
        HttpServletRequest httpServletRequest =
                (HttpServletRequest) request;
        AutoCorrectHttpServletRequestWrapper wrapper = new
                AutoCorrectHttpServletRequestWrapper(
                        httpServletRequest);
        filterChain.doFilter(wrapper, response);
```

在这个 Filter 背后的任何 Servlet 获得的 HttpServletRequest 都将被 AutoCorrectHttpServletRequestWrapper 所封装。这个封装类很长，但很好理解。简单地说，就是它把所有获取参数的响应都调用了一下 autoCorrect 方法：

```
    private String autoCorrect(String value) {
        if (value == null) {
            return null;
        }
        value = value.trim();
        int length = value.length();
        StringBuilder temp = new StringBuilder();
        boolean lastCharWasSpace = false;
        for (int i = 0; i < length; i++) {
            char c = value.charAt(i);
            if (c == ' ') {
                if (!lastCharWasSpace) {
                    temp.append(c);
                }
                lastCharWasSpace = true;
            } else {
                temp.append(c);
                lastCharWasSpace = false;
            }
        }
        return temp.toString();
    }
```

测试这个 Filter 时，可以分别使用清单 10.2 中列出来的 test1.jsp 以及 test2.jsp 这两个页面。

清单 10.2　test1.jsp 页面

```
<!DOCTYPE html>
<html>
<head>
<title>User Form</title>
</head>
```

```
<body>
<form action="test2.jsp" method="post">
    <table>
    <tr>
        <td>Name:</td>
        <td><input name="name"/></td>
    </tr>
    <tr>
        <td>Address:</td>
        <td><input name="address"/></td>
    </tr>
    <tr>
        <td colspan="2">
            <input type="submit" value="Login"/>
        </td>
    </tr>
    </table>
</form>
</body>
</html>
```

清单 10.3　test2.jsp 页面

```
<%@ taglib uri="http://java.sun.com/jsp/jstl/functions"
        prefix="fn"%>
<!DOCTYPE html>
<html>
<head>
<title>Form Values</title>
</head>
<body>
<table>
    <tr>
        <td>Name:</td>
        <td>
            ${param.name}
            (length:${fn:length(param.name)})
        </td>
    </tr>
    <tr>
        <td>Address:</td>
        <td>
            ${param.address}
            (length:${fn:length(param.address)})
        </td>
    </tr>
</table>
</body>
</html>
```

可以使用如下 URL 路径访问 test1.jsp 页面：

```
http://localhost:8080/app10a/test1.jsp
```

输入一个带空格的单词，无论是前面、后面，还是在单词之间，然后点击提交。接下来，在显示器上你将看到这些输入单词都被修正过来。

10.4　小结

Servlet 的 API 中，可以继承 4 个封闭的类（ServletRequestWrapper、ServletResponseWrapper、HttpServletRequestWrapper 及 HttpServletResponseWrapper）用于修饰 Servlet 请求以及 Servlet 响应。正如本章中 AutoCorrectFilter 的例子所展示的那样，Filter 或者 Listener 中可以使用它创建 Servlet 封装，并将它传入 Serlvet 服务方法中。

第 11 章
异步处理

Servlet 3.0 引入了一个新功能，运行使用 Servlet 处理异步处请求。本章将介绍此功能，并提供实例阐述如何使用它。

11.1 概述

一台机器的内存有限。该 Servlet/JSP 容器设计者知道这一点，并提供了一些可配置的设置，以确保容器内可以运行托管机器的方法。例如，在 Tomcat 7 中，处理传入的请求的最大线程数是 200。如果你有一个多处理器的服务器，那么你就可以安全地提高这个数字，但除此之外，建议使用该默认值。

Servlet 或过滤器占有请求处理线程直到它完成任务。如果任务需要很长时间才能完成，当用户的并发请求数目超过线程数时，容器可能会发生无可用线程的风险。如果发生这种情况，Tomcat 会堆叠在内部服务器套接字多余的请求（其他容器行为可能不同）。如果有更多的请求进来，它们将被拒绝，直到有空闲资源来处理它们。

异步处理功能可以节约容器线程。你应该将此功能使用在长时间运行的操作上。此功能的作用是释放正在等待完成的线程，使该线程能够被另一请求所使用。

请注意，这个异步支持只适合你有一个长时间运行的任务并且要把运行结果通知给用户。如果你只有一个长期运行任务，但用户并不需要知道处理结果，那么你可以提交一个 Runnable 给 Executor（执行器）并立即返回。例如，如果你需要生成报告（需要一段时间），当它生成完毕时，通过邮件发送这个报告，这时 servlet 异步处理功能不是最佳的解决方案。相反地，如果你需要生成一个报告，并在报告已经准备好时显示给用户，这时异步处理可能就是你所要的。

11.2 编写异步 Servlet 和过滤器

WebServlet 和 WebFilter 注解类型可能包含新的 asyncSupport 属性。要编写支持异步处理的 Servlet 或过滤器，需设置 asyncSupported 属性为 true：

```
@WebServlet(asyncSupported=true ...)
@WebFilter(asyncSupported=true ...)
```

此外，也可以在部署文件里面指定这个描述符。例如，下面的 Servlet 配置为支持异步处理：

```
<servlet>
    <servlet-name>AsyncServlet</servlet-name>
    <servlet-class>servlet.MyAsyncServlet</servlet-class>
    <async-supported>true</async-supported>
</servlet>
```

Servlet 或过滤器要支持异步处理，可以通过调用 ServletRequest 的 startAsync 方法来启动一个新线程。这里有两个 startAsync 的重载方法：

```
AsyncContext startAsync() throws java.lang.IllegalStateException

AsyncContext startAsync(ServletRequest servletRequest,
        ServletResponse servletResponse) throws
        java.lang.IllegalStateException
```

这两个重载方法都返回一个 asyncContext 的实例，这个实例提供各种方法并且包含 ServletRequest 和 ServletResponse。第一个重载实例比较简单并且使用方便。由此生成的 asyncContext 实例将包含原生的 ServletRequest 和 ServletResponse。第二个允许您将原来的 ServletRequest 和 ServletResponse 进行重写封装后传给 asyncContext。需要注意的是，你只能传递原生的 ServletRequest 和 ServletResponse 或它们的封装到 startAsync 第二种重载实例。我们已在第 10 章“修饰 Requests 和 Responses”中讨论过 ServletRequest 和 ServletResponse 的封装。

注意，startAsync 重复调用将返回相同的 asyncContext。若一个 Servlet 或过滤器调用 startAsync 时不支持异步处理，将抛出 java.lang.IllegalStateException 异常。还请注意，asynccontext 的 start 方法是非阻塞的，所以下一行代码仍将执行，即使还未调度线程启动。

11.3　编写异步 Servlets

写一个异步或异步 Servlet 或过滤器比较简单。当有一个需要相当长的时间完成的任务时，需要创建一个异步的 Servlet 或过滤器。在异步 Servlet 或过滤器类中需要做如下操作：

（1）调用 ServletRequest 中的 startAsync 方法。该 startAsync 返一个 AsyncContext 。

（2）调用 AsyncContext 的 setTimeout()，传递容器等待任务完成的超时时间的毫秒数。此步骤是可选的，但如果你不设置超时，容器的将使用默认的超时时间。如果任务未能在指定的超时时间内完成，将会抛出一个超时异常。

（3）调用 asyncContext.start，传递一个 Runnable 来执行一个长时间运行的任务。

（4）调用 Runnable 的 asynccontext.complete 或 asynccontext.dispatch 方法来完成任务。

这里是一个异步 Servlet 的 doGet 或 doPost 方法的框架：

```
final AsyncContext asyncContext = servletRequest.startAsync();
asyncContext.setTimeout( ... );
asyncContext.start(new Runnable() {
    @Override
    public void run() {

        // long running task

        asyncContext.complete() or asyncContext.dispatch()
    }
})
```

作为一个例子，清单 11.1 显示了支持异步处理的 Servlet。

清单 11.1　一个简单的异步调度的 Servlet

```
package servlet;
import java.io.IOException;
import javax.servlet.AsyncContext;
import javax.servlet.ServletException;
import javax.servlet.annotation.WebServlet;
import javax.servlet.http.HttpServlet;
import javax.servlet.http.HttpServletRequest;
import javax.servlet.http.HttpServletResponse;

@WebServlet(name = "AsyncDispatchServlet",
        urlPatterns = { "/asyncDispatch" },
        asyncSupported = true)
public class AsyncDispatchServlet extends HttpServlet {
    private static final long serialVersionUID = 222L;

    @Override
    public void doGet(final HttpServletRequest request,
            HttpServletResponse response)
            throws ServletException, IOException {
        final AsyncContext asyncContext = request.startAsync();
        request.setAttribute("mainThread",
                Thread.currentThread().getName());
        asyncContext.setTimeout(5000);
        asyncContext.start(new Runnable() {
            @Override
            public void run() {
              // long-running task
                try {
                    Thread.sleep(3000);
                } catch (InterruptedException e) {
                }
```

```
                    request.setAttribute("workerThread",
                            Thread.currentThread().getName());
                    asyncContext.dispatch("/threadNames.jsp");
                }
            });
        }
    }
```

清单 11.1 这个 Servlet 支持异步处理且其长期运行的任务就是简单地休眠三秒钟。为了证明这个长时间运行的任务是在不同的线程中执行的，而不是在主线程中执行的（即执行 Servlet 的 doGet 方法），它将主线程的名字和工作线程的 ServletRequest 分派到一个 threadNames.jsp 页面。该 threadNames.jsp 页面（清单 11.2 中提供）显示 mainThread 和 WorkerThread 变量。它们应打印不同的线程名字。

清单 11.2　threadNames.jsp 页面

```
<!DOCTYPE html>
<html>
<head>
<title>Asynchronous servlet</title>
</head>
<body>
Main thread: ${mainThread}
<br/>
Worker thread: ${workerThread}
</body>
</html>
```

注意，你需要在任务结束后调用 asynccontext 的 dispatch 或 complete，所以它不会等待，直到它超时。

你可以把你的这个 URL 输入到浏览器来测试 servlet：

```
http://localhost:8080/app11a/asyncDispatch
```

图 11.1 显示了主线程的名称和工作线程的名称。你在你的浏览器中看到的可能是不同的，但打印出的线程名字会有所不同，证明了工作线程与主线程不同。

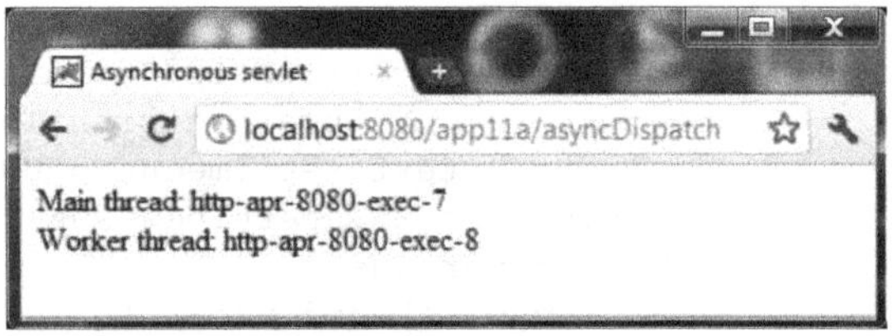

图 11.1　The AsyncDispatchServlet

除了调度到其他资源去完成任务，你也可以调用 AsyncContext 的 complete 方法。此方法通知 servlet 容器该任务已完成。

作为第二个例子，思考一下清单 11.3 的 Servlet。该 Servlet 每秒发送一次进度更新，使用户能够监测进展情况。它发送 HTML 响应和一个简单的 JavaScript 代码来更新 HTML div 元素。

清单 11.3 发送最新进度更新的异步 servlet

```
package servlet;
import java.io.IOException;
import java.io.PrintWriter;
import javax.servlet.AsyncContext;
import javax.servlet.ServletException;
import javax.servlet.annotation.WebServlet;
import javax.servlet.http.HttpServlet;
import javax.servlet.http.HttpServletRequest;
import javax.servlet.http.HttpServletResponse;

public class AsyncCompleteServlet extends HttpServlet {
    private static final long serialVersionUID = 78234L;

    @Override
    public void doGet(HttpServletRequest request,
            HttpServletResponse response)
            throws ServletException, IOException {
        response.setContentType("text/html");
        final PrintWriter writer = response.getWriter();
        writer.println("<html><head><title>" +
                "Async Servlet</title></head>");
        writer.println("<body><div id='progress'></div>");
        final AsyncContext asyncContext = request.startAsync();
        asyncContext.setTimeout(60000);
        asyncContext.start(new Runnable() {
            @Override
            public void run() {
                System.out.println("new thread:" +
                        Thread.currentThread());
                for (int i = 0; i < 10; i++) {
                    writer.println("<script>");
                    writer.println("document.getElementById(" +
                            "'progress').innerHTML = '" +
                            (i * 10) + "% complete'");
                    writer.println("</script>");
                    writer.flush();
                    try {
                        Thread.sleep(1000);
                    } catch (InterruptedException e) {
                    }
                }
                writer.println("<script>");
                writer.println("document.getElementById(" +
                        "'progress').innerHTML = 'DONE'");
                writer.println("</script>");
                writer.println("</body></html>");
                asyncContext.complete();
            }
        });
```

```
        }
    }
```

以下这段代码负责发送进度更新：

```
                writer.println("<script>");
                writer.println("document.getElementById(" +
                        "'progress').innerHTML = '" +
                        (i * 10) + "% complete'");
                writer.println("</script>");
```

浏览器将收到此字符串，其中 x 是 10 和 100 之间的数字。

```
<script>
document.getElementById('progress').innerHTML = 'x% complete'
</script>
```

为了向你展示如何通过在部署描述符中声明来编写一个 Servlet 异步，清单 11.3 中的 AsyncCompleteServlet 类不用@WebServlet 来注解。部署描述符（web.xml 文件）已在清单 11.4 中给出。

清单 11.4　部署描述符 web.xml

```
<?xml version="1.0" encoding="ISO-8859-1"?>
<web-app xmlns="http://java.sun.com/xml/ns/javaee"
    xmlns:xsi="http://www.w3.org/2001/XMLSchema-instance"
    xsi:schemaLocation="http://java.sun.com/xml/ns/javaee
➥ http://java.sun.com/xml/ns/javaee/web-app_3_0.xsd"
    version="3.0"
>
    <servlet>
        <servlet-name>AsyncComplete</servlet-name>
        <servlet-class>servlet.AsyncCompleteServlet</servlet-class>
        <async-supported>true</async-supported>
    </servlet>

    <servlet-mapping>
        <servlet-name>AsyncComplete</servlet-name>
        <url-pattern>/asyncComplete</url-pattern>
    </servlet-mapping>
</web-app>
```

你可以把你的 URL 输入到浏览器来测试 AsyncCompleteServlet：

```
http://localhost:8080/app11a/asyncComplete
```

结果如图 11.2 所示。

图 11.2　收到进度更新的 html 页面

11.4 异步监听器

为支持Servlet和过滤器配合执行异步操作，Servlet 3.0还增加了AsyncListener接口用于接收异步处理过程中发生事件的通知。AsyncListener接口定义了如下方法，当某些事件发生时调用：

```
void onStartAsync(AsyncEvent event)
```

在异步操作启动完毕后调用该方法。

```
void onComplete(AsyncEvent event)
```

在异步操作完成后调用该方法。

```
void onError(AsyncEvent event)
```

在异步操作失败后调用该方法。

```
void onTimeout(AsyncEvent event)
```

在异步操作超时后调用该方法，即当它未能在指定的超时时间内完成时。

所有四种方法可以分别通过它们的getAsyncContext、getSuppliedRequest和getSuppliedResponse方法，从AsyncContext、ServletRequest、ServletResponse中获取相关的AsyncEvent。

这里有一个例子，清单11.5中的MyAsyncListener类实现AsyncListener接口，以便在异步操作事件发生时，它能够得到通知。请注意，和其他网络监听器不同，你不需要通过@WebListener注解来实现。

清单 11.5 异步监听器

```
package listener;
import java.io.IOException;
import javax.servlet.AsyncEvent;
import javax.servlet.AsyncListener;

// 不需要标注@WebListener
public class MyAsyncListener implements AsyncListener {

    @Override
    public void onComplete(AsyncEvent asyncEvent)
            throws IOException {
        System.out.println("onComplete");
    }

    @Override
    public void onError(AsyncEvent asyncEvent)
            throws IOException {
        System.out.println("onError");
    }
```

```
    @Override
    public void onStartAsync(AsyncEvent asyncEvent)
            throws IOException {
        System.out.println("onStartAsync");
    }

    @Override
    public void onTimeout(AsyncEvent asyncEvent)
            throws IOException {
        System.out.println("onTimeout");
    }
}
```

由于 AsyncListener 类不是用@WebListener 注解的，因此必须为 AsyncContext 手动注册一个 AsyncListener 监听器，用于接收所需要的事件。通过调用 addListener 方法为 AsyncContext 注册一个 AsyncListener 监听器：

```
void addListener(AsyncListener listener)
```

清单 11.6 中的 Asynclistenerservlet 类是一个异步 Servlet，它利用清单 11.5 中的监听器获取事件通知。

清单 11.6　使用 asynclistener

```
package servlet;
import java.io.IOException;
import javax.servlet.AsyncContext;
import javax.servlet.ServletException;
import javax.servlet.annotation.WebServlet;
import javax.servlet.http.HttpServlet;
import javax.servlet.http.HttpServletRequest;
import javax.servlet.http.HttpServletResponse;

import listener.MyAsyncListener;

@WebServlet(name = "AsyncListenerServlet",
        urlPatterns = { "/asyncListener" },
        asyncSupported = true)
public class AsyncListenerServlet extends HttpServlet {
    private static final long serialVersionUID = 62738L;

    @Override
    public void doGet(final HttpServletRequest request,
            HttpServletResponse response)
        throws ServletException, IOException {
        final AsyncContext asyncContext = request.startAsync();
        asyncContext.setTimeout(5000);

        asyncContext.addListener(new MyAsyncListener());
```

```
        asyncContext.start(new Runnable() {
            @Override
            public void run() {
                try {
                    Thread.sleep(3000);
                } catch (InterruptedException e) {
                }
                String greeting = "hi from listener";
                System.out.println("wait....");
                request.setAttribute("greeting", greeting);
                asyncContext.dispatch("/test.jsp");
            }
        });
    }
}
```

你可以通过如下 URL 调用 Servlet：

```
http://localhost:8080/app11a/asyncListener
```

11.5 小结

Servlet 3.0 和 Servlet 3.1 自带用于处理异步操作的功能。当你的 Servlet/JSP 应用程序非常忙碌，需要一个或更多长时间的操作时，该功能是特别有用的。此功能通过将这些操作分配给一个新的线程，从而将请求处理线程释放回池中，准备好服务另一个请求。在这一章中，你学习了怎样编写支持异步处理的 Servlet，以及在处理过程中当某些事件发生时获取通知的监听器。

第 12 章 安全

安全是网络应用程序开发和部署中的一个非常重要的方面。这是特别真实的，因为任何人都可以通过浏览器连接到万维网，从而随意进入到网络应用程序。要确保应用程序安全，可通过声明方式或可编程方式。下面的四个问题是网络安全的基石：认证、授权、保密性和数据完整性。

身份验证是验证网络实体的身份，特别是用户尝试访问应用程序。您通常会通过询问用户的用户名和密码来验证用户身份。

授权通常是在与访问级别的身份验证的用户认证成功之后进行的。它试图回答这个问题“一个经过验证的用户可以进入一个应用程序的某个区域吗？”保密性是一个重要的话题，因为，例如信用卡细节或社会安全号码等敏感数据应予以保护。而且，正如你所知道的，数据是一个电脑在到达另一个互联网目的地之前传播的。拦截它在技术上并不困难。因此，当敏感数据在互联网传输时，应进行加密。

由于数据包可以很容易地被截获，只要具备一定的知识和使用工具，则很容易篡改它们。幸运的是，确保敏感数据通过安全通道传送，就有可能保持数据的完整性。

在本章中，您将了解这些安全方面的问题。本章还会花很大篇幅讨论 SSL，这是用于在因特网中创建安全通道的协议。

12.1 身份验证和授权

认证是检验某人真正是他/她自称的那个人的过程。在一个 Servlet/JSP 应用程序中，身份验证一般通过检查用户名密码是否正确。授权是检查该级别的用户是否具备访问权限。它适用于包括多个区域的应用程序，其中用户可以利用这个应用程序的部分模块，但是其他模块就没有权限。例如，一个在线商店可被划分成的一般部分（用于一般公众浏览和搜索产品）、买家部分（注册用户下订单）和后台管理部分（适用于管理员）。这三者中，后台管理部分需要访问的最高权限。管理员用户不仅需要进行身份认证，他们还需要获得后台管理部分的权限。

访问级别通常被称为角色。在部署一个 Servlet/JSP 应用程序时可以方便地通过模块分类和配置，使得每个模块只有特定角色才能访问。这是通过在部署中声明安全约束描述符完成的。换句话说，就是声明式安全。在这个范围的另一端，内容限制是通过编程实现检验用户名和密码与数据库中存储的用户名和密码对是否匹配。

大多数 Servlet 和 JSP 应用程序的身份验证和授权首先要验证用户名和密码与数据库表是否一致。一旦验证成功，可检查另一个授权在同一个表中存储的用户名和密码的表或字段。使用声明式安全可让您的编程更简洁，因为 Servlet/JSP 容器负责身份验证和授权过程。此外，Servlet/JSP 容器配置数据库来验证你已经在应用程序中使用。最重要的是，使用声明式身份验证的用户名和密码可在被发送到服务器之前由浏览器对其加密后再发送给服务器。声明式安全的缺点是，支持数据加密的身份验证方法只能使用一个默认登录对话框，不能对界面和操作进行个性化定制。这个原因就足以让人放弃声明式安全。声明性安全的唯一方法是允许使用一个自定义的 HTML 表单，不幸的是数据传输不加密。

Web 应用程序的某些部分，如管理模块，是不面向客户的，所以登录表单的外观是没有关联的。在这种情况下，声明式安全仍然被使用。

声明式安全有趣的部分当然就是安全约束不编入 Servlet 了。相反，它们在应用程序部署时声明在部署描述符中。因此，它具有相当大的灵活性来确定用户和角色对访问的应用程序或部分模块的权限。

要使用声明式安全，首先定义用户和角色。根据您所使用的容器，您可以将用户和角色信息存储在一个文件或数据库表中，然后，您对应用程序中的资源或集合施加约束。

现在，您如何不通过编程来验证用户？你会发现后面的答案在于 HTTP 而不是 Servlet 规范。

12.1.1 指定用户和角色

每一个兼容 Servlet/JSP 容器必须提供一个定义用户和角色的方法。如果你使用 Tomcat，可以通过编辑 conf 目录中的 Tomca-user.xml 来创建用户和角色。清单 12.1 中给出了 tomcat-users.xml 文件的例子。

清单 12.1 tomcat-users.xml 文件

```
<?xml version='1.0' encoding='utf-8'?>
<tomcat-users>
    <role rolename="manager"/>
    <role rolename="member"/>
    <user username="tom" password="secret" roles="manager,member"/>
    <user username="jerry" password="secret" roles="member"/>
</tomcat-users>
```

tomcat-users.xml 文件是一个 xml 文档的根元素 tomcat-user。在里面是 role 和 user 元素。role 元素定义角色，user 元素定义用户。role 元素有 rolename 属性指定角色名。user 元素具有 username、password 和 roles 属性。username 属性指定用户名，password 属性指定密码，roles 属性指定角色或用户属于的角色。

清单 12.1 中的 tomcat-users.xml 文件声明了两个角色（经理和成员）和两个用户（tom 和 jerry）。用户 tom 是一个成员和经理的角色，而杰瑞只属于成员角色。很明显，汤姆比杰瑞具有接入更多应用的权限。

Tomcat 还支持通过数据库表来匹配角色和用户。你可以配置 Tomcat 使用 JDBC 来验证用户身份。

12.1.2 实施安全约束

你已经学会通过把静态资源和 JSP 页面放在 WEB-INF 目录下来隐藏起来。资源放置在这里不能直接通过输入 URL 访问，但仍然可以从一个 Servlet 或 JSP 页面进入。虽然这种方法简单明了，缺点是资源隐藏在这里永远是隐藏的，没有办法直接访问。如果你只是简单地想保护资源不被未经授权的用户访问，你可以把它们放在应用程序目录下的一个目录中，在部署描述符中声明一个安全约束。

security-constraint 元素指定一个资源集合和角色或角色可以访问的资源。这个元素有两个子元素：web-resource-collection 和 auth-constraint。

web-resource-collection 元素指定一组资源，可以包括 web-resource-name、description、url-pattern、http-method 和 http-method-ommission 等子元素。

web-resource-collection 元素可以有多个 url 模式子元素，每一个都是指一个 URL 正则表达式用于指定安全约束。您可以使用星号的 url 模式元素来引用一个特定资源类型（例如，*.jsp）或所有资源目录（比如/*或/jsp/*）。然而，你不能同时指定两个，例如，在一个特定的目录中指定一个特定类型。因此，下面的 URL 表达式指定 jsp 目录下的所有 JSP 页面是无效的：/JSP/*.JSP。相反，使用/jsp/*，也将限制任何在 jsp 目录下的非 JSP 页面。

http-method 元素为封闭的安全约束的应用命名了一个 http 方法。例如，一个 web-resource-collection 元素以 GET http-method 命名，表明该 web-resource-collection 元素仅适用于 HTTP GET 方法。包含资源集合的安全约束不能防止其他 HTTP 方法，如 PUT 方法。没有 http-method 元素表示安全约束限制了所有 HTTP 访问方法。你可以在同一个 web-resource-collection 中拥有多个 http-method 元素。

http-method-omission 元素指定一个不包含 HTTP 方法的安全约束。因此，指定<http-methodomission>GET</http-method-omission>表示限制除了 GET 外的所有 HTTP 方法。

http-method 元素和 http-method-omission 元素不能出现在相同的 web-resource-collection 元素里。

在部署描述符中可以有多个 security-constraint 元素。如果 security-constraint 元素没有 auth-constraint 元素，那么这个资源集合是不被保护的。此外，如果你指定的角色没有在容器中定义，那么没有人能够直接访问这个资源集合。然而，你仍然可以通过一个 servlet 或 JSP 页面转向集合中的资源。

这里有个例子，清单 12.2 中的 xml 文件的 security-constraint 元素限制所有 JSP 页面的访问权限。由于 auth-constraint 不包含 rolename 元素，因此无法通过它们的 urls 直接访问这个资源。

清单 12.2 防止访问特定目录下的资源

```
<?xml version="1.0" encoding="ISO-8859-1"?>
<web-app xmlns="http://java.sun.com/xml/ns/javaee"
    xmlns:xsi="http://www.w3.org/2001/XMLSchema-instance"
    xsi:schemaLocation="http://java.sun.com/xml/ns/javaee
➥ http://java.sun.com/xml/ns/javaee/web-app_3_0.xsd"
    version="3.0"
>
    <!-- restricts access to JSP pages -->
    <security-constraint>
        <web-resource-collection>
            <web-resource-name>JSP pages</web-resource-name>
            <url-pattern>*.jsp</url-pattern>
        </web-resource-collection>
        <!-- must have auth-constraint, otherwise the
            specified web resources will not be restricted -->
        <auth-constraint/>
    </security-constraint>
</web-app>
```

现在我们在浏览器里输入这个 URL 来测试下：

```
http://localhost:8080/app12a/jsp/1.jsp
```

servlet 容器将发送一个 HTTP 403 错误：访问所请求的资源已经被否认。

现在让我们看看如何对用户进行身份验证和授权。

12.2 身份验证方法

现在你应该知道如何实施资源集合的安全约束，你也应该学会如何验证访问资源的用户信息。由于以声明的方式获得的资源，在部署描述符中使用的是安全约束元素，因此身份验证可以使用 HTTP 1.1 提供的解决方案：基本访问认证和摘要访问身份验证。此外，还可以使用基于表单的访问认证。HTTP 身份验证是在 RFC 2617 中定义的。你可以在这里下载规范：

```
http://www.ietf.org/rfc/rfc2617.txt
```

基本访问身份验证，或简称基本认证，是一个接受用户名和密码的 HTTP 身份验证。访问受保护的资源的用户将被服务器拒绝，服务器会返回一个 401（未经授权）响应。该响应包含一个 WWW-Authenticate 头，包含至少一个适用于所请求资源的认证域。这里有一个响应内容的例子：

```
HTTP/1.1 401 Authorization Required
Server: Apache-Coyote/1.1
Date: Wed, 21 Dec 2011 11:32:09 GMT
WWW-Authenticate: Basic realm="Members Only"
```

浏览器会显示用户输入用户名和密码的登录对话框。当用户单击“登录”按钮时，用户名将被加上一个冒号并与密码连接起来形成一个字符串。该字符串在被发送到服务器之前将用 Base64 算法编码。成功登录后，服务器将发送所请求的资源。Base64 是一个非常弱的算法，因此很容易解密 Base64 的信息。考虑使用摘要访问认证来替代。

app12b 应用程序展示了如何使用基本访问认证。清单 12.3 提供了应用程序的部署描述符。第一个 security-constraint 元素保护直接访问的 JSP 页面。第二个限制访问 Servlet1 servlet 的经理和成员角色。Servlet1 类是一个简单的进入到 1.jsp 的 servlet，如清单 12.4 所示。

清单 12.3 app12b 的部署描述符

```
<?xml version="1.0" encoding="ISO-8859-1"?>
<web-app xmlns="http://java.sun.com/xml/ns/javaee"
    xmlns:xsi="http://www.w3.org/2001/XMLSchema-instance"
    xsi:schemaLocation="http://java.sun.com/xml/ns/javaee
➥ http://java.sun.com/xml/ns/javaee/web-app_3_0.xsd"
    version="3.0"
>
    <!-- restricts access to JSP pages -->
    <security-constraint>
        <web-resource-collection>
            <web-resource-name>JSP pages</web-resource-name>
            <url-pattern>*.jsp</url-pattern>
        </web-resource-collection>
        <!-- must have auth-constraint, otherwise the
            specified web resources will not be restricted -->
        <auth-constraint/>
    </security-constraint>

    <security-constraint>
        <web-resource-collection>
            <web-resource-name>Servlet1</web-resource-name>
            <url-pattern>/servlet1</url-pattern>
        </web-resource-collection>
        <auth-constraint>
            <role-name>member</role-name>
            <role-name>manager</role-name>
        </auth-constraint>
    </security-constraint>
    <login-config>
        <auth-method>BASIC</auth-method>
        <realm-name>Members Only</realm-name>
    </login-config>
</web-app>
```

在清单 12.3 中的部署描述符中最重要的元素是 login-config 元素。它有两个子元素：auth-method 和 realm-name。要使用 Basic access authentication，您必须将它的值设为 BASIC（所有字母大写）。在浏览器登录对话框中显示的 realm-name 元素必须赋值。

清单 12.4 The Servlet1 class

```
package servlet;
import java.io.IOException;
import javax.servlet.RequestDispatcher;
import javax.servlet.ServletException;
import javax.servlet.annotation.WebServlet;
import javax.servlet.http.HttpServlet;
import javax.servlet.http.HttpServletRequest;
import javax.servlet.http.HttpServletResponse;

@WebServlet(urlPatterns = { "/servlet1" })
public class Servlet1 extends HttpServlet {

    private static final long serialVersionUID = -15560L;

    public void doGet(HttpServletRequest request,
            HttpServletResponse response) throws ServletException,
            IOException {
        RequestDispatcher dispatcher =
                request.getRequestDispatcher("/jsp/1.jsp");
        dispatcher.forward(request, response);
    }
}
```

要测试 app12b 例子的基本访问认证，可使用以下 URL 来访问例子中的受限资源。

```
http://localhost:8080/app12b/servlet1
```

此时，无法像之前那样直接看到 Servlet1 的输出，相反，你会收到一个提示——要求输入用户名和密码，如图 12.1 所示。

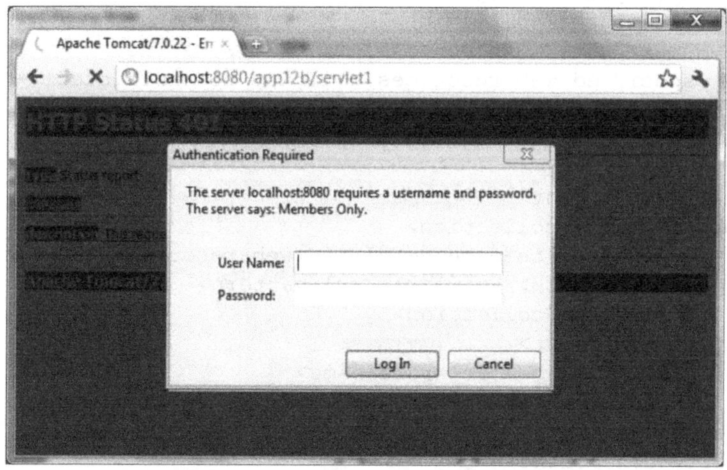

图 12.1 Basic authentication

只要 auth-constraint 元素映射到 Servlet1 指定经理和成员的角色，您可以使用 tom 或者 jerry 登录。

摘要访问接入认证，或简称摘要认证，也是一个 HTTP 认证，类似基本认证。但不使用弱加密的 base64 算法，而使用 MD5 算法创建一个组合用户名、域名和密码的哈希值，并发送到服务器。摘要访问身份验证是为了取代基本的访问认证，因为它提供了更安全的环境。

servlet 和 JSP 容器没有义务支持摘要访问认证但大多数都有做。

配置应用程序使用摘要访问认证的方式类似于使用基本访问认证。事实上，唯一的区别是 login-config 元素内的 auth-method 元素的值。对于摘要访问认证，auth-method 元素值必须是 DIGEST（大写）。

作为一个例子，该 app12c 演示应用的 Digest access authentication（摘要访问认证）的使用。此应用程序的部署描述符是在清单 12.5 中给出的。

清单 12.5　The deployment descriptor for Digest authentication

```
<?xml version="1.0" encoding="ISO-8859-1"?>
<web-app xmlns="http://java.sun.com/xml/ns/javaee"
    xmlns:xsi="http://www.w3.org/2001/XMLSchema-instance"
    xsi:schemaLocation="http://java.sun.com/xml/ns/javaee
➥ http://java.sun.com/xml/ns/javaee/web-app_3_0.xsd"
    version="3.0"
>
    <!-- restricts access to JSP pages -->
    <security-constraint>
        <web-resource-collection>
            <web-resource-name>JSP pages</web-resource-name>
            <url-pattern>*.jsp</url-pattern>
        </web-resource-collection>
        <!-- must have auth-constraint, otherwise the
            specified web resources will not be restricted -->
        <auth-constraint/>
    </security-constraint>

    <security-constraint>
        <web-resource-collection>
            <web-resource-name>Servlet1</web-resource-name>
            <url-pattern>/servlet1</url-pattern>
        </web-resource-collection>
        <auth-constraint>
            <role-name>member</role-name>
            <role-name>manager</role-name>
        </auth-constraint>
    </security-constraint>

    <login-config>
        <auth-method>DIGEST</auth-method>
```

```
        <realm-name>Digest authentication</realm-name>
    </login-config>
</web-app>
```

我们在浏览器里输入这个地址来测试一下：

```
http://localhost:8080/app12c/servlet1
```

图 12.2 Digest access authentication（摘要访问认证）的登录框。

图 12.2　Digest authentication（摘要认证）

12.2.1　基于表单的认证

基本和摘要访问认证不允许你使用一个定制的登录表单。如果你必须有一个自定义窗体，那么你可以使用基于表单的认证。由于发送明文，你应当与 SSL 配合使用。

基于表单的身份验证，您需要创建一个登录页面和一个错误的页面，这可以是 HTML 或 JSP 页面。第一次请求受保护的资源，servlet 和 JSP 容器将登录页面。在成功登录时，所请求的资源将被发送。如果登录失败，用户会看到错误页。

使用 form-based authentication（基于表单的身份验证），您的部署描述符的 auth-method 元素的值必须是 FORM（大写）。此外，login-config 元素必须有 form-login-config 元素节点，该节点有两个子元素，form-login-page 和 form-error-page。如下是一个基于表单的身份验证登录 login-config 元素的示例：

```
<login-config>
    <auth-method>FORM</auth-method>
    <form-login-config>
        <form-login-page>/login.html</form-login-page>
        <form-error-page>/error.html</form-error-page>
    </form-login-config>
</login-config>
```

清单 12.6 app12d 的部署描述符，基于表单身份验证的例子。

清单 12.6　form-basedauthentication 的部署描述符

```
<?xml version="1.0" encoding="ISO-8859-1"?>
<web-app xmlns="http://java.sun.com/xml/ns/javaee"
    xmlns:xsi="http://www.w3.org/2001/XMLSchema-instance"
    xsi:schemaLocation="http://java.sun.com/xml/ns/javaee
➥ http://java.sun.com/xml/ns/javaee/web-app_3_0.xsd"
    version="3.0"
>
    <!-- restricts access to JSP pages -->
    <security-constraint>
        <web-resource-collection>
            <web-resource-name>JSP pages</web-resource-name>
            <url-pattern>*.jsp</url-pattern>
        </web-resource-collection>
        <!-- must have auth-constraint, otherwise the
            specified web resources will not be restricted -->
        <auth-constraint/>
    </security-constraint>

    <security-constraint>
        <web-resource-collection>
            <web-resource-name>Servlet1</web-resource-name>
            <url-pattern>/servlet1</url-pattern>
        </web-resource-collection>
        <auth-constraint>
            <role-name>member</role-name>
            <role-name>manager</role-name>
        </auth-constraint>
    </security-constraint>

    <login-config>
        <auth-method>FORM</auth-method>
        <form-login-config>
            <form-login-page>/login.html</form-login-page>
            <form-error-page>/error.html</form-error-page>
        </form-login-config>
    </login-config>
</web-app>
```

form-login-page 元素使用参考清单 12.7 的 login.html 页面，formerror-page 元素使用参考清单 12.8 的 Error.html。

清单 12.7　login.html 页面

```
<!DOCTYPE html>
<html>
<head>
    <title>Login</title>
```

```
</head>
<body>
<h1>Login Form</h1>
<form action='j_security_check' method='post'>
<div>
    User Name: <input name='j_username'/>
</div>
<div>
    Password: <input type='password' name='j_password'/>
</div>
<div>
    <input type='submit' value='Login'/>
</div>
</form>
</body>
</html>
```

清单 12.8　error.html 页面

```
<!DOCTYPE html>
<html>
<head>
<title>Login error</title>
</head>
<body>
Login failed.
</body>
</html>
```

测序下 app12d 基于表单的认证，直接浏览器这个 URL。

```
http://localhost:8080/app12d/servlet1
```

login.html 的用户登录页面如图 12.3 所示。

图 12.3　基于表单的验证

12.2.2 客户端证书认证

也称为 client-cert 认证，客户端证书身份通过 HTTPS（HTTP 通过 SSL）认证，要求每个客户有一个客户端证书。这是一个非常强大的身份验证机制，但不适合在互联网上部署的应用程序，因为它是不切实际的要求每个用户自己的数字证书。然而，这种身份验证方法可以用来访问组织内部的应用。

12.3 安全套接层

Secure Socket Layer，为 Netscape 所研发，用以保障在 Internet 上数据传输之安全，利用数据加密（Encryption）技术，可确保数据在网络上之传输过程中不会被截取及窃听。充分理解 SSL 是如何工作的，有很多你需要学习技术，从加密到私钥和公钥对，再到证书。本节讨论详细 SSL 及其组件。

12.3.1 密码学

我们时不时需要一个安全信息通道，使得信息是安全的，即便外部可以访问信息，也不能理解并篡改信息。

从历史上看，密码只关心加密和解密，在双方可以放心的交换信息，只有他们可以读取消息。在开始的时候，人们使用对称密码加密和解密消息。在对称密码，您使用相同的密钥来加密和解密消息。这是一个非常简单的加密/解密技术。

假设，加密方法使用一个秘密号码前移中每个字符的字母表。因此，如果密码是 2，加密版“ThisFriday”是“vjkuhtkfca”。当你到了字母表的结尾，你从头开始，因此 Y 变成 A. 接收器，知道密钥是 2，可以很容易地解密消息。

然而，对称加密要求双方提前知道用于加密/解密的密钥。对称加密是不适合互联网的原因如下：

- 两人交换消息往往不知道对方。例如，在购买一本书在亚马逊网站上你需要发送您的个人资料和信用卡信息。如果对称密码被使用，你必须调用亚马逊的交易之前必须同意这个密钥。
- 每个人都希望能够与其他各方沟通。如果是使用对称密码，每个人都会有不同的独特的钥匙应对不同的地方。
- 既然你不知道你要与之通信的实体，你需要确定他们的真实身份。
- 信息在互联网上通过许多不同的计算机传播。这样很容易挖掘其他人的消息。对称密码体制并不能保证数据没被第三方篡改。

因此，今天的安全通信在互联网上使用非对称加密，提供了这三个特点：

- 加密/解密。信息对第三方进行加密隐藏。只有预期的接收者才能解密。
- 身份验证。验证确保实体就是声称者。
- 数据的完整性。许多计算机在互联网上发送的消息传递。它必须是确保发送的数据不变，完好无损。

在非对称加密，使用公钥加密。这种类型的加密，加密和解密的数据是通过使用一对非对称密钥：公钥和私钥。私钥是私有的。颁发者必须保持它在一个安全的地方，它不能落入任何另一方的手里。公钥分发给公众，通常谁都可以下载这个密钥与颁发者沟通。您可以使用工具来生成公钥和私钥。这些工具将在本章后面讨论。

公钥加密的优点是：使用公共密钥加密的数据只能使用对应的私钥进行解密，在同样使用私钥加密的数据只能使用对应的公钥解密。这优雅的算法是基于大素数，由 Ron Rivest，Adi Shamir，和 Len Adleman 在麻省理工学院（MIT）在 1977 年发明的。它们简称为 RSA 算法，基于他们的姓氏的首字母。

RSA 算法是在互联网上的使用实践被证明，特别是电子商务，因为只有供应商要求有一个密钥对来同所有的买家进行安全通信。

爱丽丝（Alice）与鲍伯（Bob）是广泛地代入密码学和物理学领域的通用角色。这里我也会使用他们。

12.3.2 加密/解密

交换信息的一方必须有一个密钥对。如果爱丽丝想和鲍勃交流，鲍勃有公共密钥和私有密钥。鲍勃将公钥送给爱丽丝，爱丽丝可以用它来加密发送给 Bob 的消息。只有鲍伯可以解密因为他拥有对应私钥。若鲍勃要发消息给爱丽丝，鲍勃使用自己的私钥加密消息，爱丽丝可以用 Bob 的公钥解密。

然而，要交出自己的公共密钥，除非鲍勃可以与爱丽丝见面，这种方法并不完美。有一对密钥的任何人都可以声称自己是鲍勃，但是爱丽丝却无法辨别。在互联网上，在双方交换消息经常生活在半个地球之外，会面往往是不可能的。

12.3.3 认证

SSL 身份验证是通过引入证书。证书包含以下几个：

- 公钥。
- 关于主题的信息，即公开密钥的所有者。
- 证书发行机构的名字。
- 到证书到期时间的时间戳。

关于证书，重要的是，它必须由一个可信的数字签名证书颁发者，如 VeriSign 或 Thawte。

对电子文件进行数字签名（一文件，一个 JAR 文件，等等）是你的文档/文件中添加你的签名。原始文件没有加密，签名的真正目的是为了保证文档/文件没有被篡改。签署一份文件涉及创建一个文档的摘要，并使用签名者的私钥对摘要加密。要检查文档是否仍它还是原来的状态，你执行这两个步骤：

（1）使用签名者的公钥解密伴随文件摘要。你很快就会发现，一个受信任的证书发行者的公钥很容易获得。

（2）创建一个文档的摘要。

（3）比较结果的步骤 1 和步骤 2 的结果。如果两者匹配，那么该文件未被篡改。

这种认证方法因为只有私钥的持有者可以加密文件摘要，这种摘要只能使用相应的公钥解密。如果你相信你持有原始公钥，然后你知道文件是否已被改变。

注意

由于证书可以由受信任的证书颁发者进行数字签名，人们公开发布证书，而不是公钥。

有一些证书发行机构，包括 VeriSign 和 Thawte。证书颁发者有一对公钥和私钥。要申请一个证书，鲍勃产生一对密钥，并发送自己的公钥给证书颁发者，后者通过叫鲍勃送他的护照复印件或其他类型的身份证件进行验证。经核实，证书颁发者使用其私钥签订证书。通过“签名”这意味着加密。因此，证书只能通过使用证书发放者的公钥读取。证书颁发者的公钥通常是分布广泛。例如，IE 浏览器，网景，FireFox 和其他浏览器默认包括几个证书颁发者的公钥。

例如，在 IE 中，单击“工具-> Internet 选项->内容->凭证->受信任的根证书颁发机构”选项卡查看证书列表。（见图 12.4）。

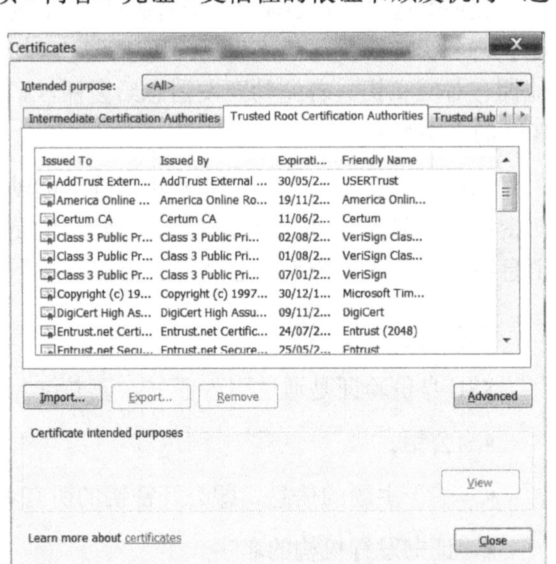

图 12.4　证书发行者的公钥是嵌入在 IE 浏览器

现在，有一个证书，鲍勃将分发证书代替他的公钥在与另一方交换信息之前。

下面是它如何工作的：

A->-B 嗨鲍勃，我想和你说话，但首先我需要确认你真的鲍勃。

B->-A 很公平，这里是我的证件

A->-B 这是不够的，我需要一些从你身上的别的东西

B->-A 爱丽丝，这真是我+【使用 Bob 的私钥信息摘要加密】

在鲍勃爱丽丝的最后一条消息，该消息已经使用其私钥加密，来说服爱丽丝的消息

是真实的。这就是如何进行认证证明。爱丽丝同鲍勃交流，鲍勃发给爱丽丝其证书。然而，只有证书是不够的，因为任何人都可以得到 Bob 的证书。记得鲍勃给证书的人谁愿意和他交换信息。因此，鲍勃送她的消息（“爱丽丝，这真是我”），并用自己的私钥加密同一消息的摘要。

爱丽丝从证书得到 Bob 的公钥。她能做到这一点，因为证书是使用证书颁发者的私钥签名，爱丽丝已获得了证书颁发者的公钥（她的浏览器保持它的一个副本）。现在，她还得到了消息，并使用 Bob 的私钥加密的摘要。所以爱丽丝需要做的就是生成该消息的摘要，并将其与鲍勃所发送的摘要进行比较。爱丽丝可以解密它，因为它已经使用 Bob 的私钥加密，Alice 有 Bob 的公开密钥的副本。如果两者匹配，爱丽丝可以肯定的是，对方真的是鲍勃。

爱丽丝验证鲍勃后首先发送将用于随后的消息交换的密钥。这是正确的，一旦安全通道的建立，SSL 使用对称加密，因为它比非对称加密快得多。

现在，这个情景中还有一件事缺失。在互联网上传递的消息多台计算机。你如何确保这些信息的完整性，因为任何人都可以拦截在路上这些消息？

12.3.4　数据的完整性

Mallet，恶意的一方，可以坐在爱丽丝和鲍勃之间，试图破译发送的消息。不幸的是他，即使他能复制的讯息，但信息是加密的，且 Mallet 不知道的密钥。然而，Mallet 会破坏信息或不传达一些他们。为了克服这个问题，SSL 引进一个消息认证码（MAC）。MAC 是用一个密钥和传输的数据计算出的数据块。因为 Mallet 不知道秘钥，他不能正确的计算摘要。消息接收器可以因此会发现是否有人企图篡改数据或者数据不完整。如果发生这种情况，双方可停止沟通。

MD5 是其中一个这样的消息摘要算法。它是由 RSA 发明，是非常安全的。举例说明，如果使用 128 位的 MAC 值，恶意的一方的猜测正确的价值的几率是 18446744073709551616 分之 1，或几乎没有。

12.3.5　SSL 是怎么工作的

现在你知道 SSL 如何处理加密/解密，认证和数据完整性的问题，让我们回顾一下 SSL 是如何工作的。这一次，让我们 Amazon.com（代替鲍勃）和买方（而不是爱丽丝）为例。Amazon.com，和任何其他真正的电子商务供应商一样，他已向受信任的证书颁发者申请证书。买方使用 Internet Explorer，它嵌入了可信证书发行机构的公钥。买方并不真的需要知道如何 SSL 的工作原理，也不需要有一个公共密钥或私有密钥。他需要保证的一件事是，当进入重要的细节时，如信用卡号时，所使用的协议是 HTTPS 来代替 HTTP。这出现在 url 框里。因此，http://www.amazon.com，它必须以 https 开头。例如：https://secure.amazon.com。一些浏览器也显示一个安全的图标在地址栏。

图 12.5 显示了 IE 安全标志。

图 12.5　IE 的安全图标

当买家进入一个安全的网页（当他已经完

成购物），这是他的浏览器和亚马逊的服务器在后台发生的一系列事件。

浏览器：你真的 Amazon.com 吗？

服务器：是的，这是我的证书。

然后浏览器使用发行者证书的公钥解密检查证书的有效性。如果有什么是错的，例如，如果证书过期了，浏览器将警告用户。如果用户同意继续尽管证书过期，浏览器将继续下去。

浏览器：单独的证书是不够的，请给一些别的东西。

服务器：我真的 Amazon.com + [使用亚马逊网站的私钥加密同一消息的摘要]。

浏览器使用 Amazon 的公钥解密摘要，并创建“我真的 Amazon.com”的摘要。如果两者匹配，验证成功。那么浏览器就会产生一个随机密钥，使用 Amazon 的公钥加密。这个随机密钥来加密和解密随后的消息。换句话说，一旦亚马逊使用加密认证，它将是对称加密认证，因为它比非对称加密快很多。除了消息，双方还将发送消息摘要来确保信息的完整不变。

附录 C:“SSL 证书，”解释了如何创建您自己的数字证书，并提供一步一步的指示来生成一个公共/私钥对和一个可信的权威标志的公钥证书。

12.4　编程式安全

尽管声明性安全简单易懂，但在特殊情况下，你想写代码来确保你的应用程序。为了这个目的，你可以在 HttpServletRequest 接口使用安全注释类型和方法。都是在这部分讨论。

12.4.1　安全注释类型

在上一节中，你学会了如何使用部署描述符中的 security-constraint 元素集合来限制访问资源。此元素的一个方面是您使用相匹配的资源的 URL 进行限制的 URL 模式。Servlet 3 提供的注释类型可以在一个 servlet 级别执行相同的工作。使用这些注释类型，你可以限制访问一个 servlet，而不用在部署描述符中添加 security-constraint 元素。但是，你仍然需要一个 login-config 元素的部署描述符来选择一个身份验证方法。

在 javax.servlet.annotation 包，安全相关的有三个注释类型。他们是 ServletSecurity，HttpConstraint，和 HttpMethodConstraint。

ServletSecurity 注释类型是在一个使用在 servlet 类上用于强制安全约束。一个 servlet 安全注解可能有值和 httpMethodConstraint 属性。

在 HttpConstraint 注释类型定义了安全约束，只能分配给 ServletSecurity 注解的值属性。

若 HttpMethodConstraint 属性不存在于 ServletSecurity 注释内，由 HttpConstraint 注解施加的安全约束适用于所有的 HTTP 方法。否则，安全约束将应用于列举 HttpMethodContraint 属性定义的 HTTP 方法。例如，下面的注解 HttpConstraint 决定了注解的 servlet 只能由那些经理角色进行访问：

```
@ServletSecurity(value = @HttpConstraint(rolesAllowed = "manager"))
```

当然，注释上述可改写如下：

```
@ServletSecurity(@HttpConstraint(rolesAllowed = "manager"))
```

你仍然需要在部署描述符来声明 login-config 元素，以使容器可以验证用户：

设置 transportGuarantee.confidential 的 HttpConstraint 标注到 transportGuarantee 属性使 servlet 只能通过秘密渠道，如 SSL：

```
@ServletSecurity(@HttpConstraint(transportGuarantee =
TransportGuarantee.CONFIDENTIAL))
```

如果 servlet 和 JSP 容器接受这样一个 Servlet 通过 HTTP 请求时，它将浏览器重定向到 HTTPS 版本相同的 URL。

该 HttpMethodConstraint 注释类型指定一个安全约束适用于任何的 HTTP 方法。它只能出现分配给 ServletSecurity 注释的 HttpMethodConstraint 属性的数组中。例如，下面的注解 HttpMethodConstraint 限制通过 HTTP 访问该注释的 servlet manager 角色，对于其他 HTTP 方法，则不存在限制：

```
@ServletSecurity(httpMethodConstraints = {
    @HttpMethodConstraint(value = "GET", rolesAllowed = "manager")
})
```

请注意，如果 rolesAllowed 属性在 HttpMethodConstraint 注释里不存在，则对于指定的 HTTP 方法没有限制。例如，下面的 ServletSecurity 注释同时采用两个约束。HttpConstraint 注释定义了可以访问 servlet 的角色，而 HttpMethodConstraint 注解编写了覆盖 GET 方法约束，且没有 rolesAllowed 属性。因此，该 servlet 可以被任何用户通过 GET 方法访问。在另一方面，通过其他所有的 HTTP 方法访问只能授予的经理角色的用户：

```
@ServletSecurity(value = @HttpConstraint(rolesAllowed = "manager"),
    httpMethodConstraints = {@HttpMethodConstraint("GET")}
)
```

然而，如果对 HttpMethodConstraint 注释类型的 emptyRoleSemantic 属性设置为 EmptyRoleSemantic. DENY，那么方法是限制所有用户。例如，servlet 使用以下 ServletSecurity 注释的，防止通过 Get 方法访问，但是允许所有用户成员的角色通过其他 HTTP 方法访问：

```
@ServletSecurity(value = @HttpConstraint(rolesAllowed = "member"),
httpMethodConstraints = {@HttpMethodConstraint(value = "GET",
    emptyRoleSemantic = EmptyRoleSemantic.DENY)}
)
```

12.4.2　Servlet 的安全 API

除了在上一节讨论的注释类型，程序的安全性也可以在 HttpServletRequest 接口使用以下方法实现。

```
java.lang.String getAuthType()
```

返回用来保护 servlet 认证方案，如果没有安全约束则返回空。

```
java.lang.String getRemoteUser()
```

返回发出此请求登录用户，如果用户尚未验证则返回空。

```
boolean isUserInRole(java.lang.String role)
```

返回一个指示用户是否属于指定的角色布尔值。

```
java.security.Principal getUserPrincipal()
```

返回包含当前通过验证的用户的细节信息的 java.security.Principal，如果用户没有通过认证返回空。

```
boolean authenticate(HttpServletResponse response) throws
        java.io.IOException
```

通过指示浏览器显示登录表单来验证用户。

```
void login(java.lang.String userName, java.lang.String password) throws
        javax.servlet.ServletException
```

试图使用所提供的用户名和密码进行登录。该方法没有返回，如果登录失败，它会抛出一个 ServletException 异常。

```
void logout() throws javax.servlet.ServletException
```

注销用户。

在清单 12.9 中示例 ProgrammaticServlet 是 app12e 应用程序的一部分，演示如何使用编程的方式来验证用户，清单 12.10 中是相配套的部署描述符，描述符中声明了一个采用摘要访问认证的 login-config 元素。

清单 12.9　ProgrammaticServlet 类

```
package servlet;
import java.io.IOException;
import java.io.PrintWriter;

import javax.servlet.ServletException;
import javax.servlet.annotation.WebServlet;
import javax.servlet.http.HttpServlet;
import javax.servlet.http.HttpServletRequest;
import javax.servlet.http.HttpServletResponse;

@WebServlet(urlPatterns = { "/prog" })
public class ProgrammaticServlet extends HttpServlet {
```

```
    private static final long serialVersionUID = 87620L;

    public void doGet(HttpServletRequest request, HttpServletResponse
       response)
            throws ServletException, IOException {

        if (request.authenticate(response)) {
            response.setContentType("text/html");
            PrintWriter out = response.getWriter();
            out.println("Welcome");
        } else {
            // user not authenticated
            // do something
            System.out.println("User not authenticated");
        }
    }
}
```

清单 12.10　app12e 部署描述符

```
<?xml version="1.0" encoding="ISO-8859-1"?>
<web-app xmlns="http://java.sun.com/xml/ns/javaee"
    xmlns:xsi="http://www.w3.org/2001/XMLSchema-instance"
    xsi:schemaLocation="http://java.sun.com/xml/ns/javaee
➥ http://java.sun.com/xml/ns/javaee/web-app_3_0.xsd"
    version="3.0"
>
    <login-config>
        <auth-method>DIGEST</auth-method>
        <realm-name>Digest authentication</realm-name>
    </login-config>
</web-app>
```

当用户第一次请求 servlet，用户未经身份验证和认证方法返回 false。作为一个结果，servlet 和 JSP 容器将发送一个 WWW-Authenticate 头，浏览器会显示一个摘要访问认证登录对话框。当用户提交表单时使用正确的用户名和密码进行身份验证，该方法返回 true，显示欢迎信息。

你可以在浏览器输入如下 URL 来测试一下：

```
http://localhost:8080/app12e/prog
```

12.5　小结

在本章中，你已经学会了如何实现网络安全的四大支柱：身份验证、授权、保密性和数据完整性。Servlet 技术允许您以声明或编程的方式保护您的应用程序。

第 13 章
部署

部署一个 Servlet 3.0 应用程序是一件轻而易举的事。通过 Servlet 注解类型，对于不太复杂的应用程序，可以部署没有描述符的 Servlet/JSP 应用程序。尽管如此，在需要更加精细配置的情况下，部署描述符仍然需要。首先，部署描述符必须被命名为 web.xml 并且位于 WEB-INF 目录下，Java 类必须放置在 WEB-INF/classes 目录下，而 Java 类库则必须位于 WEB-INF/lib 目录下。所有的应用程序资源必须打包成一个以.war 为后缀的 JAR 文件。

本章会讨论部署和部署描述符，这是一个应用程序的重要组成部分。

13.1 概述

在 Servlet 3.0 之前，部署工作必然涉及部署描述符，即 web.xml 文件，我们在该文件中配置应用程序的各个方面。但在 Servlet 3.0 中，部署描述符是可选的，因为我们可以使用标注来映射一个 URL 模式的资源。不过，若存在如下场景，则依然需要部署描述符：

- 需要传递初始参数给 ServletContext。
- 有多个过滤器，并要指定调用顺序。
- 需要更改会话超时设置。
- 要限制资源的访问，并配置用户身份验证方式。

清单 13.1 展示了部署描述符的框架。它必须被命名为 web.xml 且合并在应用目录的 WEB-INF 目录下。

清单 13.1 部署描述符

```
<?xml version="1.0" encoding="ISO-8859-1"?>
<web-app xmlns="http://java.sun.com/xml/ns/javaee"
    xmlns:xsi="http://www.w3.org/2001/XMLSchema-instance"
    xsi:schemaLocation="http://java.sun.com/xml/ns/javaee
➥ http://java.sun.com/xml/ns/javaee/web-app_3_0.xsd"
    version="3.0"
    [metadata-complete="true|false"]
```

```
>
    ...
</web-app>
```

xsi:schemaLocation 属性指定了模式文档的位置，以便可以进行验证。version 属性指定了 Servlet 规范的版本。

可选的 metadata-complete 属性指定部署描述符是否是完整的，若值为 True，则 Servlet/JSP 容器将忽略 Servlet 注解。若值为 False 或不存在，则容器必须检查类文件的 Servlet 注解，并扫描 web fragments 文件。

web-app 元素是文档的根元素，并且可以具有如下子元素：

- Servlet 声明
- Servlet 映射
- ServletContext 的初始化参数
- 会话配置
- 监听器类
- 过滤器定义和映射
- MIME 类型映射
- 欢迎文件列表
- 错误页面
- JSP 特定的设置
- JNDI 设置

每个元素的配置规则可见 app_3_0.xsd 文档，可以从如下网站下载：

```
http://java.sun.com/xml/ns/javaee/web-app_3_0.xsd
```

app_3_0.xsd 包括另一种模式（webcommon_3_0.xsd），其中包含了大部分信息。可从如下网站下载：

```
http://java.sun.com/xml/ns/javaee/web-common_3_0.xsd
```

webcommon_3_0.xsd 包括以下两种模式：

- javaee_6.xsd，定义了其他 Java 共享公共元素 EE6 的部署类型（EAR、JAR 和 RAR）。
- jsp_2_2.xsd，根据 JSP 2.2 规范，通过配置应用程序的 JSP 部分来定义元素。

本节列出了在部署描述符中常见的 Servlet 和 jsp 元素，但不包括不在 Servlet 或 JSP 规范中的 Java EE 元素。

13.1.1 核心元素

本节将详细介绍各重要元素的细节。web-app 的子元素可以以任何顺序出现。某些元素，如 session-config、jsp-config 和 login-config 只能出现一次，而另一些，如 Servlet、filter 和 welcome-file-list 可以出现很多次。

后续几个小节会分别描述在<web-app>元素下的一级元素。若要查找非<web-app>下的非一级元素，请查找其父元素。例如，taglib 元素在“jsp-config”下，而 load-on-startup 在 Servlet 下。本节后续小节按字母顺序排序。

13.1.2 context-param

可用 context-param 元素传值给 ServletContext。这些值可以被任何 Servlet/JSP 页面读取。context-param 元素由名称/值对构成，并可以通过调用 ServletContext 的 getInitParameter 方法来读取。可以定义多个 context-param 元素，每个参数名在本应用中必须唯一。ServletContext.getInitParameterNames()方法会返回所有的参数名称。

每个 context-param 元素必须包含一个 param-name 元素和一个 param-value 元素。param-name 定义参数名，而 param-value 定义参数值。另有一个可选的元素，即 description 元素，用来描述参数。

下面是 context-param 元素的两个例子：

```
<context-param>
    <param-name>location</param-name>
    <param-value>localhost</param-value>
</context-param>
<context-param>
    <param-name>port</param-name>
    <param-value>8080</param-value>
    <description>The port number used</description>
</context-param>
```

13.1.3 distributable

若定义了 distributable 元素，则表明应用程序已部署到分布式的 Servlet/JSP 容器。distributable 元素必须是空的。例如，下面是一个 distributable 例子：

```
<distributable/>
```

13.1.4 error-page

error-page 元素包含一个 HTTP 错误代码与资源路径或 Java 异常类型与资源路径之间的映射关系。error-page 元素定义容器在特定 HTTP 错误或异常时应返回的资源路径。

Error-page 元素由如下成分构成：

- error-code，指定一个 HTTP 错误代码。
- exception-type，指定 Java 的异常类型（全路径名称）。
- location，指定要被显示的资源位置。该元素必须以“/”开始。

下面的配置告诉 Servlet/JSP 容器，当出现 HTTP 404 时，显示位于应用目录下的 error.html 页面。

```
<error-page>
    <error-code>404</error-code>
    <location>/error.html</location>
</error-page>
```

下面的配置告诉 Servlet/JSP 容器，当发生 ServletException 时，显示 exception.html 页面。

```
<error-page>
    <exception-type>javax.servlet.ServletException</exception-type>
    <location>/exception.html</location>
</error-page>
```

13.1.5 filter

filter 指定一个 Servlet 过滤器。该元素至少包括一个 filter-name 元素和一个 filter-class 元素。此外，它也可以包含以下元素：icon、display-name、description、init-param 以及 async-supported。

filter-name 元素定义了过滤器的名称。过滤器名称必须全局唯一。filter-class 元素指定过滤器类的全路径名称。可由 init-param 元素来配置过滤器的初始参数（类似于<context-param>），一个过滤器可以有多个 init-param。

下面是 Upper Case Filter 和 Image Filter 两个 filter 元素。

```
<filter>
    <filter-name>Upper Case Filter</filter-name>
    <filter-class>com.example.UpperCaseFilter</filter-class>
</filter>
<filter>
    <filter-name>Image Filter</filter-name>
    <filter-class>com.example.ImageFilter</filter-class>
    <init-param>
        <param-name>frequency</param-name>
        <param-value>1909</param-value>
     </init-param>
    <init-param>
        <param-name>resolution</param-name>
        <param-value>1024</param-value>
    </init-param>
</filter>
```

13.1.6 filter-mapping

过滤器映射元素是指定过滤器要被映射到的一个或多个资源。过滤器可以被映射到servlet 或者 URL 模式。将过滤器映射到 servlet 会致使过滤器对该 servlet 产生作用。将过滤器映射到 URL 模式，则会使其对所有 URL 与该 URL 模式匹配的资源进行过滤。过滤的顺序与过滤器映射元素在部署描述符中的顺序一致。

过滤器映射元素中包含一个 filter-name 元素和一个 URL 模式元素或者 servlet-name 元素。

filter-name 元素的值必须与利用 filter 元素声明的某一个过滤器名称相匹配。

下面的例子中是两个过滤器元素和两个过滤器映射元素。

```
<filter>
    <filter-name>Logging Filter</filter-name>
    <filter-class>com.example.LoggingFilter</filter-class>
</filter>
<filter>
    <filter-name>Security Filter</filter-name>
    <filter-class>com.example.SecurityFilter</filter-class>
</filter>

<filter-mapping>
    <filter-name>Logging Filter</filter-name>
    <servlet-name>FirstServlet</servlet-name>
</filter-mapping>
<filter-mapping>
    <filter-name>Security Filter</filter-name>
    <url-pattern>/*</url-pattern>
</filter-mapping>
```

13.1.7 listener

listener 元素用来注册一个侦听器，其子元素 listener-class 包含监听器类的全路径名。如下是一个示例：

```
<listener>
    <listener-class>com.example.AppListener</listener-class>
</listener>
```

13.1.8 locale-encoding-mapping-list 和 locale-encoding-mapping

locale-encoding-mapping-list 元素包含了一个或多个 locale-encoding-mapping 元素。每个 locale-encoding-mapping 定义了 locale 以及编码的映射，分别用 locale 以及 encoding 元素定义。locale 元素的值必须是定义在 ISO 639 中的语言编码，如 en，或者是采用“语言编码_国家编码”格式，如 en_US。其中，国家编码值必须定义在 ISO 3166 中。

如下是一个示例：

```
<locale-encoding-mapping-list>
    <locale-encoding-mapping>
        <locale>ja</locale>
        <encoding>Shift_JIS</encoding>
    </locale-encoding-mapping>
</locale-encoding-mapping-list>
```

13.1.9 login-config

login-config 元素包括 auth-method、realm-name 以及 form-login-config 元素，每个元素都是可选的。

auth-method 元素定义了认证方式，可选值为 BASIC、DIGEST、FORM、CLIENT-CERT。

realm-name 元素定义了用于 BASIC 以及 DIGEST 认证方式的 realm 名称。

form-login-config 则定义了用于 FORM 认证方式的登录页面和失败页面。若没有采用 FORM 认证方式，则该元素被忽略。

form-login-config 元素包括 form-login-page 和 form-error-page 两个子元素。其中，form-login-page 配置了显示登录页面的资源路径，路径为应用目录的相对路径，且必须以“/”开始；form-error-page 则配置了登录失败时显示错误页面的资源路径，同样，路径为应用目录的相对路径，且必须以“/”开始。

下面是一个示例：

```
<login-config>
    <auth-method>DIGEST</auth-method>
    <realm-name>Members Only</realm-name>
</login-config>
```

另一个示例如下：

```
<login-config>
    <auth-method>FORM</auth-method>
    <form-login-config>
        <form-login-page>/loginForm.jsp</form-login-page>
        <form-error-page>/errorPage.jsp</form-error-page>
    </form-login-config>
</login-config>
```

13.1.10 mime-mapping

mime-mapping 元素用来映射一个 MIME 类型到一个扩展名，它由一个 extension 元素和一个 mime-type 元素组成。示例如下：

```
<mime-mapping>
```

```
    <extension>txt</extension>
    <mime-type>text/plain</mime-type>
</mime-mapping>
```

13.1.11　security-constraint

security-constraint 元素允许对一组资源进行限制访问。

security-constraint 元素有如下子元素：一个可选的 display-name 元素、一个或多个 web-resource-collection 元素、可选的 auth-constraint 元素和一个可选的 user-data-constraint 元素。

web-resource-collection 元素标识了一组需要进行限制访问的资源集合。这里，你可以定义 URL 模式和所限制的 HTTP 方法。如果没有定义 HTTP 方法，则表示应用于所有 HTTP 方法。

auth-constraint 元素指明哪些角色可以访问受限制的资源集合。如果没有指定，则应用于所有角色。

user-data-constraint 元素用于指示在客户端和 Servlet/JSP 容器传输的数据是否保护。

web-resource-collection 元素包含一个 web-resource-name 元素、一个可选的 description 元素、零个或多个 url-pattern 元素，以及零个或多个 http-method 元素。

web-resource-name 元素指定受保护的资源名称。

http-method 元素指定 HTTP 方法，如 GET、POST 或 TRACE。

auth-constraint 元素包含一个可选的 description 元素、零个或多个 role-name 元素。role-name 元素指定角色名称。

user-data-constraint 元素包含一个可选的 description 元素和一个 transport-guarantee 元素。transport-guarantee 元素的取值范围有：NONE、INTEGRAL 或 CONFIDENTIAL。NONE 表示该应用程序不需要安全传输保障。INTEGRAL 意味着服务器和客户端之间的数据在传输过程中不能被篡改。CONFIDENTIAL 意味着必须加密传输数据。大多数情况下，安全套接字层（SSL）会被应用于 INTEGRAL 或 CONFIDENTIAL。

下面是一个例子：

```
<security-constraint>
    <web-resource-collection>
        <web-resource-name>Members Only</web-resource-name>
        <url-pattern>/members/*</url-pattern>
    </web-resource-collection>
    <auth-constraint>
        <role-name>payingMember</role-name>
    </auth-constraint>
</security-constraint>

<login-config>
```

```
    <auth-method>Digest</auth-method>
    <realm-name>Digest Access Authentication</realm-name>
</login-config>
```

13.1.12 security-role

security-role 元素声明用于安全限制的安全角色。这个元素有一个可选的 description 元素和 role-name 元素。下面是一个例子：

```
<security-role>
    <role-name>payingMember</role-name>
</security-role>
```

13.1.13 Servlet

Servlet 元素用来配置 Servlet，包括如下子元素：

- 一个可选的 icon 元素
- 一个可选的 description 元素
- 可选的 display-name 元素
- 一个 servlet-name 元素
- 一个 servlet-class 元素或一个 jsp-file 元素
- 零个或更多的 init-param 元素
- 一个可选的 load-on-startup 元素
- 可选的 run-as 元素
- 可选的 enabled 元素
- 可选的 async-supported 元素
- 可选的 multipart-config 元素
- 零个或多个 security-role-ref 元素

一个 Servlet 元素至少必须包含一个 servlet-name 元素和一个 servlet-class 元素，或者一个 servlet-name 元素和一个 jsp-file 元素。

servlet-name 元素定义的 Servlet 名称必须在应用程序中是唯一的。

servlet-class 元素指定的类名为全路径名。

jsp-file 元素指定 JSP 页面的路径，该路径是应用程序的相对路径，必须以“/”开始。

init-param 的子元素可以用来传递一个初始参数给 Servlet。init-param 元素的构成同

context-param。

可以使用 load-on-startup 元素在 Servlet/JSP 容器启动时自动加载 Servlet。加载一个 Servlet 是指实例化 Servlet 和调用它的 init 方法。使用此元素可以避免由于加载 Servlet 而导致对第一个请求的响应延迟。如果该元素指定了 jsp-file 元素，则 JSP 文件被预编译成 Servlet，并加载该 Servlet。

load-on-startup 可以指定用一个整数值来指定加载顺序。例如，如果有两个 Servlet 且都包含一个 load-on-startup 元素，则值小的 Servlet 优先加载。若没有指定值或值为负数，则由 Web 容器决定如何加载。若两个 Servlet 具有相同的 load-on-startup 值，则加载 Servlet 的顺序不能确定。

run-as 用来覆盖调用 EJB 的安全标识。角色名是当前 Web 应用程序定义的安全角色之一。

security-role-ref 元素映射在调用 Servlet 的 isUserInRole 方法时角色名到应用程序定义的安全角色。security-role-ref 元素包含一个可选的 description 元素、一个 role-name 元素和一个 role-link 元素。

role-link 元素用于安全角色映射到一个已定义的安全角色，必须包含一个定义在 security-role 元素中的安全角色。

async-supported 元素是一个可选的元素，其值可以是 True 或 False。它表示 Servlet 是否支持异步处理。

enabled 元素也是一个可选的元素，它的值可以是 True 或 False。设置此元素为 False，则禁用这个 Servlet。

例如，映射安全角色“PM”与角色名字“payingMember”的配置如下：

```
<security-role-ref>
    <role-name>PM</role-name>
    <role-link>payingMember</role-link>
</security-role-ref>
```

这样，若属于 payingMember 角色的用户调用 Servlet 的 isUserInRole（“payingMember”）方法，则结果为真。

下面是 Servlet 元素的两个例子：

```
<servlet>
    <servlet-name>UploadServlet</servlet-name>
    <servlet-class>com.brainysoftware.UploadServlet</servlet-class>
    <load-on-startup>10</load-on-startup>
</servlet>
<servlet>
    <servlet-name>SecureServlet</servlet-name>
    <servlet-class>com.brainysoftware.SecureServlet</servlet-class>
    <load-on-startup>20</load-on-startup>
</servlet>
```

13.1.14 servlet-mapping

servlet-mapping 元素映射一个 Servlet 到一个 URL 模式。该元素必须有一个 servlet-name 元素和 url-pattern 元素。

下面的 servlet-mapping 元素映射一个 Servlet 到/first：

```
<servlet>
    <servlet-name>FirstServlet</servlet-name>
    <servlet-class>com.brainysoftware.FirstServlet</servlet-class>
</servlet>
<servlet-mapping>
    <servlet-name>FirstServlet</servlet-name>
    <url-pattern>/first</url-pattern>
</servlet-mapping>
```

13.1.15 session-config

session-config 元素定义了用于 javax.servlet.http.HttpSession 实例的参数。此元素可包含一个或更多的以下内容：session-timeout、cookie-config 或 tracking-mode。

session-timeout 元素指定会话超时间隔（分钟）。该值必须是整数。如果该值是零或负数，则会话将永不超时。

cookie-config 元素定义了跟踪会话创建的 cookie 的配置。

tracking-mode 元素定义了跟踪会话模式，其有效值是 COOKIE、URL 或 SSL。

下面定义的 session-config 元素使得应用的 HttpSession 对象在不活动 12 分钟后失效：

```
<session-config>
    <session-timeout>12</session-timeout>
</session-config>
```

13.1.16 welcome-file-list

welcome-file-list 元素指定当用户在浏览器中输入的 URL 不包含一个 Servlet 名称或 JSP 页面或静态资源时显示的文件或 Servlet。

welcome-file-list 元素包含一个或多个 welcome-file 元素。welcome-file 元素包含默认的文件名。如果在第一个 welcome-file 元素中指定的文件没有找到，则在 Web 容器将尝试显示第二个，直到最后一个。

下面是一个 welcome-file-list 元素的例子：

```
<welcome-file-list>
    <welcome-file>index.htm</welcome-file>
    <welcome-file>index.html</welcome-file>
```

```
    <welcome-file>index.jsp</welcome-file>
</welcome-file-list>
```

下面的示例，第一个 welcome-file 元素指定了一个在应用程序目录下的 index.html；第二个 welcome-file 为 Servlet 目录下的欢迎文件：

```
<welcome-file-list>
    <welcome-file>index.html</welcome-file>
    <welcome-file>servlet/welcome</welcome-file>
</welcome-file-list>
```

13.1.17　JSP-Specific Elements

<web-app>元素下的 jsp-config 元素，可以指定 JSP 配置。它可以具有零个或多个 taglib 元素和零个或多个 jsp-property-group 元素。下面首先介绍 taglib 元素，然后介绍 jsp-property-group 元素。

13.1.18　taglib

taglib 元素定义了 JSP 定制标签库。taglib 元素包含一个 taglib-uri 元素和 taglib-location 元素。taglib-uri 元素定义了 Servlet/JSP 应用程序所用的标签库的 URI，其值相当于部署描述符路径。

taglib-location 元素指定 TLD 文件的位置。

下面是一个 taglib 元素的例子：

```
<jsp-config>
    <taglib>
        <taglib-uri>
            http://brainysoftware.com/taglib/complex
        </taglib-uri>
        <taglib-location>/WEB-INF/jsp/complex.tld
    </taglib-location>
  </taglib>
</jsp-config>
```

13.1.19　jsp-property-group

jsp-property-group 中的元素可为一组 JSP 文件统一配置属性。使用<jsp-property-group>子元素可做到以下几点：

- 指示 EL 显示是否忽略；
- 指示脚本元素是否允许；
- 指明页面的编码信息；
- 指示一个资源是 JSP 文件（XML 编写）；
- 预包括和代码自动包含。

jsp-property-group 包含如下子元素：

- 一个可选的 description 元素
- 一个可选的 display-name 元素
- 一个可选的 icon 元素
- 一个或多个 url-pattern 元件
- 一个可选的 el-ignored 元素
- 一个可选的 page-encoding 元素
- 一个可选的 scripting-invalid 元素
- 一个可选的 is-xml 元素
- 零个或多个 include-prelude 元素
- 零个或多个 include-code 元素

url-pattern 元素用来指定可应用相应属性配置的 URL 模式。

el-ignored 元素值为 True 或 False。True 值表示匹配 URL 模式的 jsp 页面中，EL 表达式无法被计算，该元素的默认值是 False。

page-encoding 元素指定 JSP 页面的编码。page-encoding 的有效值同页面的 pageEncoding 有效值。若 page-encoding 指定值与匹配 URL 模式的 JSP 页面中的 pageEncoding 属性值不同，则会产生一个转换时间错误。同样，若 page-encoding 指定值与 XML 文档申明的编码不同，也会产生一个转换时间错误。

scripting-invalid 元素值为 True 或 False。True 值是指匹配 URL 模式的 JSP 页面不支持<% scripting %>语法。scripting-invalid 元素的默认值是 False。

is-xml 元素值为 True 或 False，True 表示匹配 URL 模式的页面是 JSP 文件。

include-prelude 元素值为相对于 Servlet/JSP 应用的相对路径。若设定该元素，则匹配 URL 模式的 JSP 页面开头处会自动包含给定路径文件（同 include 指令）。

include-code 元素值为相对于 Servlet/JSP 应用的相对路径。若设定该元素，则匹配 URL 模式的 JSP 页面结尾处会自动包含给定路径文件（同 include 指令）。

下面的例子中，jsp-property-group 配置所有的 JSP 页面无法执行 EL 表达式：

```
<jsp-config>
    <jsp-property-group>
        <url-pattern>*.jsp</url-pattern>
        <el-ignored>true</el-ignored>
    </jsp-property-group>
</jsp-config>
```

下面的例子中，jsp-property-group 配置所有的 JSP 页面不支持<% scripting %>语法：

```
<jsp-config>
    <jsp-property-group>
        <url-pattern>*.jsp</url-pattern>
        <scripting-invalid>true</scripting-invalid>
    </jsp-property-group>
</jsp-config>
```

13.2　部署

从 Servlet 1.0 开始，可以很方便地部署一个 Servlet/JSP 应用程序。仅需要将应用原始目录结构压缩成一个 WAR 文件。可以在 JDK 中使用 jar 工具或流行的工具，如 WinZip。需要确保压缩文件有.war 扩展名。如果使用 WinZip，则在压缩完成后重命名文件。

WAR 文件必须包含所有库文件、类文件、HTML 文件、JSP 页面、图像文件以及版权声明（如果有的话）等，但不包括 Java 源文件。任何人都可以获取一个 WAR 文件的副本，并部署到一个 Servlet/JSP 容器上。

13.3　web fragment

Servlet 3 添加了 web fragment 特性，用来为已有的 Web 应用部署插件或框架。web fragment 被设计成部署描述符的补充，而无须编辑 web.xml 文件。一个 web fragment 基本上包含了常用的 Web 对象，如 Servlet、过滤器和监听器，其他资源如 JSP 页面和静态图像的包文件（JAR 文件）。一个 web fragment 也可以有一个描述符，类似的部署描述符的 XML 文档。web fragment 描述符必须命名为 web-fragment.xml，并位于包的 META-INF 目录下。一个 web fragment 描述可能包含任意可出现在部署描述符 web-app 元素下的所有元素，再加上一些 web fragment 的特定元素。一个应用程序可以有多个 Web 片段。

清单 13.2 显示了 web fragment 描述，以黑体形式突出显示与部署描述符之间的不同内容。在 web fragment 的根元素必须是 web-fragment 元素，其可以有 metadata-complete 属性。如果 metadata-complete 属性的值为 True，则包含在 web fragment 中所有的类注释将被跳过。

清单 13.2　web fragment 描述

```
<?xml version="1.0" encoding="ISO-8859-1"?>
<web-fragment xmlns="http://java.sun.com/xml/ns/javaee"
    xmlns:xsi="http://www.w3.org/2001/XMLSchema-instance"
    xsi:schemaLocation="http://java.sun.com/xml/ns/javaee
➥ http://java.sun.com/xml/ns/javaee/web-fragment_3_0.xsd"
    version="3.0"
    [metadata-complete="true|false"]
>
```

```
    ...
</web-fragment>
```

作为一个例子，在 app13a 应用程序中包含的 fragment.jar 文件是一个 web fragment。该 JAR 文件已经导入到 WEB-INF/lib 目录下。本实例的重点不在于 app13a，而是 web fragment 项目。该项目包含一个 Servlet（FragmentServlet，见清单 13.3）和 webfragment.xml 文件（见清单 13.4）。

清单 13.3 FragmentServlet 类

```
package fragment.servlet;
import java.io.IOException;
import java.io.PrintWriter;
import javax.servlet.ServletException;
import javax.servlet.http.HttpServlet;
import javax.servlet.http.HttpServletRequest;
import javax.servlet.http.HttpServletResponse;

public class FragmentServlet extends HttpServlet {

    private static final long serialVersionUID = 940L;

    public void doGet(HttpServletRequest request, HttpServletResponse
        response)
             throws ServletException, IOException {

        response.setContentType("text/html");
        PrintWriter out = response.getWriter();
        out.println("A plug-in");
    }
}
```

清单 13.4 webfragment.xml 文件

```
<?xml version="1.0" encoding="ISO-8859-1"?>
<web-fragment xmlns="http://java.sun.com/xml/ns/javaee"
    xmlns:xsi="http://www.w3.org/2001/XMLSchema-instance"
    xsi:schemaLocation="http://java.sun.com/xml/ns/javaee
➥ http://java.sun.com/xml/ns/javaee/web-fragment_3_0.xsd"
    version="3.0"
>
    <servlet>
        <servlet-name>FragmentServlet</servlet-name>
        <servlet-class>fragment.servlet.FragmentServlet</servlet-class>
    </servlet>
    <servlet-mapping>
        <servlet-name>FragmentServlet</servlet-name>
        <url-pattern>/fragment</url-pattern>
    </servlet-mapping>
</web-fragment>
```

FragmentServlet 是一个发送一个字符串到浏览器的简单的 Servlet。web-fragment.xml 文件注册并映射该 Servlet。fragment.jar 文件结构如图 13.1 所示。

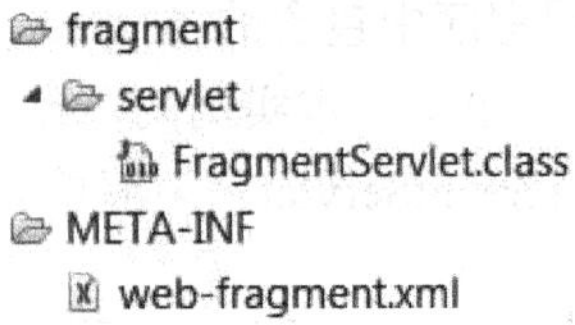

```
fragment
  servlet
    FragmentServlet.class
META-INF
  web-fragment.xml
```

图 13.1　fragment.jar 文件结构

调用如下 URL 测试该 Servlet：

```
http://localhost:8080/app13a/fragment
```

可以看到 Fragment Servlet 的输出。

13.4　小结

本章解释了如何配置和部署 Servlet/JSP 应用程序。本章首先介绍一个典型应用的目录结构，然后详细阐释了部署描述符。

发布一个应用程序有两种方式：一种是以目录结构的形式；另一种是打包成一个单一的 WAR 文件进行部署。

第二部分 Spring MVC

第 14 章 动态加载及 Servlet 容器加载器

动态加载是 Servlet 3.0 中的新特性，它可以实现在不重启 Web 应用的情况下加载新的 Web 对象（Servlet、Filter、Listener）。Servlet 容器加载器也是 Servlet 3.0 中的新特性，对于框架的开发者来说特别有用。

本章主要讨论这两个特性，并给出相关的示例。

14.1 动态加载

为了实现动态加载，ServletContext 接口中增加了如下方法，用于动态创建 Web 对象：

```
<T extends Filter> createFilter(java.lang.Class<T> clazz)

<T extends java.util.EventListener> createListener(
        java.lang.Class<T> clazz)

<T extends Servlet> createServlet(java.lang.Class<T> clazz)
```

例如，如果 MyServlet 是一个直接或者间接继承 javax.servlet.Servlet 的类，那么就可以通过 createServlet 的方法初始化它：

```
Servlet myServlet = createServlet(MyServlet.class);
```

在创建了 Web 对象后，可以通过 ServletContext 中如下的方法把它注册到 ServletContext 中（这也 Servlet 3 中的新特性）：

```
FilterRegistration.Dynamic addFilter(java.lang.String filterName,
        Filter filter)

<T extends java.util.EventListener> void addListener(T t)

ServletRegistration.Dynamic addServlet(java.lang.String
        servletName, Servlet servlet)
```

也可以使用 ServletContext 中的如下方法，创建 Web 对象并把这个 Web 对象加入到 ServletContext 中：

```
FilterRegistration.Dynamic addFilter(java.lang.String filterName,
        java.lang.Class<? extends Filter> filterClass)

FilterRegistration.Dynamic addFilter(java.lang.String filterName,
        java.lang.String className)

void addListener(java.lang.Class<? extends java.util.EventListener>
        listenerClass)

void addListener(java.lang.String className)

ServletRegistration.Dynamic addServlet(java.lang.String
        servletName, java.lang.String className)

ServletRegistration.Dynamic addServlet(java.lang.String
        servletName, java.lang.Class<?extends Servlet>servletclass)
```

要创建或者增加 Listener，传递给第一个 addListener 方法的类需要实现以下的一个或者多个接口：

- ServletContextAttributeListener
- ServletRequestListener
- ServletRequestAttributeListener
- HttpSessionListener
- HttpSessionAttributeListener

如果 ServletContext 是用于 ServletContextInitializer 中 onStartup 方法的参数，那么 Listener 也需要实现 ServletContextListener。关于 startUp 方法以及 ServletContextInitializer 接口更多的信息，可以阅读下面一个小节。

addFilter 及 addServlet 的方法返回值为 FilterRegistration.Dynamic 及 ServletRegistration.Dynamic。

FilterRegistration.Dynamic 及 ServletRegistration.Dynamic 都是 Registration.Dynamic 的子接口。FilterRegistration.Dynamic 允许配置 Filter，而 ServletRegistration.Dynamic 则允许配置 Servlet。

举个例子，在 app14a 应用中包含了名为 FirstServlet 的 Servlet 以及一个名为 DynRegListener 的 Listener。这个 Servlet 没有使用@WebServlet 的注解，也没有使用部署描述来声明它，而通过 Listener 来注册这个动态的 Servlet 并让它生效 。

清单 14.1 给出了一个 FirstServlet 类，清单 14.2 则是 DynRegListener。

清单 14.1　FirstServlet 类

```
package servlet;
import java.io.IOException;
import java.io.PrintWriter;
```

```
import javax.servlet.ServletException;
import javax.servlet.http.HttpServlet;
import javax.servlet.http.HttpServletRequest;
import javax.servlet.http.HttpServletResponse;

public class FirstServlet extends HttpServlet {
    private static final long serialVersionUID = -6045338L;

    private String name;

    @Override
    public void doGet(HttpServletRequest request,
            HttpServletResponse response)
            throws ServletException, IOException {
        response.setContentType("text/html");
        PrintWriter writer = response.getWriter();
        writer.println("<html><head><title>First servlet" +
                "</title></head><body>" + name);
        writer.println("</body></head>");
    }

    public void setName(String name) {
        this.name = name;
    }
}
```

清单 14.2 DynRegListener 类

```
package listener;
import javax.servlet.Servlet;
import javax.servlet.ServletContext;
import javax.servlet.ServletContextEvent;
import javax.servlet.ServletContextListener;
import javax.servlet.ServletRegistration;
import javax.servlet.annotation.WebListener;
import servlet.FirstServlet;

@WebListener
public class DynRegListener implements ServletContextListener {

    @Override
    public void contextDestroyed(ServletContextEvent sce) {
    }

    // use createServlet to obtain a Servlet instance that can be
    // configured prior to being added to ServletContext
    @Override
    public void contextInitialized(ServletContextEvent sce) {
        ServletContext servletContext = sce.getServletContext();

        Servlet firstServlet = null;
```

```
        try {
            firstServlet =
                servletContext.createServlet(FirstServlet.class);
        } catch (Exception e) {
            e.printStackTrace();
        }

        if (firstServlet != null && firstServlet instanceof
                FirstServlet) {
            ((FirstServlet) firstServlet).setName(
                    "Dynamically registered servlet");
        }

        // the servlet may not be annotated with @WebServlet
        ServletRegistration.Dynamic dynamic = servletContext.
                addServlet("firstServlet", firstServlet);
        dynamic.addMapping("/dynamic");
    }
}
```

当应用启动时，容器会调用 Listener 的 contextInitialized 方法。这样 FirstServlet 的实例就会被创建、注册，并绑定到路径/dynamic。如果运行正常的话，可以通过以下的 URL 来访问这个 FirstServlet：

```
Http://localhost:8080/app14a/dynamic
```

14.2　Servlet 容器加载器

如果使用 Java Web 框架，如 Struts、Struts 2，则需要在使用该框架前先对应用进行配置。典型的例子是，通过修改部署描述来告诉 Servlet 容器你在使用某个框架。例如，在应用中使用 Struts 2，就要加入如下的标签到部署描述中：

```
<filter>
    <filter-name>struts2</filter-name>
    <filter-class>
        org.apache.struts2.dispatcher.ng.filter.
➥ StrutsPrepareAndExecuteFilter
    </filter-class>
</filter>

<filter-mapping>
    <filter-name>struts2</filter-name>
    <url-pattern>/*</url-pattern>
</filter-mapping>
```

在 Servlet 3 中，这个步骤可以省略了。框架打包时使用这种方法，就可以对这些 Web 对象实现自动初始化了。

Servlet 容器初始化主要是通过 javax.servlet.ServletContainerInitializer 这个接口。这个接口

很简单，只有一个方法：onStartup。Servlet 容器中，这个方法在任何 ServletContextLitener 初始化前都可能会被调用到。

onStartup 的定义如下：

```
void onStartup(java.util.Set<java.lang.Class<?>> klazz,
        ServletContext servletContext)
```

ServletContainerInitializer 的实现类必须使用 HandleTypes 的注解，以便让加载器能够识别。

举个例子，本书中的 initializer.jar 包就包含了 Servlet 容器加载器，用于注册名为 UserfulServlet 的 Servlet。图 14.1 中列出了 initializer.jar 的结构。

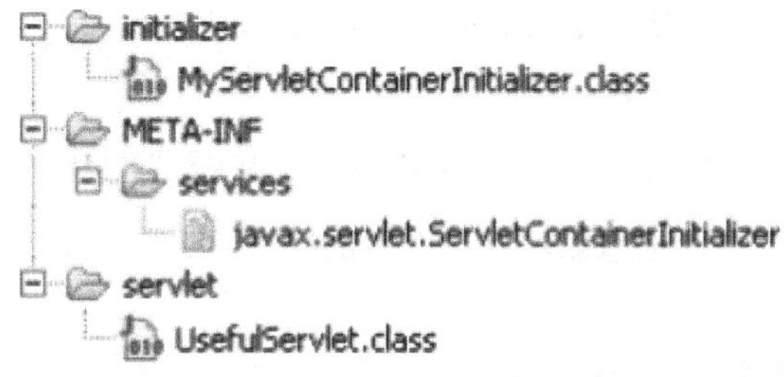

图 14.1　initializer.jar 的结构

这个库是一种插件化的框架。其中有两个重要的资源：initializer 类（如清单 14.3 中列出来的 initializer.MyServletContainerInitializer）以及名为 javax.servlet.ServletContainerInitializer 的元文件。这个元文件必须放在 JAR 包中的 META-INF/services 目录下。如清单 14.3 所示，这个文件只有一行：ServletContainerInitializer 的实现类名。

清单 14.3　ServletContainerInitializer

```
package initializer;
import java.util.Set;
import javax.servlet.ServletContainerInitializer;
import javax.servlet.ServletContext;
import javax.servlet.ServletException;
import javax.servlet.ServletRegistration;
import javax.servlet.annotation.HandlesTypes;
import servlet.UsefulServlet;

@HandlesTypes({UsefulServlet.class})
public class MyServletContainerInitializer implements
        ServletContainerInitializer {

    @Override
    public void onStartup(Set<Class<?>> classes, ServletContext
            servletContext) throws ServletException {

        System.out.println("onStartup");
        ServletRegistration registration =
                servletContext.addServlet("usefulServlet",
                "servlet.UsefulServlet");
        registration.addMapping("/useful");
        System.out.println("leaving onStartup");
```

```
        }
    }
```

清单 14.4　javax.servlet.ServletContainerInitializer 文件

```
initializer.MyServletContainerInitializer
```

MyServletContainerInitializer 中 onStartup 方法的主要任务就是注册 Web 对象。这个例子中，只有一个名为 UsefulServlet 的 Servlet 对象，并绑定到/useful 的路径中。在大型框架中，注册结构可以是像 Struts 或者 Struts 2 这样的 XML 文档。

本节中所关联的 app14b 应用已经在 WEB-INF/lib 中包含了 initializer.jar。在应用启动时，只要确认 UsefulServlet 注册成功就可以了。在浏览器中输入如下 URL 就可以看到这个 Serlvet 的输出了：

```
http://localhost:8080/app14b/useful
```

不难想象，以后所有的应用都会以插件的形式来发布。

14.3　小结

在本章中，学习了关于部署应用以及插件化的两个特性。第一个特性是动态加载，它能在不重启应用的情况下加载 Servlet、Filter、Listener。第二个特性是 Servlet 容器加载器，它能以插件的形式来发布应用，而不是在应用中修改部署描述。Servlet 容器加载器对于框架开发者特别有用。

第 15 章
Spring 框架

Spring 框架是一个开源的企业应用开发框架，作为一个轻量级的解决方案，其包含 20 多个不同的模块。本书主要关注 Core 和 Bean，以及 Spring MVC 模块。Spring MVC 是 Spring 的一个子框架，也是本书的主题。

本章介绍了 Core 和 Bean 两个模块，以及基于它们之上的依赖注入方案。为了方便初学者，本章也会详细讨论依赖注入的概念。你将会在后续章节中应用本章所学习的技能来配置 Spring MVC 应用。

15.1 Spring 入门

Spring 模块都打包成 JAR 文件，其命名格式如下：

```
spring-maluleName-x.y.z.RELEASE.jar
```

其中 module name 是模块的名字，而 x.y.z 是 spring 的版本号。例如：Spring 的 4.1.12 版本中的 beans 模块的包全名为：spring-beans-4.1.12.RELEASE.jar。

推荐采用 Maven 或 Gradle 工具来下载 Spring 模块，具体操作步骤可以参见 Spring 官网：

```
http://projects.spring.io/spring-framework
```

采用类似 Maven 以及 Gradle 这样的工具有一个好处，即下载一个 Spring 模块时会自动下载其所依赖的模块。

如果不熟悉以上两种工具，则可以通过如下链接下载包括所有模块的压缩文件：

```
http://repo.spring.io/release/org/springframework/spring/
```

注意：压缩文件中包括依赖库，必须单独下载。

本书所附带的示例代码的压缩文件中包括了所有 Spring 模块依赖以及第三方库。

15.2 依赖注入

在过去数年间，依赖注入技术作为代码可测试性的一个解决方案已经被广泛应用。实际上，Spring、谷歌 Guice 等伟大框架都采用了依赖注入技术。那么，什么是依赖注入技术？

很多人在使用中并不区分依赖注入和控制反转（IoC），尽管 Martin Fowler 在其文章中已分析了二者的不同。

```
http://martinfowler.com/articles/injection.html
```

简单来说，依赖注入的情况如下。

有两个组件 A 和 B，A 依赖于 B。假定 A 是一个类，且 A 有一个方法 importantMethod 使用到了 B，如下：

```
public class A {
    public void importantMethod() {
        B b = ... // get an instance of B
        b.usefulMethod();
        ...
    }
    ...
}
```

要使用 B，类 A 必须先获得组件 B 的实例引用。若 B 是一个具体类，则可通过 new 关键字直接创建组件 B 实例。但是，如果 B 是接口，且有多个实现，则问题就变得复杂了。我们固然可以任意选择接口 B 的一个实现类，但这也意味着 A 的可重用性大大降低了，因为无法采用 B 的其他实现。

依赖注入是这样处理此类情景的：接管对象的创建工作，并将该对象的引用注入需要该对象的组件。以上述例子为例，依赖注入框架会分别创建对象 A 和对象 B，将对象 B 注入到对象 A 中。

为了能让框架进行依赖注入，程序员需要编写特定的 set 方法或者构建方法。例如，为了能将 B 注入到 A 中，类 A 会被修改成如下形式：

```
public class A {
    private B b;
    public void importantMethod() {
        // no need to worry about creating B anymore
        // B b = ... // get an instance of B
        b.usefulMethod();
        ...
    }
    public void setB(B b) {
        this.b = b;
    }
}
```

修改后的类 A 新增了一个 setter 方法，该方法将会被框架调用，以注入一个 B 的实例。由于对象依赖由依赖注入，类 A 的 importantMethod 方法不再需要在调用 B 的 usefulMethod 方法前去创建一个 B 的实例。

当然，也可以采用构造器方式注入，如下所示：

```
public class A {
    private B b;

    public A(B b) {
        this.b = b;
    }

    public void importantMethod() {
        // no need to worry about creating B anymore
        // B b = ... // get an instance of B
        b.usefulMethod();
        ...
    }
}
```

本例中，Spring 会先创建 B 的实例，再创建实例 A，然后把 B 注入到实例 A 中。

注：Spring 管理的对象称为 beans。

通过提供一个控制反转容器（或者依赖注入容器），Spring 为我们提供一种可以“聪明”地管理 Java 对象依赖关系的方法。其优雅之处在于，程序员无须了解 Spring 框架的存在，更不需要引入任何 Spring 类型。

从 1.0 版本开始，Spring 就同时支持 setter 和构造器方式的依赖注入。从 2.5 版本开始，通过 Autowired 注解，Spring 支持基于 field 方式的依赖注入，但缺点是程序必须引入 org.springframework.beans.factory.annotation.Autowired，这对 Spring 产生了依赖，这样，程序无法直接迁移到另一个依赖注入容器内。

使用 Spring，程序几乎将所有重要对象的创建工作移交给 Spring，并配置如何注入依赖。Spring 支持 XML 和注解两种配置方式。此外，还需要创建一个 ApplicationContext 对象，代表一个 Spring 控制反转容器，org.springframework.context.ApplicationContext 接口有多个实现，包括 ClassPathXmlApplicationContext 和 FileSystemXmlApplicationContext。这两个实现都需要至少一个包含 beans 信息的 XML 文件。ClassPathXmlApplicationContext 尝试在类加载路径中加载配置文件，而 FileSystemXmlApplicationContext 则从文件系统中加载。

下面为从类路径中加载 config1.xml 和 config2.xml 的 ApplicationContext 创建的一个代码示例：

```
ApplicationContext context = new ClassPathXmlApplicationContext(
        new String[] {"config1.xml", "config2.xml"});
```

可以通过调用 ApplicationContext 的 getBean 方法获得对象：

```
Product product = context.getBean("product", Product.class);
```

getBean 方法会查询 id 为 product 且类型为 Product 的 bean 对象。

注：理想情况下，我们仅需在测试代码中创建一个 ApplicationContext，应用程序本身无须处理。对于 Spring MVC 应用，可以通过一个 Spring Servlet 来处理 ApplicationContext，

而无须直接处理。

15.3 XML 配置文件

从 1.0 版本开始，Spring 就支持基于 XML 的配置，从 2.5 版本开始，增加了通过注解的配置支持。下面介绍如何配置 XML 文件。配置文件的根元素通常为：

```
<?xml version="1.0" encoding="UTF-8"?>
<beans xmlns="http://www.springframework.org/schema/beans"
  xmlns:xsi="http://www.w3.org/2001/XMLSchema-instance"
  xsi:schemaLocation="http://www.springframework.org/schema/beans
  http://www.springframework.org/schema/beans/spring-beans.xsd">

    ...
</beans>
```

如果需要更强的 Spring 配置能力，可以在 schema location 属性中添加相应的 schema。配置文件可以是一份，也可以分解为多份，以支持模块化配置。ApplicationContext 的实现类支持读取多份配置文件。另一种选择是，通过一份主配置文件，将该文件导入到其他配置文件。

下面是一个导入其他配置文件的示例：

```
<?xml version="1.0" encoding="UTF-8"?>
<beans xmlns="http://www.springframework.org/schema/beans"
  xmlns:xsi="http://www.w3.org/2001/XMLSchema-instance"
  xsi:schemaLocation="http://www.springframework.org/schema/beans
  http://www.springframework.org/schema/beans/spring-beans.xsd">

    <import resource="config1.xml"/>
    <import resource="module2/config2.xml"/>
    <import resource="/resources/config3.xml"/>
  ...
</beans>
```

bean 元素的配置后面将会详细介绍。

15.4 Spring 控制反转容器的使用

本节主要介绍 Spring 如何管理 bean 和依赖关系。

15.4.1 通过构造器创建一个 bean 实例

前面已经介绍，通过调用 ApplicationContext 的 getBean 方法可以获取到一个 bean 的实例。下面的配置文件中定义了一个名为 product 的 bean。

清单 15.1 一个简单的配置文件

```
<?xml version="1.0" encoding="UTF-8"?>
<beans xmlns="http://www.springframework.org/schema/beans"
  xmlns:xsi="http://www.w3.org/2001/XMLSchema-instance"
  xsi:schemaLocation="http://www.springframework.org/schema/beans
  http://www.springframework.org/schema/beans/spring-beans.xsd">

    <bean name="product" class="app15a.bean.Product"/>

</beans>
```

该 bean 的定义告诉 Spring 通过默认无参的构造器来初始化 Product 类。如果不存在该构造器（因为类作者重载了构造器，且没有显式定义默认构造器），则 Spring 将抛出一个异常。

注意，应采用 id 或者 name 属性标识一个 bean。为了让 Spring 创建一个 Product 实例，应将 bean 定义的 name 值“product”（具体实践中也可以是 id 值）和 Product 类型作为参数传递给 ApplicationContext 的 getBean 方法：

```
ApplicationContext context =
        new ClassPathXmlApplicationContext(
        new String[] {"spring-config.xml"});
Product product1 = context.getBean("product", Product.class);
product1.setName("Excellent snake oil");
System.out.println("product1: " + product1.getName());
```

15.4.2 通过工厂方法创建一个 bean 实例

除了通过类的构造器方式，Spring 还同样支持通过调用一个工厂的方法来初始化类。下面的 bean 定义展示了通过工厂方法来实例化 java.util.Calendar：

```
<bean id="calendar" class="java.util.Calendar"
    factory-method="getInstance"/>
```

本例中采用了 id 属性，而非 name 属性来标识 bean，并采用了 getBean 方法来获取 Calendar 实例：

```
ApplicationContext context =
        new ClassPathXmlApplicationContext(
        new String[] {"spring-config.xml"});
Calendar calendar = context.getBean("calendar", Calendar.class);
```

15.4.3 Destroy Method 的使用

有时，我们希望一些类在被销毁前能执行一些方法。Spring 考虑到了这样的需求。可以在 bean 定义中配置 destroy-method 属性，来指定在销毁前要被执行的方法。

下面的例子中，我们配置 Spring 通过 java.util.concurrent.Executors 的静态方法 newCached

ThreadPool 来创建一个 java.uitl.concurrent.ExecutorService 实例，并指定了 destroy-method 属性值为 shutdown 方法。这样，Spring 会在销毁 ExecutorService 实例前调用其 shutdown 方法：

```
<bean id="executorService" class="java.util.concurrent.Executors"
    factory-method="newCachedThreadPool"
    destroy-method="shutdown"/>
```

15.4.4　向构造器传递参数

Spring 支持通过带参数的构造器来初始化类。

清单 15.2　Product 类

```
package app15a.bean;
import java.io.Serializable;

public class Product implements Serializable {
    private static final long serialVersionUID = 748392348L;
    private String name;
    private String description;
    private float price;

    public Product() {
    }

    public Product(String name, String description, float price) {
        this.name = name;
        this.description = description;
        this.price = price;
    }
    public String getName() {
        return name;
    }
    public void setName(String name) {
        this.name = name;
    }
    public String getDescription() {
        return description;
    }
    public void setDescription(String description) {
        this.description = description;
    }
    public float getPrice() {
        return price;
    }
    public void setPrice(float price) {
        this.price = price;
    }
}
```

如下定义展示了如何通过参数名传递参数：

```
<bean name="featuredProduct" class="app15a.bean.Product">
    <constructor-arg name="name" value="Ultimate Olive Oil"/>
    <constructor-arg name="description"
        value="The purest olive oil on the market"/>
    <constructor-arg name="price" value="9.95"/>
</bean>
```

这样，在创建 Product 实例时，Spring 会调用如下构造器：

```
public Product(String name, String description, float price) {
    this.name = name;
    this.description = description;
    this.price = price;
}
```

除了通过名称传递参数外，Spring 还支持通过指数方式传递参数，具体如下：

```
<bean name="featuredProduct2" class="app15a.bean.Product">
    <constructor-arg index="0" value="Ultimate Olive Oil"/>
    <constructor-arg index="1"
        value="The purest olive oil on the market"/>
    <constructor-arg index="2" value="9.95"/>
</bean>
```

需要说明的是，采用这种方式，对应构造器的所有参数必须传递，缺一不可。

15.4.5 setter 方式依赖注入

下面以 Employee 类和 Address 类为例，介绍 setter 方式依赖注入。

清单 15.3 Employee 类

```
package app15a.bean;

public class Employee {
    private String firstName;
    private String lastName;
    private Address homeAddress;

    public Employee() {
    }

    public Employee(String firstName, String lastName,
            Address homeAddress) {
        this.firstName = firstName;
        this.lastName = lastName;
        this.homeAddress = homeAddress;
    }

    public String getFirstName() {
```

```
        return firstName;
    }

    public void setFirstName(String firstName) {
        this.firstName = firstName;
    }

    public String getLastName() {
        return lastName;
    }

    public void setLastName(String lastName) {
        this.lastName = lastName;
    }

    public Address getHomeAddress() {
        return homeAddress;
    }

    public void setHomeAddress(Address homeAddress) {
        this.homeAddress = homeAddress;
    }

    @Override
    public String toString() {
        return firstName + " " + lastName
                + "\n" + homeAddress;
    }
}
```

清单 15.4 Address 类

```
package app15a.bean;

public class Address {
  private String line1;
    private String line2;
    private String city;
    private String state;
    private String zipCode;
    private String country;

    public Address(String line1, String line2, String city,
            String state, String zipCode, String country) {
        this.line1 = line1;
        this.line2 = line2;
        this.city = city;
        this.state = state;
        this.zipCode = zipCode;
        this.country = country;
```

```
    }

    // getters and setters omitted

    @Override
    public String toString() {
        return line1 + "\n"
                + line2 + "\n"
                + city + "\n"
                + state + " " + zipCode + "\n"
                + country;
    }
}
```

Employee 依赖于 Address 类，可以通过如下配置来保证每个 Employee 实例都能包含 Address 实例：

```
<bean name="simpleAddress" class="app15a.bean.Address">
    <constructor-arg name="line1" value="151 Corner Street"/>
    <constructor-arg name="line2" value=""/>
    <constructor-arg name="city" value="Albany"/>
    <constructor-arg name="state" value="NY"/>
    <constructor-arg name="zipCode" value="99999"/>
    <constructor-arg name="country" value="US"/>
</bean>

<bean name="employee1" class="app15a.bean.Employee">
    <property name="homeAddress" ref="simpleAddress"/>
    <property name="firstName" value="Junior"/>
    <property name="lastName" value="Moore"/>
</bean>
```

simpleAddress 对象是 Address 类的一个实例，其通过构造器方式实例化。employee1 对象则通过配置 property 元素来调用 setter 方法以设置值。需要注意的是，homeAddress 属性配置的是 simpleAddress 对象的引用。

被引用对象的配置定义无须早于引用其对象的定义。本例中，employee1 对象可以出现在 simpleAddress 对象定义之前。

15.4.6 构造器方式依赖注入

清单 15.3 所示的 Employee 类提供了一个可以传递参数的构造器，我们还可以将 Address 对象通过构造器注入，如下所示：

```
<bean name="employee2" class="app15a.bean.Employee">
    <constructor-arg name="firstName" value="Senior"/>
    <constructor-arg name="lastName" value="Moore"/>
    <constructor-arg name="homeAddress" ref="simpleAddress"/>
</bean>
```

```
<bean name="simpleAddress" class="app15a.bean.Address">
    <constructor-arg name="line1" value="151 Corner Street"/>
    <constructor-arg name="line2" value=""/>
    <constructor-arg name="city" value="Albany"/>
    <constructor-arg name="state" value="NY"/>
    <constructor-arg name="zipCode" value="99999"/>
    <constructor-arg name="country" value="US"/>
</bean>
```

15.5　小结

本章学习了依赖注入的概念以及基于 Spring 容器的实践，后续将在此基础之上配置 Spring 应用。

第 16 章 模型 2 和 MVC 模式

Java Web 应用开发中有两种设计模型，为了方便，分别称为模型 1 和模型 2。模型 1 是页面中心，适合于小应用开发。而模型 2 基于 MVC 模式，是 Java Web 应用的推荐架构（简单类型的应用除外）。

本章将会讨论模型 2，并展示 3 个不同示例应用。第一个应用是一个基本的模型 2 应用，采用 Servlet 作为控制器，第二个应用引入了控制器，第三个应用引入了验证控件来校验用户的输入。

16.1 模型 1 介绍

第一次学习 JSP，通常通过链接方式进行 JSP 页面间的跳转。这种方式非常直接，但在中型和大型应用中，这种方式会带来维护上的问题。修改一个 JSP 页面的名字，会导致大量页面中的链接需要修正。因此，实践中并不推荐模型 1（但仅有 2～3 个页面的应用除外）。

16.2 模型 2 介绍

模型 2 基于模型-视图-控制器（MVC）模式，该模式是 Smalltalk-80 用户交互的核心概念，那时还没有设计模式的说法，当时称为 MVC 范式。

一个实现 MVC 模式的应用包含模型、视图和控制器 3 个模块。视图负责应用的展示。模型封装了应用的数据和业务逻辑。控制器负责接收用户输入、改变模型以及调整视图的显示。

注：

Steve Burbeck 博士的论文：*Applications Programming in Smalltalk-80(TM):How to use Model-View-Controller (MVC)* 详细讨论了 MVC 模式，论文地址为

http://st-www.cs.illinois.edu/users/smarch/st-docs/mvc.html。

模型 2 中，Servlet 或者 Filter 都可以充当控制器。几乎所有现代 Web 框架都是模型 2 的实现。Spring MVC 和 Struts 1 使用一个 Servlet 作为控制器，而 Struts 2 则使用一个 Filter 作为控制器。大部分都采用 JSP 页面作为应用的视图，当然也有其他技术。而模型则采用 POJO

（Plain Old Java Object）。不同于 EJB 等，POJO 是一个普通对象。实践中会采用一个 JavaBean 来持有模型状态，并将业务逻辑放到一个 Action 类中。一个 JavaBean 必须拥有一个无参的构造器，通过 get/set 方法来访问参数，同时支持持久化。

图 16.1 所示为一个模型 2 应用的架构图。

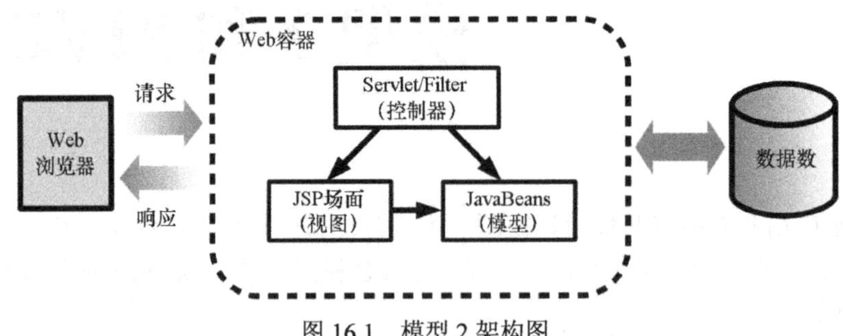

图 16.1　模型 2 架构图

每个 HTTP 请求都发送给控制器，请求中的 URI 标识出对应的 action。action 代表了应用可以执行的一个操作。一个提供了 Action 的 Java 对象称为 action 对象。一个 action 类可以支持多个 actions（在 Spring MVC 以及 Struts 2 中），或者一个 action（在 Struts 1 中）。

看似简单的操作可能需要多个 action。如，向数据库添加一个产品，需要两个 action：

（1）显示一个“添加产品”的表单，以便用户能输入产品信息。

（2）将表单信息保存到数据库中。

如前述，我们需要通过 URI 方式告诉控制器执行相应的 action。例如，通过发送类似如下 URI，来显示“添加产品”表单：

```
http://domain/appName/product_input
```

通过类似如下 URI，来保存产品：

```
http://domain/appName/product_save
```

控制器会解析 URI 并调用相应的 action，然后将模型对象放到视图可以访问的区域（以便服务端数据可以展示在浏览器上）。最后，控制器利用 RequestDispatcher 跳转到视图（JSP 页面）。在 JSP 页面中，用表达式语言以及定制标签显示数据。

注意：调用 RequestDispatcher.forward 方法并不会停止执行剩余的代码。因此，若 forward 方法不是最后一行代码，则应显式地返回。

16.3　模型 2 之 Servlet 控制器

为了便于对模型 2 有一个直观的了解，本节将展示一个简单模型 2 应用。实践中，模型 2 应用非常复杂。

示例应用名为 app16a，其功能设定为输入一个产品信息。具体为：用户填写产品表单（见图 16.2）并提交；示例应用保存产品并展示一个完成页面，显示已保存的产品信息（见图 16.3）。

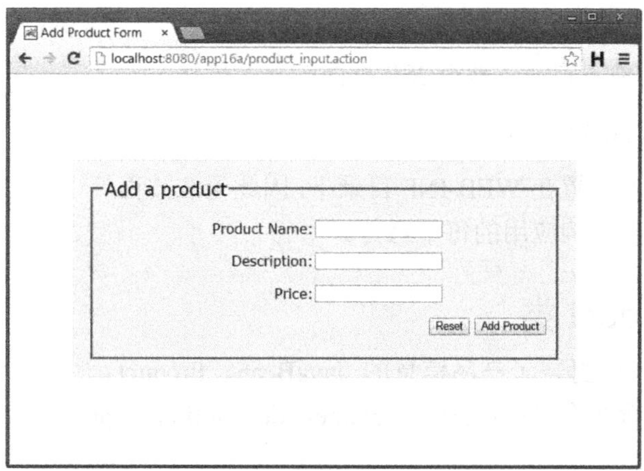

图 16.2 产品表单

示例应用支持如下两个 action：

（1）展示“添加产品”表单。该 action 发送图 16.2 中的输入表单到浏览器上，其对应的 URI 应包含字符串 product_input。

（2）保存产品并返回图 16.3 所示的完成页面，对应的 URI 必须包含字符串 product_save。

示例应用 app16a 由如下组件构成：

（1）一个 Product 类，作为 product 的领域对象。

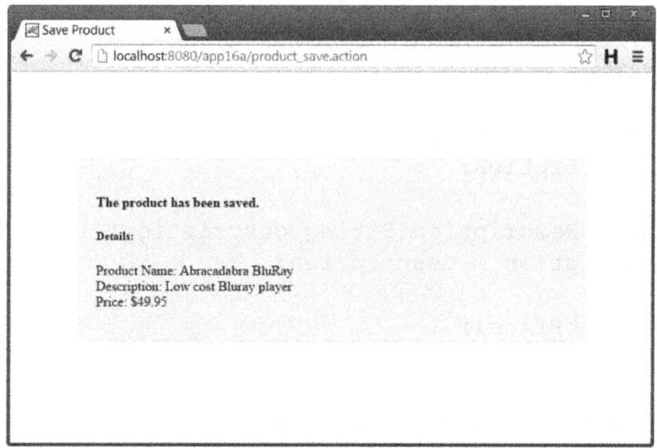

图 16.3 产品详细页

（2）一个 ProductForm 类，封装了 HTML 表单的输入项。

（3）一个 ControllerServlet 类，本示例应用的控制器。

（4）一个 SaveProductAction 类。

（5）两个 JSP 页面（ProductForm.jsp 和 ProductDetail.jsp）作为 view。

（6）一个 CSS 文件，定义了两个 JSP 页面的显示风格。

app16a 结构如图 16.4 所示。

所有的 JSP 文件都放置在 WEB-INF 目录下，因此无法被直接访问。下面详细介绍示例应用的每个组件。

```
app16a
  css
    main.css
  WEB-INF
    classes
      app16a
        domain
          Product.class
        form
          ProductForm.class
        servlet
          ControllerServlet.class
    jsp
      ProductDetails.jsp
      ProductForm.jsp
    web.xml
```

图 16.4　app16a 目录结构

16.3.1　Product 类

Product 实例是一个封装了产品信息的 JavaBean。Product 类（见清单 16.1）包含 3 个属性：productName、description 和 price。

清单 16.1　Product 类

```
package app16a.domain;
import java.io.Serializable;

public class Product implements Serializable {
    private static final long serialVersionUID = 748392348L;
    private String name;
    private String description;
    private float price;

    public String getName() {
            return name;
        }
    public void setName(String name) {
            this.name = name;
        }
    public String getDescription() {
        return description;
    }
    public void setDescription(String description) {
        this.description = description;
    }
    public float getPrice() {
        return price;
    }
    public void setPrice(float price) {
        this.price = price;
    }
}
```

Product 类实现了 java.io.Serializable 接口，其实例可以安全地将数据保存到 HttpSession 中。根据 Serializable 要求，Product 实现了一个 serialVersionUID 属性。

16.3.2　ProductForm 类

表单类与 HTML 表单相映射，是后者在服务端的代表。ProductForm 类（见清单 2.2）包含了一个产品的字符串值。ProductForm 类看上去与 Product 类相似，这就引出一个问题：ProductForm 类是否有存在的必要。

实际上，表单对象会传递 ServletRequest 给其他组件，类似 Validator（本章后续段落会介绍）。而 ServletRequest 是一个 Servlet 层的对象，不应当暴露给应用的其他层。

另一个原因是，当数据校验失败时，表单对象将用于保存和展示用户在原始表单上的输入。16.5 节将会详细介绍应如何处理。

注意：大部分情况下，一个表单类不需要实现 Serializable 接口，因为表单对象很少保存在 HttpSession 中。

清单 16.2　ProductForm 类

```
package app16a.form;
public class ProductForm {
    private String name;
    private String description;
    private String price;

    public String getName() {
        return name;
    }
    public void setName(String name) {
        this.name = name;
    }
    public String getDescription() {
        return description;
    }
    public void setDescription(String description) {
        this.description = description;
    }
    public String getPrice() {
        return price;
    }
    public void setPrice(String price) {
        this.price = price;
    }
}
```

16.3.3　ControllerServlet 类

ControllerServlet 类（见清单 16.3）继承自 javax.servlet.http.HttpServlet 类，其 doGet 和 doPost 方法最终调用 process 方法，该方法是整个 servlet 控制器的核心。

可能有人好奇为何这个 Servlet 控制器被命名为 ControllerServlet，实际上，这里遵从了一个约定：所有 Servlet 的类名称都带有 Servlet 后缀。

清单 16.3　ControllerServlet 类

```
package app16a.servlet;
import java.io.IOException;
import javax.servlet.RequestDispatcher;
import javax.servlet.ServletException;
import javax.servlet.http.HttpServlet;
import javax.servlet.http.HttpServletRequest;
import javax.servlet.http.HttpServletResponse;

import app16a.domain.Product;
import app16a.form.ProductForm;

public class ControllerServlet extends HttpServlet {

    private static final long serialVersionUID = 1579L;

    @Override
    public void doGet(HttpServletRequest request,
            HttpServletResponse response)
            throws IOException, ServletException {
        process(request, response);
    }

    @Override
    public void doPost(HttpServletRequest request,
            HttpServletResponse response)
            throws IOException, ServletException {
        process(request, response);
    }

    private void process(HttpServletRequest request,
            HttpServletResponse response)
            throws IOException, ServletException {

        String uri = request.getRequestURI();
        /*
         * uri is in this form: /contextName/resourceName,
         * for example: /app10a/product_input.
         * However, in the event of a default context, the
         * context name is empty, and uri has this form
```

```
         * /resourceName, e.g.: /product_input
         */
        int lastIndex = uri.lastIndexOf("/");
        String action = uri.substring(lastIndex + 1);
        // execute an action
        if (action.equals("product_input.action")) {
            // no action class, there is nothing to be done
        } else if (action.equals("product_save.action")) {
            // create form
            ProductForm productForm = new ProductForm();
            // populate action properties
            productForm.setName(request.getParameter("name"));
            productForm.setDescription(
                    request.getParameter("description"));
            productForm.setPrice(request.getParameter("price"));

            // create model
            Product product = new Product();
            product.setName(productForm.getName());
            product.setDescription(productForm.getDescription());
            try {
                product.setPrice(Float.parseFloat(
                        productForm.getPrice()));
            } catch (NumberFormatException e) {
            }

            // code to save product

            // store model in a scope variable for the view
            request.setAttribute("product", product);
        }

        // forward to a view
        String dispatchUrl = null;
        if (action.equals("product_input.action")) {
            dispatchUrl = "/WEB-INF/jsp/ProductForm.jsp";
        } else if (action.equals("product_save.action")) {
            dispatchUrl = "/WEB-INF/jsp/ProductDetails.jsp";
        }
        if (dispatchUrl != null) {
            RequestDispatcher rd =
                    request.getRequestDispatcher(dispatchUrl);
            rd.forward(request, response);
        }
    }
}
```

若基于 Servlet 3.0 规范，则可以采用注解的方式，而无须在部署描述符中进行映射：

```
...
import javax.servlet.annotation.WebServlet;
```

```
...

@WebServlet(name = "ControllerServlet", urlPatterns = {
        "/product_input", "/product_save" })
public class ControllerServlet extends HttpServlet {
    ...
}
```

ControllerServlet 的 process 方法处理所有输入请求。首先是获取请求 URI 和 action 名称：

```
String uri = request.getRequestURI();
int lastIndex = uri.lastIndexOf("/");
String action = uri.substring(lastIndex + 1);
```

在本示例应用中，action 值只会是 product_input 或 product_save。

接着，process 方法执行如下步骤：

（1）创建并根据请求参数构建一个表单对象。product_save 操作涉及 3 个属性：name、description 和 price。然后创建一个领域对象，并通过表单对象设置相应属性。

（2）执行针对领域对象的业务逻辑，包括将其持久化到数据库中。

（3）转发请求到视图（JSP 页面）。

process 方法中判断 action 的 if 代码块如下：

```
// execute an action
if (action.equals("product_input")) {
    // there is nothing to be done
} else if (action.equals("product_save")) {
    ...
    // code to save product
}
```

对于 product_input，无须任何操作，而针对 product_save，则创建一个 ProductForm 对象和 Product 对象，并将前者的属性值复制到后者。这个步骤中，针对空字符串的复制处理将留到稍后的“校验器”一节处理。

再次，process 方法实例化 SaveProductAction 类，并调用其 save 方法：

```
// create form
ProductForm productForm = new ProductForm();
// populate action properties
productForm.setName(request.getParameter("name"));
productForm.setDescription(
        request.getParameter("description"));
productForm.setPrice(request.getParameter("price"));

// create model
Product product = new Product();
product.setName(productForm.getName());
```

```
            product.setDescription(product.getDescription());
            try {
                product.setPrice(Float.parseFloat(
                        productForm.getPrice()));
            } catch (NumberFormatException e) {
            }
            // execute action method
            SaveProductAction saveProductAction =
                    new SaveProductAction();
            saveProductAction.save(product);

            // store model in a scope variable for the view
            request.setAttribute("product", product);
```

然后，将 Product 对象放入 HttpServletRequest 对象中，以便对应的视图能访问到：

```
            // store action in a scope variable for the view
            request.setAttribute("product", product);
```

最后，process 方法转到视图，如果 action 是 product_input，则转到 ProductForm.jsp 页面，否则转到 ProductDetails.jsp 页面：

```
        // forward to a view
        String dispatchUrl = null;
        if (action.equals("Product_input")) {
            dispatchUrl = "/WEB-INF/jsp/ProductForm.jsp";
        } else if (action.equals("Product_save")) {
            dispatchUrl = "/WEB-INF/jsp/ProductDetails.jsp";
        }
        if (dispatchUrl != null) {
            RequestDispatcher rd =
                    request.getRequestDispatcher(dispatchUrl);
            rd.forward(request, response);
        }
```

16.3.4 视图

示例应用包含两个 JSP 页面。第一个页面 ProductForm.jsp 对应于 product_input 操作，第二个页面 ProductDetails.jsp 对应于 product_save 操作。ProductForm.jsp 以及 ProductDetails.jsp 页面代码分别见清单 16.4 和清单 16.5。

清单 16.4 ProductForm.jsp

```
<!DOCTYPE HTML>
<html>
<head>
<title>Add Product Form</title>
<style type="text/css">@import url(css/main.css);</style>
</head>
<body>
```

```
<div id="global">
<form action="product_save.action" method="post">
    <fieldset>
        <legend>Add a product</legend>
        <p>
            <label for="name">Product Name: </label>
            <input type="text" id="name" name="name"
                    tabindex="1">
        </p>
        <p>
            <label for="description">Description: </label>
            <input type="text" id="description"
                    name="description" tabindex="2">
        </p>
        <p>
            <label for="price">Price: </label>
            <input type="text" id="price" name="price"
                    tabindex="3">
        </p>
        <p id="buttons">
            <input id="reset" type="reset" tabindex="4">
            <input id="submit" type="submit" tabindex="5"
                    value="Add Product">
        </p>
    </fieldset>
</form>
</div>
</body>
</html>
```

清单 16.5　ProductDetails.jsp

```
<!DOCTYPE HTML>
<html>
<head>
<title>Save Product</title>
<style type="text/css">@import url(css/main.css);</style>
</head>
<body>
<div id="global">
    <h4>The product has been saved.</h4>
    <p>
        <h5>Details:</h5>
        Product Name: ${product.name}<br/>
        Description: ${product.description}<br/>
        Price: $${product.price}
    </p>
</div>
</body>
</html>
```

ProductForm.jsp 页面包含了一个 HTML 表单。页面没有采用 HTML 表格方式进行布局，而采用了位于 css 目录下的 main.css 中的 CSS 样式表进行控制。

ProductDetails.jsp 页面通过表达式语言（EL）访问 HttpServletRequest 所包含的 product 对象。本书第 8 章“表达式语言”会详细介绍。

本示例应用作为一个模型 2 的应用，可以通过如下几种方式避免用户通过浏览器直接访问 JSP 页面：

- 将 JSP 页面都放到 WEB-INF 目录下。WEB-INF 目录下的任何文件或子目录都受保护，无法通过浏览器直接访问，但控制器依然可以转发请求到这些页面。
- 利用一个 servlet filter 过滤 JSP 页面。
- 在部署描述符中为 JSP 页面增加安全限制。这种方式相对容易些，无须编写 filter 代码。

16.3.5 测试应用

假定示例应用运行在本机的 8080 端口上，则可以通过如下 URL 访问应用：

```
http://localhost:8080/app16a/product_input.action
```

浏览器将显示图 16.2 的内容。

完成输入后，表单提交到如下服务端 URL 上：

```
http://localhost:8080/app16a/product_save.action
```

注意：可以将 Servlet 控制器作为默认主页。这是一个非常重要的特性，使得在浏览器地址栏中仅输入域名（如 http://example.com），就可以访问到该 Servlet 控制器，这是无法通过 filter 方式完成的。

16.4 解耦控制器代码

app16a 中的业务逻辑代码都写在了 Servlet 控制器中，这个 Servlet 类将随着应用复杂度的增加而不断膨胀。为避免此问题，我们应该将业务逻辑代码提取到独立的被称为 controller 的类中。

在 app16b 应用（app16a 的升级版）中，controller 目录下有两个 controller 类，分别是 InputProductController 和 SaveProductController。app16b 应用的目录结构如图 16.5 所示。

这两个 controller 都实现了 Controller 接口（见清单 16.6）。Controller 接口只有 handleRequest 一个方法。Controller 接口的实现类通过该方法访问到当前请求的 HttpServletRequest 和 HttpServletResponse 对象。

清单 16.6　Controller 接口

```
package app16b.controller;

import javax.servlet.http.HttpServletRequest;
import javax.servlet.http.HttpServletResponse;

public interface Controller {
    String handleRequest(HttpServletRequest request,
            HttpServletResponse response);
}
```

InputProductController 类（见清单 16.7）直接返回了 ProductForm.jsp 的路径。而 SaveProductController 类（见清单 16.8）则会读取请求参数来构造一个 ProductForm 对象，之后用 ProductForm 对象来构造一个 Product 对象，并返回 ProductDetail.jsp 路径。

```
app16b
  css
    main.css
  WEB-INF
    classes
      app16b
        controller
          Controller.class
          InputProductController.class
          SaveProductController.class
        domain
          Product.class
        form
          ProductForm.class
        servlet
          DispatcherServlet.class
    jsp
      ProductDetails.jsp
      ProductForm.jsp
    web.xml
```

图 16.5　app02b 应用的目录结构

清单 16.7　InputProductController 类

```
package app16b.controller;

import javax.servlet.http.HttpServletRequest;
import javax.servlet.http.HttpServletResponse;

public class InputProductController implements Controller {
    @Override
    public String handleRequest(HttpServletRequest request,
            HttpServletResponse response) {

        return "/WEB-INF/jsp/ProductForm.jsp";
    }
}
```

清单 16.8　SaveProductController 类

```
package app16b.controller;

import javax.servlet.http.HttpServletRequest;
import javax.servlet.http.HttpServletResponse;
import app16b.domain.Product;
import app16b.form.ProductForm;

public class SaveProductController implements Controller {

    @Override
    public String handleRequest(HttpServletRequest request,
            HttpServletResponse response) {
        ProductForm productForm = new ProductForm();
```

```
        // populate form properties
        productForm.setName(
                request.getParameter("name"));
        productForm.setDescription(
                request.getParameter("description"));
        productForm.setPrice(request.getParameter("price"));

        // create model
        Product product = new Product();
        product.setName(productForm.getName());
        product.setDescription(productForm.getDescription());
        try {
            product.setPrice(Float.parseFloat(
                        productForm.getPrice()));
        } catch (NumberFormatException e) {
        }

        // insert code to add product to the database

        request.setAttribute("product", product);
        return "/WEB-INF/jsp/ProductDetails.jsp";
    }
}
```

将业务逻辑代码迁移到 controller 类的好处很明显：Controller Servlet 变得更加专注。现在作用更像一个 dispatcher，而非一个 controller，因此，我们将其改名为 DispatcherServlet。DispatcherServlet 类（见清单 16.9）检查每个 URI，创建相应的 controller，并调用其 handleRequest 方法。

清单 16.9 DispatcherServlet 类

```
package app16b.servlet;

import java.io.IOException;
import javax.servlet.RequestDispatcher;
import javax.servlet.ServletException;
import javax.servlet.http.HttpServlet;
import javax.servlet.http.HttpServletRequest;
import javax.servlet.http.HttpServletResponse;
import app16b.controller.InputProductController;
import app16b.controller.SaveProductController;

public class DispatcherServlet extends HttpServlet {

    private static final long serialVersionUID = 748495L;

    @Override
    public void doGet(HttpServletRequest request,
            HttpServletResponse response)
            throws IOException, ServletException {
```

```
            process(request, response);
        }

        @Override
        public void doPost(HttpServletRequest request,
                HttpServletResponse response)
                throws IOException, ServletException {
            process(request, response);
        }

        private void process(HttpServletRequest request,
                HttpServletResponse response)
                throws IOException, ServletException {

            String uri = request.getRequestURI();
            /*
             * uri is in this form: /contextName/resourceName,
             * for example: /app10a/product_input.
             * However, in the event of a default context, the
             * context name is empty, and uri has this form
             * /resourceName, e.g.: /product_input
             */
            int lastIndex = uri.lastIndexOf("/");
            String action = uri.substring(lastIndex + 1);

            String dispatchUrl = null;
            if (action.equals("product_input.action")) {
                InputProductController controller =
                        new InputProductController();
                dispatchUrl = controller.handleRequest(request,
                        response);
            } else if (action.equals("product_save.action")) {
                SaveProductController controller =
                        new SaveProductController();
                dispatchUrl = controller.handleRequest(request,
                        response);
            }

            if (dispatchUrl != null) {
                RequestDispatcher rd =
                        request.getRequestDispatcher(dispatchUrl);
                rd.forward(request, response);
            }
        }
}
```

现在，可以在浏览器中输入如下 URL 测试应用了：

```
http://localhost:8080/app16b/product_input.action
```

16.5 校验器

在 Web 应用执行 action 时，很重要的一个步骤就是进行输入校验。校验的内容可以是简单的，如检查一个输入是否为空，也可以是复杂的，如校验信用卡号。实际上，因为校验工作如此重要，Java 社区专门发布了 JSR 303 Bean Validation 以及 JSR 349 Bean Validation 1.1 版本，将 Java 的输入检验进行标准化。现代的 MVC 框架通常同时支持编程式和申明式两种校验方法。在编程式中，需要通过编码进行用户输入校验，而在声明式中，则需要提供包含校验规则的 XML 文档或者属性文件。

本节的新应用（app16c）扩展自 app16b。图 16.6 展示了 app16c 的目录结构。

```
app16c
  css
    main.css
  WEB-INF
    classes
      app16c
        controller
          Controller.class
          InputProductController.class
          SaveProductController.class
        domain
          Product.class
        form
          ProductForm.class
        servlet
          DispatcherServlet.class
        validator
          ProductValidator.class
    jsp
      ProductDetails.jsp
      ProductForm.jsp
    lib
      jstl-api-1.2.jar
      jstl-impl-1.2.jar
    web.xml
```

图 16.6 app16c 的目录结构

app16c 应用的结构与 app16b 应用的结构基本相同，但多了一个 ProductValidator 类以及两个 JSTL jar 包（位于 WEB-INF/lib 目录下）。关于 JSTL，将留到第 9 章“JSTL”中深入讨论。本节，我们仅需知道 JSTL 的作用是在 ProductForm.jsp 页面中显示输入校验的错误信息。

关于 ProductValidator 类，详见清单 16.10。

清单 16.10 ProductValidator 类

```java
package app16c.validator;

import java.util.ArrayList;
import java.util.List;
import app16c.form.ProductForm;

public class ProductValidator {

    public List<String> validate(ProductForm productForm) {
        List<String> errors = new ArrayList<String>();
        String name = productForm.getName();
        if (name == null || name.trim().isEmpty()) {
            errors.add("Product must have a name");
        }
        String price = productForm.getPrice();
        if (price == null || price.trim().isEmpty()) {
            errors.add("Product must have a price");
        } else {
            try {
```

```
                Float.parseFloat(price);
            } catch (NumberFormatException e) {
                errors.add("Invalid price value");
            }
        }
        return errors;
    }
}
```

注意：ProductValidator 类中有一个操作 ProductForm 对象的 validate 方法，确保产品的名字非空，其价格是一个合理的数字。validate 方法返回一个包含错误信息的字符串列表，若返回一个空列表，则表示输入合法。

应用中唯一需要用到产品校验的地方是保存产品时，即 SaveProductController 类。现在，我们为 SaveProductController 类引入 ProductValidator 类。

清单 16.11　新版的 SaveProductController 类

```
package app16c.controller;

import java.util.List;
import javax.servlet.http.HttpServletRequest;
import javax.servlet.http.HttpServletResponse;
import app16c.domain.Product;
import app16c.form.ProductForm;
import app16c.validator.ProductValidator;

public class SaveProductController implements Controller {

    @Override
    public String handleRequest(HttpServletRequest request,
            HttpServletResponse response) {
        ProductForm productForm = new ProductForm();
        // populate action properties
        productForm.setName(request.getParameter("name"));
        productForm.setDescription(request.getParameter(
                "description"));
        productForm.setPrice(request.getParameter("price"));

        // validate ProductForm
        ProductValidator productValidator = new ProductValidator();
        List<String> errors =
                productValidator.validate(productForm);
        if (errors.isEmpty()) {
            // create Product from ProductForm
            Product product = new Product();
            product.setName(productForm.getName());
            product.setDescription(productForm.getDescription());
            product.setPrice(Float.parseFloat(
                    productForm.getPrice()));
```

```
            // no validation error, execute action method
            // insert code to save product to the database

            // store product in a scope variable for the view
            request.setAttribute("product", product);
            return "/WEB-INF/jsp/ProductDetails.jsp";
        } else {
            //store errors and form in a scope variable for the view
            request.setAttribute("errors", errors);
            request.setAttribute("form", productForm);
            return "/WEB-INF/jsp/ProductForm.jsp";
        }
    }
}
```

新版的 SaveProductController 类新增了初始化 ProductValidator 类并调用其 validate 方法的代码：

```
        // validate ProductForm
        ProductValidator productValidator = new ProductValidator();
        List<String> errors =
                productValidator.validate(productForm);
```

如果校验发现有错误，则 SaveProductController 的 handleRequest 方法会转发到 ProductForm.jsp 页面。若没有错误，则创建一个 Product 对象，设置属性，并转到/WEB-INF/jsp/ ProductDetails.jsp 页面：

```
        if (errors.isEmpty()) {
            // create Product from ProductForm
            Product product = new Product();
            product.setName(productForm.getName());
            product.setDescription(productForm.getDescription());
            product.setPrice(Float.parseFloat(
                    productForm.getPrice()));

            // no validation error, execute action method
            // insert code to save product to the database

            // store product in a scope variable for the view
            request.setAttribute("product", product);
            return "/WEB-INF/jsp/ProductDetails.jsp";
        } else {
            //store errors and form in a scope variable for the view
            request.setAttribute("errors", errors);
            request.setAttribute("form", productForm);
            return "/WEB-INF/jsp/ProductForm.jsp";
        }
```

当然，实际应用中，这里会有把 Product 保存到数据库或者其他存储类型的代码，但现在我们仅关注输入校验。

现在，需要修改 app16c 应用的 ProductForm.jsp 页面，使其可以显示错误信息以及错误的输入。

清单 16.12　ProductForm.jsp 页面

```
<%@ taglib uri="http://java.sun.com/jsp/jstl/core" prefix="c" %>
<!DOCTYPE html>
<html>
<head>
<title>Add Product Form</title>
<style type="text/css">@import url(css/main.css);</style>
</head>
<body>

<div id="global">
<c:if test="${requestScope.errors != null}">
        <p id="errors">
        Error(s)!
        <ul>
        <c:forEach var="error" items="${requestScope.errors}">
            <li>${error}</li>
        </c:forEach>
        </ul>
        </p>
</c:if>
<form action="product_save.action" method="post">
    <fieldset>
        <legend>Add a product</legend>
            <p>
                <label for="name">Product Name: </label>
                <input type="text" id="name" name="name"
                    tabindex="1">
            </p>
            <p>
                <label for="description">Description: </label>
                <input type="text" id="description"
                    name="description" tabindex="2">
            </p>
            <p>
                <label for="price">Price: </label>
                <input type="text" id="price" name="price"
                    tabindex="3">
            </p>
            <p id="buttons">
                <input id="reset" type="reset" tabindex="4">
                <input id="submit" type="submit" tabindex="5"
                    value="Add Product">
            </p>
    </fieldset>
</form>
```

```
</div>
</body>
</html>
```

现在访问 product_input，测试 app16c 应用：

```
http://localhost:8080/app16c/product_input.action
```

若产品表单提交了非法数据，页面将显示相应的错误信息。图 16.7 显示了包含 2 条错误信息的 ProductForm 页面。

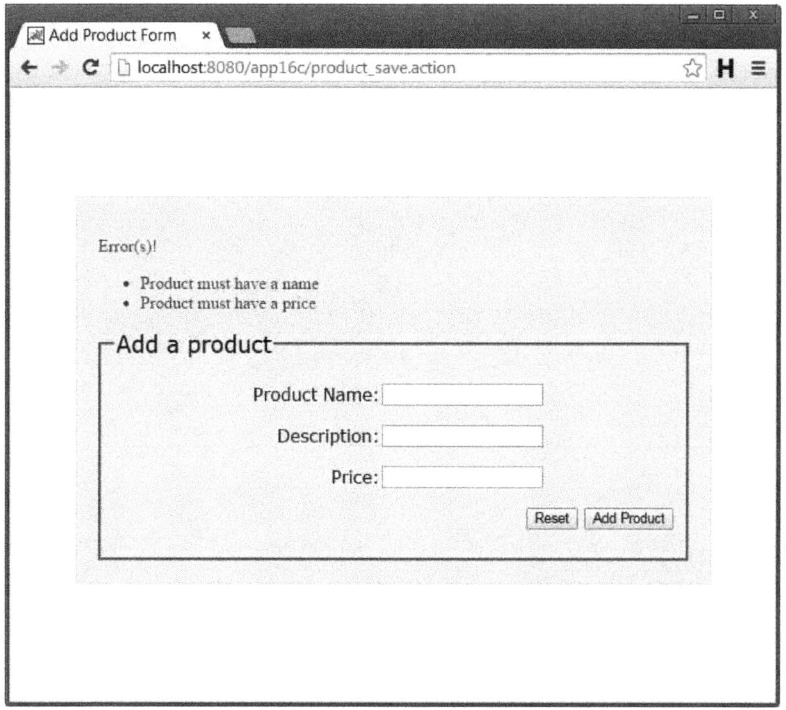

图 16.7　包含 2 条错误信息的 ProductForm 页面

16.6　后端

app16a、app16b 和 app16c 应用都演示了如何进行前端处理。那么，后端处理呢？我们当然需要处理数据库等。

应用 MVC，可以在 Controller 类中调用后端业务逻辑。通常，需要若干封装了后端复杂逻辑的 Service 类。在 Service 类中，可以实例化一个 DAO 类来访问数据库。在 Spring 环境中，Service 对象可以自动被注入到 Controller 实例中，而 DAO 对象可以自动被注入到 Service 对象中，后续章节将有演示。

16.7　小结

本章，我们学习了基于 MVC 模式的模型 2 架构以及如何开发一个模型 2 应用。在模型 2 应用中，JSP 页面通常作为视图。当然，其他技术（如 Apache Velocity 或 FreeMarker）也可以作为视图。若采用 JSP 页面作为视图，则这些页面仅用来展示数据，并且没有其他脚本元素。

本章，我们还构建了一个带校验器组件的简单 MVC 框架。

第 17 章
Spring MVC 介绍

第 16 章中，我们学习了现代 Web 应用程序广泛使用的 MVC 设计模式，也学习了模型 2 架构的优势以及如何构建一个模型 2 应用。Spring MVC 框架可以帮助开发人员快速地开发 MVC 应用。

本章首先介绍采用 Spring MVC 的好处，以及 Spring MVC 如何加速模型 2 应用的开发。然后介绍 Spring MVC 的基本组件，包括 Dispatcher Servlet，并学习如何开发一个“传统风格”的控制器，这是在 Spring 2.5 版本前开发 controller 的唯一方式。另一种方式将在第 18 章“基于注解的控制器”中介绍。之所以介绍传统方式，是因为我们可能不得不在基于旧版 Spring 的遗留代码上工作。对于新应用，我们可以采用基于注解的控制器。

此外，本章还会介绍 Spring MVC 配置，大部分的 Spring MVC 应用会用一个 XML 文档来定义应用中所用的 bean。

17.1 采用 Spring MVC 的好处

若基于某个框架来开发一个模型 2 的应用程序，我们要负责编写一个 Dispatcher servlet 和控制类。其中，Dispatcher servlet 必须能够做如下事情：

（1）根据 URI 调用相应的 action。

（2）实例化正确的控制器类。

（3）根据请求参数值来构造表单 bean。

（4）调用控制器对象的相应方法。

（5）转发到一个视图（JSP 页面）。

Spring MVC 是一个包含了 Dispatcher servlet 的 MVC 框架。它调用控制器方法并转发到视图。这是使用 Spring MVC 的第一个好处：不需要编写 Dispatcher servlet。以下是 Spring MVC 具有的能加速开发的功能列表：

- Spring MVC 中提供了一个 Dispatcher Servlet，无须额外开发。
- Spring MVC 中使用基于 XML 的配置文件，可以编辑，而无须重新编译应用程序。

- Spring MVC 实例化控制器，并根据用户输入来构造 bean。
- Spring MVC 可以自动绑定用户输入，并正确地转换数据类型。例如，Spring MVC 能自动解析字符串，并设置 float 或 decimal 类型的属性。
- Spring MVC 可以校验用户输入，若校验不通过，则重定向回输入表单。输入校验是可选的，支持编程以及声明方式。关于这一点，Spring MVC 内置了常见的校验器。
- Spring MVC 是 Spring 框架的一部分。可以利用 Spring 提供的其他能力。
- Spring MVC 支持国际化和本地化。支持根据用户区域显示多国语言。
- Spring MVC 支持多种视图技术。最常见的 JSP 技术以及其他技术包括 Velocity 和 FreeMarker。

17.2　Spring MVC 的 DispatcherServlet

回想一下，第 16 章建立了一个简单的 MVC 框架，包含一个充当调度员的 Servlet。基于 Spring MVC，则无须如此。Spring MVC 中自带了一个开箱即用的 Dispatcher Servlet，该 Servlet 的全名是 org.springframework.web.servlet.DispatcherServlet。

要使用这个 Servlet，需要把它配置在部署描述符（web.xml 文件）中，应用 servlet 和 servlet-mapping 元素，如下：

```
<servlet>
    <servlet-name>springmvc</servlet-name>
    <servlet-class>
        org.springframework.web.servlet.DispatcherServlet
    </servlet-class>
    <load-on-startup>1</load-on-startup>
</servlet>

<servlet-mapping>
    <servlet-name>springmvc</servlet-name>
    <!-- map all requests to the DispatcherServlet -->
    <url-pattern>/</url-pattern>
</servlet-mapping>
```

servlet 元素内的 on-startup 元素是可选的。如果它存在，则它将在应用程序启动时装载 servlet 并调用它的 init 方法。若它不存在，则在该 servlet 的第一个请求时加载。

Dispatcher servlet 将使用 Spring MVC 诸多默认的组件。此外，初始化时，它会寻找一个在应用程序的 WEB-INF 目录下的配置文件，该配置文件的命名规则如下：

```
servletName-servlet.xml
```

其中，servletName 是在部署描述符中的 Dispatcher servlet 的名称。如果这个 servlet 的名

字是 SpringMVC，则在应用程序目录的 WEB-INF 下对应的文件是 SpringMVC-servlet.xml。

此外，也可以把 Spring MVC 的配置文件放在应用程序目录中的任何地方，你可以使用 servlet 定义的 init-param 元素，以便 Dispatcher servlet 加载到该文件。init-param 元素拥有一个值为 contextConfigLocation 的 param-name 元素，其 param-value 元素则包含配置文件的路径。例如，可以利用 init-param 元素更改默认的文件名和文件路径为 WEB-INF/config/simple-config.xml：

```
<servlet>
    <servlet-name>springmvc</servlet-name>
    <servlet-class>
        org.springframework.web.servlet.DispatcherServlet
    </servlet-class>
    <init-param>
        <param-name>contextConfigLocation</param-name>
        <param-value>/WEB-INF/config/simple-config.xml</param-value>
    </init-param>
    <load-on-startup>1</load-on-startup>
</servlet>
```

17.3 Controller 接口

在 Spring 2.5 版本前，开发一个控制器的唯一方法是实现 org.springframework.web.servlet.mvc.Controller 接口。这个接口公开了一个 handleRequest 方法。下面是该方法的签名：

```
ModelAndView handleRequest(HttpServletRequest request,
        HttpServletResponse response)
```

其实现类可以访问对应请求的 HttpServletRequest 和 HttpServletResponse，还必须返回一个包含视图路径或视图路径和模型的 ModelAndView 对象。

Controller 接口的实现类只能处理一个单一动作（Action），而一个基于注解的控制器可以同时支持多个请求处理动作，并且无须实现任何接口。具体内容将在第 18 章中讨论。

17.4 第一个 Spring MVC 应用

本章的示例应用程序 app17a 展示了基本的 Spring MVC 应用。该应用程序同第 16 章学习的 app16b 应用非常相似，以便展示 Spring MVC 是如何工作的。app17a 应用也有两个控制器是类似于 app17b 的控制器类。

17.4.1 目录结构

图 3.1 所示为 app17a 的目录结构。注意，WEB-INF/lib 目录包含了所有的 Spring MVC 所需要的 JAR 文件。特别需要注意的是 spring-webmvc-x.y.z.jar 文件，其中包含了 DispatcherServlet

的类。还要注意 Spring MVC 依赖于 Apache Commons Logging 组件，没有它，Spring MVC 应用程序将无法正常工作。可以从以下网址下载这个组件：

```
http://commons.apache.org/proper/commons-loggins/download_logging.cgi
```

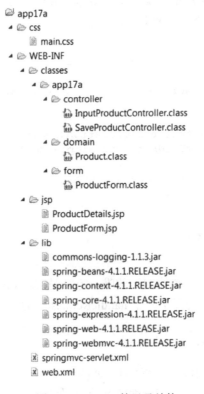

```
app17a
  css
    main.css
  WEB-INF
    classes
      app17a
        controller
          InputProductController.class
          SaveProductController.class
        domain
          Product.class
        form
          ProductForm.class
    jsp
      ProductDetails.jsp
      ProductForm.jsp
    lib
      commons-logging-1.1.3.jar
      spring-beans-4.1.1.RELEASE.jar
      spring-context-4.1.1.RELEASE.jar
      spring-core-4.1.1.RELEASE.jar
      spring-expression-4.1.1.RELEASE.jar
      spring-web-4.1.1.RELEASE.jar
      spring-webmvc-4.1.1.RELEASE.jar
    springmvc-servlet.xml
    web.xml
```

图 17.1 app13a 的目录结构

本示例应用的所有 JSP 页面都存放在/WEB-INF/jsp 目录下，确保无法被直接访问。

17.4.2 部署描述符文件和 Spring MVC 配置文件

清单 17.1 部署描述符（web.xml）文件

```
<?xml version="1.0" encoding="UTF-8"?>
<web-app version="3.0"
    xmlns="http://java.sun.com/xml/ns/javaee"
    xmlns:xsi="http://www.w3.org/2001/XMLSchema-instance"
    xsi:schemaLocation="http://java.sun.com/xml/ns/javaee
➥ http://java.sun.com/xml/ns/javaee/web-app_3_0.xsd">

    <servlet>
        <servlet-name>springmvc</servlet-name>
        <servlet-class>
```

```
            org.springframework.web.servlet.DispatcherServlet
        </servlet-class>
        <load-on-startup>1</load-on-startup>
    </servlet>

    <servlet-mapping>
        <servlet-name>springmvc</servlet-name>
        <!-- map all requests to the DispatcherServlet -->
        <url-pattern>/</url-pattern>
    </servlet-mapping>

</web-app>
```

这里告诉了 Servlet/JSP 容器，我们将使用 Spring MVC 的 Dispatcher Servlet，并通过配置 url-pattern 元素值为“/”，将所有的 URL 映射到该 servlet。由于 servlet 元素下没有 init-param 元素，所以 Spring MVC 的配置文件在/WEB-INF 文件夹下，并按照通常的命名约定。

下面，我们来看一下清单 17.2 所示的 Spring MVC 配置文件（springmvc-servlet.xml）。

清单 17.2 Spring MVC 配置文件

```
<?xml version="1.0" encoding="UTF-8"?>
<beans xmlns="http://www.springframework.org/schema/beans"
  xmlns:xsi="http://www.w3.org/2001/XMLSchema-instance"
  xsi:schemaLocation="http://www.springframework.org/schema/beans
  http://www.springframework.org/schema/beans/spring-beans.xsd">

    <bean name="/product_input.action"
        class="app17a.controller.InputProductController"/>
    <bean name="/product_save.action"
        class="app17a.controller.SaveProductController"/>

</beans>
```

这里声明了 InputProductController 和 SaveProductController 两个控制器类，并分别映射到/product_input.action 和/product_save.action。两个控制器是将在下一节讨论。

17.4.3 Controller

app17a 应用程序有 InputProductController 和 SaveProductController 两个“传统”风格的控制器，分别实现了 Controller 接口。代码分别见清单 17.3 和清单 17.4。

清单 17.3 InputProductController 类

```
package app17a.controller;

import javax.servlet.http.HttpServletRequest;
import javax.servlet.http.HttpServletResponse;
import org.apache.commons.logging.Log;
```

```
import org.apache.commons.logging.LogFactory;
import org.springframework.web.servlet.ModelAndView;
import org.springframework.web.servlet.mvc.Controller;

public class InputProductController implements Controller {

    private static final Log logger = LogFactory
            .getLog(InputProductController.class);

    @Override
    public ModelAndView handleRequest(HttpServletRequest request,
            HttpServletResponse response) throws Exception {
        logger.info("InputProductController called");
        return new ModelAndView("/WEB-INF/jsp/ProductForm.jsp");
    }
}
```

InputProductController 类的 handleRequest 方法只是返回一个 ModelAndView，包含一个视图，且没有模型。因此，该请求将被转发到/WEB-INF/jsp/ProductForm.jsp 页面。

清单 17.4　SaveProductController 类

```
package app17a.controller;

import javax.servlet.http.HttpServletRequest;
import javax.servlet.http.HttpServletResponse;
import org.apache.commons.logging.Log;
import org.apache.commons.logging.LogFactory;
import org.springframework.web.servlet.ModelAndView;
import org.springframework.web.servlet.mvc.Controller;
import app17a.domain.Product;
import app17a.form.ProductForm;

public class SaveProductController implements Controller {

    private static final Log logger = LogFactory
            .getLog(SaveProductController.class);

    @Override
    public ModelAndView handleRequest(HttpServletRequest request,
            HttpServletResponse response) throws Exception {
        logger.info("SaveProductController called");
        ProductForm productForm = new ProductForm();
        // populate action properties
        productForm.setName(request.getParameter("name"));
        productForm.setDescription(request.getParameter(
                "description"));
        productForm.setPrice(request.getParameter("price"));

        // create model
        Product product = new Product();
```

```
            product.setName(productForm.getName());
            product.setDescription(productForm.getDescription());
            try {
                product.setPrice(
                        Float.parseFloat(productForm.getPrice()));
            } catch (NumberFormatException e) {
            }

            // insert code to save Product

            return new ModelAndView("/WEB-INF/jsp/ProductDetails.jsp",
                    "product", product);
        }
    }
```

SaveProductController 类的 handleRequest 方法中，首先用请求参数创建一个 ProductForm 对象；然后，它根据 ProductForm 对象创建 Product 对象。由于 ProductForm 的 price 属性是一个字符串，而其在 Product 类对应的是一个 float，此处类型转换是必要的。第 18 章，我们将学习在 Spring MVC 中如何省去 ProductForm 对象，使编程更简单。

SaveProductController 的 handleRequest 方法最后返回的 ModelAndView 模型包含了视图的路径、模型名称以及模型（product 对象）。该模型将提供给目标视图，用于界面显示。

17.4.4 View

app17a 应用程序中包含两个 JSP 页面：ProductForm.jsp 页面（代码见清单 17.5）和 ProductDetails.jsp 页面（见清单 17.6）。

清单 17.5 ProductForm.jsp 页面

```
<!DOCTYPE HTML>
<html>
<head>
<title>Add Product Form</title>
<style type="text/css">@import url(css/main.css);</style>
</head>
<body>

<div id="global">
<form action="product_save.action" method="post">
    <fieldset>
        <legend>Add a product</legend>
        <label for="name">Product Name: </label>
        <input type="text" id="name" name="name" value=""
            tabindex="1">
        <label for="description">Description: </label>
        <input type="text" id="description" name="description"
            tabindex="2">
        <label for="price">Price: </label>
```

```
        <input type="text" id="price" name="price" tabindex="3">
        <div id="buttons">
            <label for="dummy"> </label>
            <input id="reset" type="reset" tabindex="4">
            <input id="submit" type="submit" tabindex="5"
                value="Add Product">
        </div>
    </fieldset>
</form>
</div>
</body>
</html>
```

此处不适合讨论 HTML 和 CSS，但需要强调的是清单 17.5 中的 HTML 是经过适当设计的，并且没有使用<table>来布局输入字段。

清单 17.6　ProductDetails.jsp 页面

```
<!DOCTYPE HTML>
<html>
<head>
<title>Save Product</title>
<style type="text/css">@import url(css/main.css);</style>
</head>
<body>
<div id="global">
    <h4>The product has been saved.</h4>
    <p>
        <h5>Details:</h5>
        Product Name: ${product.name}<br/>
        Description: ${product.description}<br/>
        Price: $${product.price}
    </p>
</div>
</body>
</html>
```

ProductDetails.jsp 页面通过模型属性名“product”来访问由 SaveProductController 传入的 Product 对象。这里用 JSP 表达式语言来显示 Product 对象的各种属性。

17.4.5　测试应用

现在，在浏览器中输入如下 URL 来测试应用：

```
http://localhost:8080/app17a/product_input.action
```

会看到类似于图 17.2 所示的产品表单页面，在空字段中输入相应的值后单击 Add Product（添加产品）按钮，会在下一页中看到产品属性。

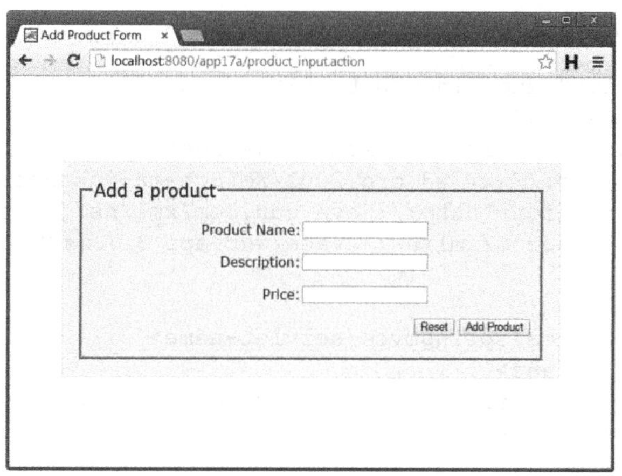

图 17.2　app17a 的产品表单

17.5　View Resolver

Spring MVC 中的视图解析器负责解析视图。可以通过在配置文件中定义一个 ViewResolver（如下）来配置视图解析器：

```
<bean id="viewResolver" class="org.springframework.web.servlet.
➥ view.InternalResourceViewResolver">
    <property name="prefix" value="/WEB-INF/jsp/"/>
    <property name="suffix" value=".jsp"/>
</bean>
```

如上视图解析器设置了前缀和后缀两个属性。这样，view 路径将缩短。例如，仅需提供“myPage”，而不必再设置视图路径为/WEB-INF/jsp/myPage.jsp，视图解析器将会自动增加前缀和后缀。

以 app17b 应用为例，该例子与 app17a 应用类似，但调整了配置文件的名称和路径。此外，它还配置了默认的视图解析器，为所有视图路径添加前缀和后缀。

图 17.3 所示为 app17b 的目录结构。

app17b 中，Spring MVC 的配置文件被重命名为 springmvc-config.xml 中并移动到/WEB-INF/config 目录下。为了让 Spring MVC 可以正确加载到该配置文件，需要将文件路径配置到 Spring MVC 的 Dispatcher servlet。清单 17.7 显示了 app17b 应用的部署描述符（web.xml 文件）。

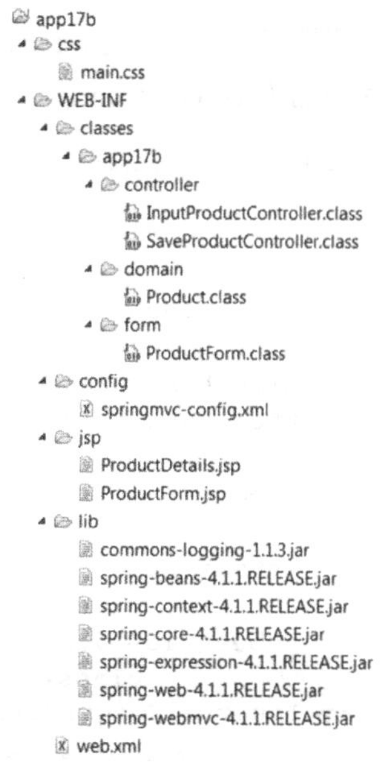

图 17.3　app17b 的目录结构

清单 17.7　app17b 应用的部署描述符

```
<?xml version="1.0" encoding="UTF-8"?>
<web-app version="3.0"
    xmlns="http://java.sun.com/xml/ns/javaee"
    xmlns:xsi="http://www.w3.org/2001/XMLSchema-instance"
    xsi:schemaLocation="http://java.sun.com/xml/ns/javaee
    http://java.sun.com/xml/ns/javaee/web-app_3_0.xsd">

    <servlet>
        <servlet-name>springmvc</servlet-name>
        <servlet-class>
            org.springframework.web.servlet.DispatcherServlet
        </servlet-class>
        <init-param>
            <param-name>contextConfigLocation</param-name>
            <param-value>
                /WEB-INF/config/springmvc-config.xml
            </param-value>
        </init-param>
        <load-on-startup>1</load-on-startup>
    </servlet>

    <servlet-mapping>
        <servlet-name>springmvc</servlet-name>
        <url-pattern>*.action</url-pattern>
    </servlet-mapping>
</web-app>
```

需要特别注意的是 web.xml 文件中的 init-param 元素。不要使用默认命名和路径的配置文件，要使用名为 contextConfigLocation 的 init-param，其值应为配置文件在应用中的相对路径。

清单 17.8　app17b 的配置文件

```
<?xml version="1.0" encoding="UTF-8"?>

<beans xmlns="http://www.springframework.org/schema/beans"
  xmlns:xsi="http://www.w3.org/2001/XMLSchema-instance"
  xsi:schemaLocation="http://www.springframework.org/schema/beans
  http://www.springframework.org/schema/beans/spring-beans.xsd">

    <bean name="/product_input.action"
          class="app17b.controller.InputProductController"/>
    <bean name="/product_save.action"
          class="app17b.controller.SaveProductController"/>
    <bean id="viewResolver"
          class="org.springframework.web.servlet.view.
➥ InternalResourceViewResolver">
        <property name="prefix" value="/WEB-INF/jsp/"/>
        <property name="suffix" value=".jsp"/>
```

```
    </bean>
</beans>
```

测试 app17b 应用，在浏览器中输入如下 URL：

```
http://localhost:8080/app17b/product_input.action
```

即可看到图 17.2 所示的表单页面。

17.6 小结

本章是 Spring MVC 的入门介绍。我们学习了如何开发一个类似第 16 章的简单应用。在 Spring MVC 中，我们无须编写自己的 dispatcher servlet，其传统风格的控制器开发方式是实现控制器接口。从 Spring 2.5 版本开始，Spring 提供了一个更好的开发控制器的方式，例如采用注解。第 18 章会深入介绍这种风格的控制器。

第 18 章 基于注解的控制器

在第 17 章中，我们创建了两个采用传统风格控制器的 Spring MVC 应用程序，其控制器是实现了 Controller 接口的类。Spring 2.5 版本引入了一个新途径：通过使用控制器注释类型。本章介绍了基于注解的控制器，以及各种对应用程序有用的注解类型。

18.1 Spring MVC 注解类型

使用基于注解的控制器有几个优点。其一，一个控制器类可以处理多个动作（而一个实现了 Controller 接口的控制器只能处理一个动作）。这就允许将相关的操作写在同一个控制器类中，从而减少应用程序中类的数量。

其二，基于注解的控制器的请求映射不需要存储在配置文件中。使用 RequestMapping 注解类型，可以对一个方法进行请求处理。

Controller 和 RequestMapping 注解类型是 Spring MVC API 最重要的两个注解类型。本章重点介绍这两个，并简要介绍了一些其他不太流行的注解类型。

18.1.1 Controller 注解类型

org.springframework.stereotype.Controller 注解类型用于指示 Spring 类的实例是一个控制器。下面是一个带注解@Controller 的例子：

```
package com.example.controller;

import org.springframework.stereotype;
...

@Controller
public class CustomerController {

    // request-handling methods here
}
```

Spring 使用扫描机制来找到应用程序中所有基于注解的控制器类。为了保证 Spring 能找到你的控制器，需要完成两件事情。首先，需要在 Spring MVC 的配置文件中声明 spring-context，如下所示：

```
<beans
    ...
    xmlns:context="http://www.springframework.org/schema/context"
    ...
>
```

然后，需要应用<component-scan/>元素，如下所示：

```
<context:component-scan base-package="basePackage"/>
```

请在<component-scan/>元素中指定控制器类的基本包。例如，若所有的控制器类都在 com.example.controller 及其子包下，则需要写一个如下所示的<component-scan/>元素：

```
<context:component-scan base-package="com.example.controller"/>
```

现在，整个配置文件如下所示：

```
<?xml version="1.0" encoding="UTF-8"?>
<beans xmlns="http://www.springframework.org/schema/beans"
    xmlns:xsi="http://www.w3.org/2001/XMLSchema-instance"
    xmlns:p="http://www.springframework.org/schema/p"
    xmlns:context="http://www.springframework.org/schema/context"
    xsi:schemaLocation="
        http://www.springframework.org/schema/beans
        http://www.springframework.org/schema/beans/spring-beans.xsd
        http://www.springframework.org/schema/context
        http://www.springframework.org/schema/context/spring-
      context.xsd">

    <context:component-scan base-package="com.example.controller"/>

    <!-- ... -->
</beans>
```

请确保所有控制器类都在基本包下，并且不要指定一个太广泛的基本包（如指定 com.example，而非 com.example.controller），因为这会使得 Spring MVC 扫描了无关的包。

18.1.2 RequestMapping 注解类型

现在，我们需要在控制类的内部为每一个动作开发相应的处理方法。要让 Spring 知道用哪一种方法来处理它的动作，需要使用 org.springframework.web.bind.annotation.RequestMapping 注释类型映射的 URI 与方法。

RequestMapping 注解类型的作用就如同其名字所暗示的：映射一个请求和一种方法。可以使用@RequestMapping 注解一种方法或类。

一个采用@RequestMapping 注解的方法将成为一个请求处理方法，并由调度程序在接收到对应 URL 请求时调用。

下面是一个 RequestMapping 注解方法的控制器类：

```
package com.example.controller;

import org.springframework.stereotype.Controller;
import org.springframework.web.bind.annotation.RequestMapping;
...

@Controller
public class CustomerController {

    @RequestMapping(value = "/customer_input")
    public String inputCustomer() {

        // do something here

        return "CustomerForm";
    }
}
```

使用 RequestMapping 注解的 value 属性将 URI 映射到方法。在上面的例子中，我们将 customer_input 映射到 inputCustomer 方法。这样，可以使用如下 URL 访问 inputCustomer 方法：

```
http://domain/context/customer_input
```

由于 value 属性是 RequestMapping 注解的默认属性，因此，若只有唯一的属性，则可以省略属性名称。换句话说，如下两个标注含义相同：

```
@RequestMapping(value = "/customer_input")

@RequestMapping("/customer_input")
```

但如果有超过一个属性时，就必须写入 value 属性名称。

请求映射的值可以是一个空字符串，此时该方法被映射到以下网址：

```
http://domain/context
```

RequestMapping 除了具有 value 属性外，还有其他属性。例如，method 属性用来指示该方法仅处理哪些 HTTP 方法。

例如，仅在使用 HTTP POST 或 PUT 方法时，才调用下面的 ProcessOrder 方法：

```
...
import org.springframework.stereotype.Controller;
import org.springframework.web.bind.annotation.RequestMapping;
import org.springframework.web.bind.annotation.RequestMethod;
...
    @RequestMapping(value="/order_process",
            method={RequestMethod.POST, RequestMethod.PUT})
```

```
    public String processOrder() {

        // do something here

        return "OrderForm";
    }
```

若 method 属性只有一个 HTTP 方法值，则无需花括号。例如：

```
@RequestMapping(value="/order_process", method=RequestMethod.POST)
```

如果没有指定 method 属性值，则请求处理方法可以处理任意 HTTP 方法。

此外，RequestMapping 注解类型也可以用来注解一个控制器类，如下所示：

```
import org.springframework.stereotype.Controller;
...

@Controller
@RequestMapping(value="/customer")
public class CustomerController {
```

在这种情况下，所有的方法都将映射为相对于类级别的请求。例如下面的 deleteCustomer 方法：

```
...
import org.springframework.stereotype.Controller;
import org.springframework.web.bind.annotation.RequestMapping;
import org.springframework.web.bind.annotation.RequestMethod;
...
@Controller
@RequestMapping("/customer")
public class CustomerController {

    @RequestMapping(value="/delete",
            method={RequestMethod.POST, RequestMethod.PUT})
    public String deleteCustomer() {

        // do something here

        return ...;
    }
```

由于控制器类的映射使用“/customer”，而 deleteCustomer 方法映射为“/delete”，则如下 URL 会映射到该方法上：

http://*domain*/*context*/customer/delete

18.2 编写请求处理方法

每个请求处理方法可以有多个不同类型的参数，以及一个多种类型的返回结果。例如，如果在请求处理方法中需要访问 HttpSession 对象，则可以添加 HttpSession 作为参数，Spring 会将对象正确地传递给方法：

```
@RequestMapping("/uri")
public String myMethod(HttpSession session) {
    ...
    session.addAttribute(key, value);
    ...
}
```

或者，若需要访问客户端语言环境和 HttpServletRequest 对象，则可以在方法签名上包括这样的参数：

```
@RequestMapping("/uri")
public String myOtherMethod(HttpServletRequest request,
        Locale locale) {
    ...
    // access Locale and HttpServletRequest here
    ...
}
```

下面是可以在请求处理方法中出现的参数类型：

- javax.servlet.ServletRequest 或 javax.servlet.http.HttpServletRequest
- javax.servlet.ServletResponse 或 javax.servlet.http.HttpServletResponse
- javax.servlet.http.HttpSession
- org.springframework.web.context.request.WebRequest 或 org.springframework.web.context.request.NativeWebRequest
- java.util.Locale
- java.io.InputStream 或 java.io.Reader
- java.io.OutputStream 或 java.io.Writer
- java.security.Principal
- HttpEntity<?>
- java.util.Map / org.springframework.ui.Model /
- org.springframework.ui.ModelMap
- org.springframework.web.servlet.mvc.support.RedirectAttributes
- org.springframework.validation.Errors /
- org.springframework.validation.BindingResult

命令或表单对象：

- org.springframework.web.bind.support.SessionStatus
- org.springframework.web.util.UriComponentsBuilder
- 带@PathVariable, @MatrixVariable 注释的对象
- @RequestParam, @RequestHeader, @RequestBody 或@RequestPart

特别重要的是 org.springframework.ui.Model 类型。这不是一个 Servlet API 类型，而是一个包含 Map 的 Spring MVC 类型。每次调用请求处理方法时，Spring MVC 都创建 Model 对象并将各种对象注入到 Map 中。

请求处理方法可以返回如下类型的对象：

- ModelAndView
- Model
- Map 包含模型的属性
- View
- 代表逻辑视图名的 String
- void
- 提供对 Servlet 的访问，以响应 HTTP 头部和内容 HttpEntity 或 ResponseEntity 对象
- Callable
- DeferredResult
- 其他任意类型，Spring 将其视作输出给 View 的对象模型

本章后续会展示一个例子，进一步学习如何开发一个请求处理方法。

18.3 应用基于注解的控制器

本章的示例应用 app18a 基于第 16 章和第 17 章的例子重写，展示了一个包含有两个请求处理方法的控制器类。

app18a 和前面的应用程序间的主要区别在于 app18a 的控制器类增加了注解@Controller。此外，Spring 配置文件也增加了一些元素，后续小节中会详细介绍。

18.3.1 目录结构

图 18.1 展示了 app18a 的目录结构。注意，app18a 中只有一个控制器类，而不是两个，同时新增了一个名为 index.html 的 HTML 文件，以便 Spring MVC Servlet 的 URL 模式设置为“/”时，依然可以访问静态资源。

```
app18a
  css
    main.css
  WEB-INF
    classes
      app18a
        controller
          ProductController.class
        domain
          Product.class
        form
          ProductForm.class
    config
      springmvc-config.xml
    jsp
      ProductDetails.jsp
      ProductForm.jsp
    lib
      commons-logging-1.1.3.jar
      spring-aop-4.1.1.RELEASE.jar
      spring-beans-4.1.1.RELEASE.jar
      spring-context-4.1.1.RELEASE.jar
      spring-core-4.1.1.RELEASE.jar
      spring-expression-4.1.1.RELEASE.jar
      spring-web-4.1.1.RELEASE.jar
      spring-webmvc-4.1.1.RELEASE.jar
    web.xml
```

图 18.1　app18a 的目录结构

18.3.2　配置文件

app18a 有两个配置文件。第一个为部署描述符（web.xml 文件）中注册 Spring MVC 的 Dispatcher Servlet。第二个为 springmvc-config.xml，即 Spring MVC 的配置文件。

清单 18.1 和清单 18.2 分别展示了部署描述符和 Spring MVC 的配置文件。

清单 18.1　app18a（web.xml）的部署描述符

```
<?xml version="1.0" encoding="UTF-8"?>
<web-app version="3.0"
    xmlns="http://java.sun.com/xml/ns/javaee"
    xmlns:xsi="http://www.w3.org/2001/XMLSchema-instance"
    xsi:schemaLocation="http://java.sun.com/xml/ns/javaee
➥ http://java.sun.com/xml/ns/javaee/web-app_3_0.xsd">

    <servlet>
        <servlet-name>springmvc</servlet-name>
        <servlet-class>
            org.springframework.web.servlet.DispatcherServlet
        </servlet-class>
        <init-param>
            <param-name>contextConfigLocation</param-name>
```

```
                <param-value>
                    /WEB-INF/config/springmvc-config.xml
                </param-value>
            </init-param>
            <load-on-startup>1</load-on-startup>
        </servlet>

        <servlet-mapping>
            <servlet-name>springmvc</servlet-name>
            <url-pattern>/</url-pattern>
        </servlet-mapping>
</web-app>
```

请注意，在部署描述符中的<servlet-mapping/>元素，Spring MVC 的 dispatcher-servlet 的 URL 模式设置为“/”，而不是第 17 章中的.action。实际上，映射动作（action）不必一定要用某种 URL 扩展。当然，当 URL 模式设置为“/”时，意味着所有请求（包括那些用于静态资源）都被映射到 dispatcher servlet。为了正确处理静态资源，需要在 Spring MVC 配置文件中添加一些<resources/>元素。

清单 18.2　springmvc-config.xml 文件

```
<?xml version="1.0" encoding="UTF-8"?>
<beans xmlns="http://www.springframework.org/schema/beans"
    xmlns:xsi="http://www.w3.org/2001/XMLSchema-instance"
    xmlns:p="http://www.springframework.org/schema/p"
    xmlns:mvc="http://www.springframework.org/schema/mvc"
    xmlns:context="http://www.springframework.org/schema/context"
    xsi:schemaLocation="
        http://www.springframework.org/schema/beans
        http://www.springframework.org/schema/beans/spring-beans.xsd
        http://www.springframework.org/schema/mvc
        http://www.springframework.org/schema/mvc/spring-mvc.xsd
        http://www.springframework.org/schema/context
        http://www.springframework.org/schema/context/spring-
      context.xsd">
    <context:component-scan base-package="app18a.controller"/>
    <mvc:annotation-driven/>
    <mvc:resources mapping="/css/**" location="/css/"/>
    <mvc:resources mapping="/*.html" location="/"/>

    <bean id="viewResolver"
        class="org.springframework.web.servlet.view.
➥ InternalResourceViewResolver">
        <property name="prefix" value="/WEB-INF/jsp/"/>
        <property name="suffix" value=".jsp"/>
    </bean>
</beans>
```

清单 18.2（Spring MVC 的配置文件）中最主要的是<component-scan/>元素。这是要指示

Spring MVC 扫描目标包中的类，本例是 app18a.controller 包。接下去是一个<annotation-driven/>元素和两个<resources/>元素。<annotation-driven/>元素做的事情包括注册用于支持基于注解的控制器的请求处理方法的 bean 对象。<resources/>元素则指示 Spring MVC 哪些静态资源需要单独处理（不通过 dispatcher servlet）。

在清单 18.2 的配置文件中有两个<resources/>元素。第一个确保在/CSS 目录下的所有文件可见，第二个允许显示所有的.html 文件。

注意： 如果没有<annotation-driven/>，<resources/>元素会阻止任意控制器被调用。若不需要使用 resources，则不需要<annotation-driven/>元素。

18.3.3　Controller 类

如前所述，使用 Controller 注解类型的一个优点在于：一个控制器类可以包含多个请求处理方法。如清单 18.3，ProductController 类中有 inputProduct 和 saveProduct 两种方法。

清单 18.3　ProductController 类

```
package app18a.controller;
import org.apache.commons.logging.Log;
import org.apache.commons.logging.LogFactory;
import org.springframework.stereotype.Controller;
import org.springframework.ui.Model;
import org.springframework.web.bind.annotation.RequestMapping;

import app18a.domain.Product;
import app18a.form.ProductForm;

@Controller
public class ProductController {

    private static final Log logger =
        LogFactory.getLog(ProductController.class);

    @RequestMapping(value="/product_input")
    public String inputProduct() {
        logger.info("inputProduct called");
        return "ProductForm";
    }

    @RequestMapping(value="/product_save")
    public String saveProduct(ProductForm productForm, Model model) {
        logger.info("saveProduct called");
        // no need to create and instantiate a ProductForm
        // create Product
        Product product = new Product();
        product.setName(productForm.getName());
        product.setDescription(productForm.getDescription());
```

```
            try {
                product.setPrice(Float.parseFloat(
                        productForm.getPrice()));
            } catch (NumberFormatException e) {
            }

            // add product

            model.addAttribute("product", product);
            return "ProductDetails";
        }
    }
```

其中，ProductController 的 saveProduct 方法的第二个参数是 org.springframework.ui.Model 类型。无论是否会使用，Spring MVC 都会在每一个请求处理方法被调用时创建一个 Model 实例，使用 Model 的主要目的是添加需要在视图中显示的属性。本例中，通过调用 model.addAttribute 来添加 Product 实例：

```
model.addAttribute("product", product);
```

Product 实例就可以像被添加到 HttpServletRequest 中那样访问了。

18.3.4　View

app18a 也有类似前面章节示例的两个视图：ProductForm.jsp 页面（见清单 18.4）和 ProductDetails.jsp 页面（见清单 18.5）。

清单 18.4　ProductForm.jsp 页面

```
<!DOCTYPE html>
<html>
<head>
<title>Add Product Form</title>
<style type="text/css">@import url(css/main.css);</style>
</head>
<body>

<div id="global">
<form action="product_save" method="post">
    <fieldset>
        <legend>Add a product</legend>
        <p>
            <label for="name">Product Name: </label>
            <input type="text" id="name" name="name"
                tabindex="1">
        </p>
        <p>
            <label for="description">Description: </label>
            <input type="text" id="description"
```

```
                    name="description" tabindex="2">
            </p>
            <p>
                <label for="price">Price: </label>
                <input type="text" id="price" name="price"
                    tabindex="3">
            </p>
            <p id="buttons">
                <input id="reset" type="reset" tabindex="4">
                <input id="submit" type="submit" tabindex="5"
                    value="Add Product">
            </p>
        </fieldset>
</form>
</div>
</body>
</html>
```

清单 18.5　ProductDetails.jsp 页面

```
<!DOCTYPE html>
<html>
<head>
<title>Save Product</title>
<style type="text/css">@import url(css/main.css);</style>
</head>
<body>
<div id="global">
    <h4>The product has been saved.</h4>
    <p>
        <h5>Details:</h5>
        Product Name: ${product.name}<br/>
        Description: ${product.description}<br/>
        Price: $${product.price}
    </p>
</div>
</body>
</html>
```

18.3.5　测试应用

下面在浏览器中输入如下 URL 来测试 app18a：

```
http://localhost:8080/app18a/product_input
```

浏览器会显示 Product 表单，如图 18.2 所示。

单击 Add Product 按钮，会调用 saveProduct 方法。

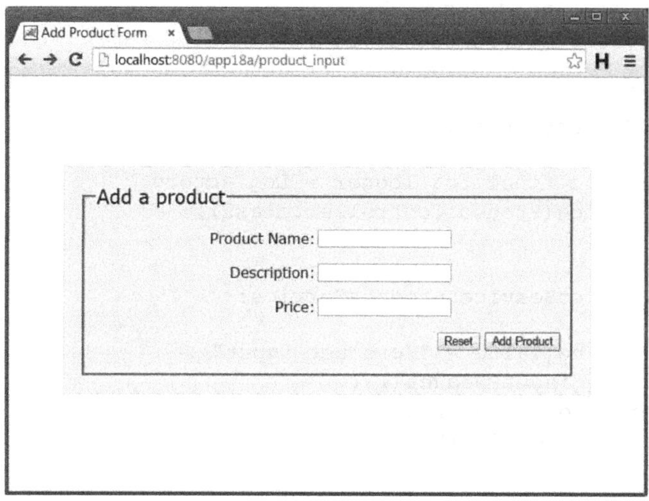

图 18.2 Product 表单

18.4 应用@Autowired 和@Service 进行依赖注入

使用 Spring 框架的一个好处是容易进行依赖注入。毕竟，Spring 框架一开始就是一个依赖注入容器。将依赖注入到 Spring MVC 控制器的最简单方法是通过注解@Autowired 到字段或方法。Autowired 注解类型属于 org.springframework.beans.factory.annotation 包。

此外，为了能被作为依赖注入，类必须要注明为@Service。该类型是 org.springframework.stereotype 包的成员。Service 注解类型指示类是一个服务。此外，在配置文件中，还需要添加一个<component-scan/>元素来扫描依赖基本包：

```
<context:component-scan base-package="dependencyPackage"/>
```

下面以 app18b 应用进一步说明 Spring MVC 如何应用依赖注入。在 app18b 应用程序中，ProductController 类（见清单 18.6）已经不同于 app18a。

清单 18.6 app18b 的 ProductController 类

```
package app18b.controller;
import org.apache.commons.logging.Log;
import org.apache.commons.logging.LogFactory;
import org.springframework.beans.factory.annotation.Autowired;
import org.springframework.stereotype.Controller;
import org.springframework.ui.Model;
import org.springframework.web.bind.annotation.PathVariable;
import org.springframework.web.bind.annotation.RequestMapping;
import org.springframework.web.bind.annotation.RequestMethod;
import org.springframework.web.servlet.mvc.support.RedirectAttributes;
import app18b.domain.Product;
```

```
import app18b.form.ProductForm;
import app18b.service.ProductService;

@Controller
public class ProductController {

    private static final Log logger = LogFactory
            .getLog(ProductController.class);

    @Autowired
    private ProductService productService;

    @RequestMapping(value = "/product_input")
    public String inputProduct() {
        logger.info("inputProduct called");
        return "ProductForm";
    }

    @RequestMapping(value = "/product_save", method = RequestMethod.POST)
    public String saveProduct(ProductForm productForm,
            RedirectAttributes redirectAttributes) {
        logger.info("saveProduct called");
        // no need to create and instantiate a ProductForm
        // create Product
        Product product = new Product();
        product.setName(productForm.getName());
        product.setDescription(productForm.getDescription());
        try {
            product.setPrice(Float.parseFloat(
                    productForm.getPrice()));
        } catch (NumberFormatException e) {
        }

        // add product
        Product savedProduct = productService.add(product);

        redirectAttributes.addFlashAttribute("message",
                "The product was successfully added.");
        return "redirect:/product_view/" + savedProduct.getId();
    }

    @RequestMapping(value = "/product_view/{id}")
    public String viewProduct(@PathVariable Long id, Model model) {
        Product product = productService.get(id);
        model.addAttribute("product", product);
        return "ProductView";
    }
}
```

与 app18a 中相比，app18b 中的 ProductController 类做了一系列的调整。首先是在如下的私有字段上增加了@Autowired 注解：

```
@Autowired
private ProductService productService
```

ProductService 是一个提供各种处理产品方法的接口。为 productService 字段添加@Autowired 注解会使 ProductService 的一个实例被注入到 ProductController 实例中。

清单 18.7 和清单 18.8 分别显示了 ProductService 接口及其实现类 ProductServiceImpl。注意，为了使类能被 Spring 扫描到，必须为其标注@Service。

清单 18.7 ProductService 接口

```
package app18b.service
import app18b.domain.Product;
public interface ProductService {
    Product add(Product product);
    Product get(long id);
}
```

清单 18.8 ProductServiceImpl 类

```
package app18b.service;
import java.util.HashMap;
import java.util.Map;
import java.util.concurrent.atomic.AtomicLong;
import org.springframework.stereotype.Service;
import app18b.domain.Product;

@Service
public class ProductServiceImpl implements ProductService {

    private Map<Long, Product> products =
            new HashMap<Long, Product>();
    private AtomicLong generator = new AtomicLong();

    public ProductServiceImpl() {
        Product product = new Product();
        product.setName("JX1 Power Drill");
        product.setDescription(
                "Powerful hand drill, made to perfection");
        product.setPrice(129.99F);
        add(product);
    }

    @Override
    public Product add(Product product) {
        long newId = generator.incrementAndGet();
        product.setId(newId);
        products.put(newId, product);
        return product;
    }
```

```
        @Override
        public Product get(long id) {
            return products.get(id);
        }
    }
```

如清单 18.9 所示，app18b 的 Spring MVC 配置文件中有两个<component-scan/>元素；一个用于扫描控制器类，另一个用于扫描服务类。

清单 18.9 Spring MVC 配置文件

```
<?xml version="1.0" encoding="UTF-8"?>
<beans xmlns="http://www.springframework.org/schema/beans"
    xmlns:xsi="http://www.w3.org/2001/XMLSchema-instance"
    xmlns:p="http://www.springframework.org/schema/p"
    xmlns:mvc="http://www.springframework.org/schema/mvc"
    xmlns:context="http://www.springframework.org/schema/context"
    xsi:schemaLocation="
        http://www.springframework.org/schema/beans
        http://www.springframework.org/schema/beans/spring-beans.xsd
        http://www.springframework.org/schema/mvc
        http://www.springframework.org/schema/mvc/spring-mvc.xsd
        http://www.springframework.org/schema/context
        http://www.springframework.org/schema/context/springcontext.xsd">

    <context:component-scan base-package="app18b.controller"/>
    <context:component-scan base-package="app18b.service"/>
    <mvc:annotation-driven/>
    <mvc:resources mapping="/css/**" location="/css/"/>
    <mvc:resources mapping="/*.html" location="/"/>

    <bean id="viewResolver"
        class="org.springframework.web.servlet.view.InternalResourceViewRes
        olver">
          <property name="prefix" value="/WEB-INF/jsp/"/>
          <property name="suffix" value=".jsp"/>
    </bean>
</beans>
```

18.5 重定向和 Flash 属性

作为一个经验丰富的 Servlet/JSP 程序员，必须知道转发和重定向的区别。转发比重定向快，因为重定向经过客户端，而转发没有。但是，有时采用重定向更好，若需要重定向到一个外部网站，则无法使用转发。

另一个使用重定向的场景是避免在用户重新加载页面时再次调用同样的动作。例如，在 app18a 中，当提交产品表单时，saveProduct 方法将被调用，并执行相应的动作。在一个真实的应用程序中，这可能包括将所述产品加入到数据库中。但是，如果在提交表单后重新加载页面，saveProduct 就会被再次调用，同样的产品将可能被再次添加。为了避免这种情况，提交表单后，你可能更愿意将用户重定向到一个不同的页面。这个网页任意重新加载都没有副作用。例如，在 app18a 中，可以在提交表单后，将用户重定向到一个 ViewProduct 页面。

在 app18b 中，ProductController 类中的 saveProduct 方法以如下所示的行结束：

```
return "redirect:/product_view/" + savedProduct.getId();
```

这里，使用重定向，而不是转发来防止当用户重新加载页面时，saveProduct 被二次调用。

使用重定向的一个不便的地方是：无法轻松地传值给目标页面。而采用转发，则可以简单地将属性添加到 Model，使得目标视图可以轻松访问。由于重定向经过客户端，所以 Model 中的一切都在重定向时丢失。幸运的是，Spring 3.1 版本以及更高版本通过 Flash 属性提供了一种供重定向传值的方法。

要使用 Flash 属性，必须在 Spring MVC 配置文件中有一个<annotation-driven/>元素。然后，还必须在方法上添加一个新的参数类型 org.springframework.web.servlet.mvc.support.RedirectAttributes。清单 18.10 展示了更新后的 saveProduct 方法。

清单 18.10　使用 Flash 属性

```
@RequestMapping(value = "product_save", method = RequestMethod.POST)
public String saveProduct(ProductForm productForm,
        RedirectAttributes redirectAttributes) {
    logger.info("saveProduct called");
    // no need to create and instantiate a ProductForm
    // create Product
    Product product = new Product();
    product.setName(productForm.getName());
    product.setDescription(productForm.getDescription());
    try {
        product.setPrice(Float.parseFloat(productForm.getPrice()));
    } catch (NumberFormatException e) {
    }

    // add product
    Product savedProduct = productService.add(product);

    redirectAttributes.addFlashAttribute("message",
            "The product was successfully added.");

    return "redirect:/product_view/" + savedProduct.getId();
}
```

18.6　请求参数和路径变量

请求参数和路径变量都可以用于发送值给服务器。二者都是 URL 的一部分。请求参数采用 key = value 形式，并用“&”分隔。例如，下面的 URL 带有一个名为 productId 的请求参数，其值为 3：

```
http://localhost:8080/app18b/product_retrieve?productId=3
```

在传统的 Servlet 编程中，可以使用 HttpServletRequest 的 getParameter 方法来获取一个请求参数值：

```
String productId = httpServletRequest.getParameter("productId");
```

Spring MVC 提供了一个更简单的方法来获取请求参数值：通过使用 org.springframework.web.bind.annotation.RequestParam 注解类型来注解方法参数。例如，下面的方法包含了一个获取请求参数 productId 值的参数：

```
public void sendProduct(@RequestParam int productId)
```

正如你所看到的，@RequestParam 注解的参数类型不一定是字符串。

路径变量类似请求参数，但没有 key 部分，只是一个值。例如，在 app18b 中，product_view 动作映射到如下 URL：

```
/product_view/productId
```

其中的 productId 是表示产品标识符的整数。在 Spring MVC 中，productId 被称作路径变量，用来发送一个值到服务器。

清单 18.11 中的 viewProduct 方法演示了一个路径变量的使用。

清单 18.11　使用路径变量

```
@RequestMapping(value = "/product_view/{id}")
public String viewProduct(@PathVariable Long id, Model model) {
    Product product = productService.get(id);
    model.addAttribute("product", product);
    return "ProductView";
}
```

为了使用路径变量，首先需要在 RequestMapping 注解的值属性中添加一个变量，该变量必须放在花括号之间。例如，下面的 RequestMapping 注解定义了一个名为 id 的路径变量：

```
@RequestMapping(value = "/product_view/{id}")
```

然后，在方法签名中添加一个同名变量，并加上@PathVariable 注解。请注意清单 18.11 中 viewProduct 的方法签名。当该方法被调用时，请求 URL 的 id 值将被复制到路径变量中，并可以在方法中使用。路径变量的类型可以不是字符串。Spring MVC 将尽力转换为非字符串类型。这个 Spring MVC 的强大功能会在第 19 章中详细讨论。

可以在请求映射中使用多个路径变量。例如，下面定义了 userId 和 orderId 两个路径变量：

```
@RequestMapping(value = "/product_view/{userId}/{orderId}")
```

请直接将浏览器输入到如下 URL，来测试 viewProduct 方法的路径变量：

```
http://localhost:8080/app18b/product_view/1
```

有时，使用路径变量时会遇到一个小问题：在某些情况下，浏览器可能会误解路径变量。考虑下面的 URL：

```
http://example.com/context/abc
```

浏览器会（正确）认为 abc 是一个动作。任何静态文件路径的解析，如 CSS 文件时，将使用 http://example.com/context 作为基本路径。这就是说，若服务器发送的网页包含如下 img 元素：

```
<img src="logo.png"/>
```

该浏览器将试图通过 http://example.com/context/logo.png 来加载 logo.png。

然而，若一个应用程序被部署为默认上下文（默认上下文路径是一个空字符串），则对于同一个目标的 URL，会是这样的：

```
http://example.com/abc
```

下面是在带有路径变量的 URL：

```
http://example.com/abc/1
```

在这种情况下，浏览器会认为 abc 是上下文，没有动作。如果在页面中使用<img src="logo.png"/>，浏览器将试图通过 http://example.com/abc/logo.png 来寻找图像，最终它将找不到该图像。

幸运的是，我们有一个简单的解决方案，即通过使用 JSTL 标记的 URL（我们已经在第 5 章中详细讨论了 JSTL）。标签会通过正确解析 URL 来修复该问题。例如，app18b 中所有的 JSP 页面导入的所有 CSS，从

```
<style type="text/css">@import url(css/main.css);</style>
```

修改为

```
<style type="text/css">
@import url("<c:url value="/css/main.css"/>");
</style>
```

若程序部署为默认上下文，链接标签会将该 URL 转换成如下形式：

```
<style type="text/css">@import url("/css/main.css");</style>
```

若程序不在默认上下文中，则它会被转换成如下形式：

```
<style type="text/css">@import url("/app18b/css/main.css");</style>
```

18.7 @ModelAttribute

前面谈到 Spring MVC 在每次调用请求处理方法时，都会创建 Model 类型的一个实例。

若打算使用该实例，则可以在方法中添加一个 Model 类型的参数。事实上，还可以使用在方法中添加 ModelAttribute 注解类型来访问 Model 实例。该注解类型也是 org.springframework.web.bind.annotation 包的成员。

可以用@ModelAttribute 来注解方法参数或方法。带@ModelAttribute 注解的方法会将其输入的或创建的参数对象添加到 Model 对象中（若方法中没有显式地添加）。例如，Spring MVC 将在每次调用 submitOrder 方法时创建一个 Order 实例：

```
@RequestMapping(method = RequestMethod.POST)
public String submitOrder(@ModelAttribute("newOrder") Order order,
    Model model) {

    ...
}
```

输入或创建的 Order 实例将用 newOrder 键值添加到 Model 对象中。如果未定义键值名，则将使用该对象类型的名称。例如，每次调用如下方法，会使用键值 order 将 Order 实例添加到 Model 对象中：

```
public String submitOrder(@ModelAttribute Order order, Model model)
```

@ModelAttribute 的第二个用途是标注一个非请求的处理方法。被@ModelAttribute 注解的方法会在每次调用该控制器类的请求处理方法时被调用。这意味着，如果一个控制器类有两个请求处理方法，以及一个有@ModelAttribute 注解的方法，该方法的调用就会比每个处理请求方法更频繁。

Spring MVC 会在调用请求处理方法之前调用带@ModelAttribute 注解的方法。带@ModelAttribute 注解的方法可以返回一个对象或一个 void 类型。如果返回一个对象，则返回对象会自动添加到 Model 中：

```
@ModelAttribute
public Product addProduct(@RequestParam String productId) {
    return productService.get(productId);
}
```

若方法返回 void，则还必须添加一个 Model 类型的参数，并自行将实例添加到 Model 中。如下面的例子所示：

```
@ModelAttribute
public void populateModel(@RequestParam String id, Model)
    model.addAttribute(new Account(id));
}
```

18.8　小结

在本章中，我们学会了如何编写基于注解的控制器的 Spring MVC 应用，也学会了各种可用来注解类、方法或方法的参数的注解类型。

第 19 章 数据绑定和表单标签库

数据绑定是将用户输入绑定到领域模型的一种特性。有了数据绑定，类型总是为 String 的 HTTP 请求参数，可用于填充不同类型的对象属性。数据绑定使得 form bean（如前面章节中的 ProductForm 实例）变成多余的。

为了高效地使用数据绑定，还需要 Spring 的表单标签库。本章着重介绍数据绑定和表单标签库，并提供范例，示范表单标签库中这些标签的用法。

19.1 数据绑定概览

基于 HTTP 的特性，所有 HTTP 请求参数的类型均为字符串。在前面的章节中，为了获取正确的产品价格，不得不将字符串解析成浮点（float）类型。为了便于复习，这里把 app18a 中 ProductController 类的 saveProduct 方法的部分代码复制过来了：

```
@RequestMapping(value="product_save")
public String saveProduct(ProductForm productForm,
        Model model) {
    logger.info("saveProduct called");
     // no need to create and instantiate a ProductForm
     // create Product
    Product product = new Product();
    product.setName(productForm.getName());
    product.setDescription(productForm.getDescription());
    try {
         product.setPrice(Float.parseFloat(
             productForm.getPrice()));
    } catch (NumberFormatException e) {
    }
```

之所以需要解析 ProductForm 中的 price 属性，是因为它是一个 String，需要用 float 来填充 Product 的 price 属性。有了数据绑定，就可以用下面的代码取代上面的 saveProduct 方法部分：

```
@RequestMapping(value="product_save")
public String saveProduct(Product product, Model model)
```

有了数据绑定，就不再需要 ProductForm 类，也不需要解析 Product 对象的 price 属性了。

数据绑定的另一个好处是：当输入验证失败时，它会重新生成一个 HTML 表单。手工编写 HTML 代码时，必须记住用户之前输入的值，重新填充输入字段。有了 Spring 的数据绑定和表单标签库后，它们就会替你完成这些工作。

19.2　表单标签库

表单标签库中包含了可以用在 JSP 页面中渲染 HTML 元素的标签。为了使用这些标签，必须在 JSP 页面的开头处声明这个 taglib 指令：

```
<%@taglib prefix="form"
    uri="http://www.springframework.org/tags/form" %>
```

表 19.1 展示了表单标签库中的标签。

在接下来的小节中，将逐一介绍这些标签。19.3 节“数据绑定范例”展示了一个范例应用程序，示范了数据绑定结合表单标签库的使用方法。

表 19.1　表单标签库中的标签

标签	描述
form	渲染表单元素
input	渲染<input type="text"/>元素
password	渲染<input type="password"/>元素
hidden	渲染<input type="hidden"/>元素
textarea	渲染 textarea 元素
checkbox	渲染一个<input type="checkbox"/>元素
checkboxes	渲染多个<input type="checkbox"/>元素
radiobutton	渲染一个<input type="radio"/>元素
radiobuttons	渲染多个<input type="radio"/>元素
Select	渲染一个选择元素
option	渲染一个可选元素
options	渲染一个可选元素列表
Errors	在 span 元素中渲染字段错误

19.2.1　form 标签

form 标签用于渲染 HTML 表单。form 标签必须利用渲染表单输入字段的其他任意标签。form 标签的属性如表 19.2 所示。

表 19.2 中的所有标签都是可选的。这个表中没有包含 HTML 属性，如 method 和 action。

表 19.2 form 标签的属性

属性	描述
acceptCharset	定义服务器接受的字符编码列表
commandName	显示表单对象之模型属性的名称。默认为 command
cssClass	定义要应用到被渲染 form 元素的 CSS 类
cssStyle	定义要应用到被渲染 form 元素的 CSS 样式
htmlEscape	接受 true 或者 false，表示被渲染的值是否应该进行 HTML 转义
modelAttribute	显示 form backing object 的模型属性名称。默认为 command

commandName 属性或许是其中最重要的属性，因为它定义了模型属性的名称，其中包含了一个 backing object，其属性将用于填充所生成的表单。如果该属性存在，则必须在返回包含该表单的视图的请求处理方法中添加相应的模型属性。例如，在本章配套的 app19a 应用程序中，下列 form 标签是在 BookAddForm.jsp 中定义的：

```
<form:form commandName="book" action="book_save" method="post">
    ...
</form:form>
```

BookController 类中的 inputBook 方法，是返回 BookAddForm.jsp 的请求处理方法。下面就是 inputBook 方法。

```
@RequestMapping(value = "/book_input")
public String inputBook(Model model) {
    ...
    model.addAttribute("book", new Book());
    return "BookAddForm";
}
```

此处用 book 属性创建了一个 Book 对象，并添加到 Model。如果没有 Model 属性，BookAddForm.jsp 页面就会抛出异常，因为 form 标签无法找到在其 commandName 属性中指定的 from backing object。

此外，一般来说仍然需要使用 action 和 method 属性。这两个属性都是 HTML 属性，因此不在表 19.2 之列。

19.2.2 input 标签

input 标签渲染<input type="text"/>元素。这个标签最重要的属性是 path，它将这个输入字段绑定到 form backing object 的一个属性。例如，若随附<form/>标签的 commandName 属性值为 book，并且 input 标签的 path 属性值为 isbn，那么，input 标签将被绑定到 Book 对象的 isbn 属性。

表 19.3 展示了 input 标签的属性。表 19.3 中的属性都是可选的，其中不包含 HTML 属性。

表 19.3　input 标签的属性

属性	描述
cssClass	定义要应用到被渲染 input 元素的 CSS 类
cssStyle	定义要应用到被渲染 input 元素的 CSS 样式
cssErrorClass	定义要应用到被渲染 input 元素的 CSS 类，如果 bound 属性中包含错误，则覆盖 cssClass 属性值
htmlEscape	接受 true 或者 false，表示是否应该对被渲染的值进行 HTML 转义
path	要绑定的属性路径

举个例子，下面这个 input 标签被绑定到 form backing object 的 isbn 属性：

```
<form:input id="isbn" path="isbn" cssErrorClass="errorBox"/>
```

它将会被渲染成下面的<input/>元素：

```
<input type="text" id="isbn" name="isbn"/>
```

cssErrorClass 属性不起作用，除非 isbn 属性中有输入验证错误，并且采用同一个表单重新显示用户输入，在这种情况下，input 标签就会被渲染成下面这个 input 元素：

```
<input type="text" id="isbn" name="isbn" class="errorBox"/>
```

input 标签也可以绑定到嵌套对象的属性。例如，下列的 input 标签绑定到 form backing object 的 category 属性的 id 属性：

```
<form:input path="category.id"/>
```

19.2.3　password 标签

password 标签渲染<input type="password"/>元素，其属性见表 19.4。password 标签与 input 标签相似，只不过它有一个 showPassword 属性。

表 19.4　password 标签的属性

属性	描述
cssClass	定义要应用到被渲染 input 元素的 CSS 类
cssStyle	定义要应用到被渲染 input 元素的 CSS 样式
cssErrorClass	定义要应用到被渲染 input 元素的 CSS 类，如果 bound 属性中包含错误，则覆盖 cssClass 属性值
htmlEscape	接受 true 或者 false，表示是否应该对被渲染的值进行 HTML 转义
path	要绑定的属性路径
showPassword	表示应该显示或遮盖密码，默认值为 false

表 19.4 中的所有属性都是可选的，这个表中不包含 HTML 属性。下面举一个 password

标签的例子：

```
<form:password id="pwd" path="password" cssClass="normal"/>
```

19.2.4 hidden 标签

hidden 标签渲染<input type="hidden"/>元素，其属性如表 19.5 所示。hidden 标签与 input 标签相似，只不过它没有可视的外观，因此不支持 cssClass 和 cssStyle 属性。

表 19.5 hidden 标签的属性

属性	描述
htmlEscape	接受 true 或者 false，表示是否应该对被渲染的值进行 HTML 转义
path	要绑定的属性路径

表 19.5 中的所有属性都是可选的，这个表中不包含 HTML 属性。

下面举一个 hidden 标签的例子：

```
<form:hidden path="productId"/>
```

19.2.5 textarea 标签

textarea 标签渲染一个 HTML 的 textarea 元素。textarea 基本上就是一个支持多行输入的 input 元素。textarea 标签的属性如表 19.6 所示。表 19.6 中的所有属性都是可选的，这个表中不包含 HTML 属性。

表 19.6 textarea 标签的属性

属性	描述
cssClass	定义要应用到被渲染 input 元素的 CSS 类
cssStyle	定义要应用到被渲染 input 元素的 CSS 样式
cssErrorClass	定义要应用到被渲染 input 元素的 CSS 类，如果 bound 属性中包含错误，则覆盖 cssClass 属性值
htmlEscape	接受 true 或者 false，表示是否应该对被渲染的值进行 HTML 转义
path	要绑定的属性路径

例如，下面的 textarea 标签就是被绑定到 form backing object 的 note 属性：

```
<form:textarea path="note" tabindex="4" rows="5" cols="80"/>
```

19.2.6 checkbox 标签

checkbox 标签渲染<input type="checkbox"/>元素。checkbox 标签的属性如表 19.7 所示。表 19.7 中的所有属性都是可选的，其中不包含 HTML 属性。

表 19.7　checkbox 标签的属性

属性	描述
cssClass	定义要应用到被渲染 input 元素的 CSS 类
cssStyle	定义要应用到被渲染 input 元素的 CSS 样式
cssErrorClass	定义要应用到被渲染 input 元素的 CSS 类，如果 bound 属性中包含错误，则覆盖 cssClass 属性值
htmlEscape	接受 true 或者 false，表示是否应该对被渲染的（多个）值进行 HTML 转义
label	要作为 label 用于被渲染复选框的值
path	要绑定的属性路径

例如，下面的 checkbox 标签绑定到 outOfStock 属性：

```
<form:checkbox path="outOfStock" value="Out of Stock"/>
```

19.2.7　radiobutton 标签

radiobutton 标签渲染<input type="radio"/>元素。radiobutton 标签的属性如表 19.8 所示。表 19.8 中的所有属性都是可选的，其中不包含 HTML 属性。

表 19.8　radiobutton 标签的属性

属性	描述
cssClass	定义要应用到被渲染 input 元素的 CSS 类
cssStyle	定义要应用到被渲染 input 元素的 CSS 样式
cssErrorClass	定义要应用到被渲染 input 元素的 CSS 类，如果 bound 属性中包含错误，则覆盖 cssClass 属性值
htmlEscape	接受 true 或者 false，表示是否应该对被渲染的（多个）值进行 HTML 转义
label	要作为 label 用于被渲染复选框的值
path	要绑定的属性路径

例如，下列 radiobutton 标签绑定到 newsletter 属性：

```
Computing Now <form:radiobutton path="newsletter"
        value="Computing Now"/> <br/>
Modern Health <form:radiobutton path="newsletter"
        value="Modern Health"/>
```

19.2.8　checkboxes 标签

checkboxes 标签渲染多个<input type="checkbox"/>元素。checkboxes 标签的属性如表 19.9 所示。表 19.9 中的属性都是可选的，其中不包含 HTML 属性。

例如，下面的 checkboxes 标签将 model 属性 categoryList 的内容渲染为复选框。checkboxes

标签允许进行多个选择：

```
<form:checkboxes path="category" items="${categoryList}"/>
```

表 19.9 checkboxes 标签的属性

属性	描述
cssClass	定义要应用到被渲染 input 元素的 CSS 类
cssStyle	定义要应用到被渲染 input 元素的 CSS 样式
cssErrorClass	定义要应用到被渲染 input 元素的 CSS 类，如果 bound 属性中包含错误，则覆盖 cssClass 属性值
delimiter	定义两个 input 元素之间的分隔符，默认没有分隔符
element	给每个被渲染的 input 元素都定义一个 HTML 元素，默认为“span”
htmlEscape	接受 true 或者 false，表示是否应该对被渲染的（多个）值进行 HTML 转义
items	用于生成 input 元素的对象的 Collection、Map 或者 Array
itemLabel	item 属性中定义的 Collection、Map 或者 Array 中的对象属性，为每个 input 元素提供 label
itemValue	item 属性中定义的 Collection、Map 或者 Array 中的对象属性，为每个 input 元素提供值
path	要绑定的属性路径

19.2.9 radiobuttons 标签

radiobuttons 标签渲染多个<input type="radio"/>元素。radiobuttons 标签的属性如表 19.10 所示。

表 19.10 radiobuttons 标签的属性

属性	描述
cssClass	定义要应用到被渲染 input 元素的 CSS 类
cssStyle	定义要应用到被渲染 input 元素的 CSS 样式
cssErrorClass	定义要应用到被渲染 input 元素的 CSS 类，如果 bound 属性中包含错误，则覆盖 cssClass 属性值
delimiter	定义两个 input 元素之间的分隔符，默认没有分隔符
element	给每一个被渲染的 input 元素都定义一个 HTML 元素，默认为“span”
htmlEscape	接受 true 或者 false，表示是否应该对被渲染的（多个）值进行 HTML 转义
items	用于生成 input 元素的对象的 Collection、Map 或者 Array
itemLabel	item 属性中定义的 Collection、Map 或者 Array 中的对象属性，为每个 input 元素提供 label
itemValue	item 属性中定义的 Collection、Map 或者 Array 中的对象属性，为每个 input 元素提供值
path	要绑定的属性路径

例如，下面的 radiobuttons 标签将 model 属性 categoryList 的内容渲染为单选按钮。每次只能选择一个单选按钮：

```
<form:radiobuttons path="category" items="${categoryList}"/>
```

19.2.10　select 标签

select 标签渲染一个 HTML 的 select 元素。被渲染元素的选项可能来自赋予其 items 属性的一个 Collection、Map、Array，或者来自一个嵌套的 option 或者 options 标签。select 标签的属性如表 19.11 所示。表 19.11 中的所有属性都是可选的，其中不包含 HTML 属性。

表 19.11　select 标签的属性

属性	描述
cssClass	定义要应用到被渲染 input 元素的 CSS 类
cssStyle	定义要应用到被渲染 input 元素的 CSS 样式
cssErrorClass	定义要应用到被渲染 input 元素的 CSS 类，如果 bound 属性中包含错误，则覆盖 cssClass 属性值
htmlEscape	接受 true 或者 false，表示是否应该对被渲染的（多个）值进行 HTML 转义
items	用于生成 input 元素的对象的 Collection、Map 或者 Array
itemLabel	item 属性中定义的 Collection、Map 或者 Array 中的对象属性，为每个 input 元素提供 label
itemValue	item 属性中定义的 Collection、Map 或者 Array 中的对象属性，为每个 input 元素提供值
path	要绑定的属性路径

items 属性特别有用，因为它可以绑定到对象的 Collection、Map、Array，为 select 元素生成选项。

例如，下面的 select 标签绑定到 form backing object 的 category 属性的 id 属性。它的选项来自 model 属性 categories。每个选项的值均来自 categories collection/map/array 的 id 属性，它的 Label 来自 name 属性：

```
<form:select id="category" path="category.id"
    items="${categories}" itemLabel="name"
    itemValue="id"/>
```

19.2.11　option 标签

option 标签渲染 select 元素中用的一个 HTML 的 option 元素，其属性如表 19.12 所示。表 19.12 中的所有属性都是可选的，其中不包含 HTML 属性。

表 19.12　option 标签的属性

属性	描述
cssClass	定义要应用到被渲染 input 元素的 CSS 类
cssStyle	定义要应用到被渲染 input 元素的 CSS 样式
cssErrorClass	定义要应用到被渲染 input 元素的 CSS 类，如果 bound 属性中包含错误，则覆盖 cssClass 属性值
htmlEscape	接受 true 或者 false，表示是否应该对被渲染的（多个）值进行 HTML 转义

例如，下面是一个 option 标签的范例：

```
<form:select id="category" path="category.id"
        items="${categories}" itemLabel="name"
        itemValue="id">
    <option value="0">-- Please select --</option>
</form:select>
```

这个代码片断是渲染一个 select 元素，其选项来自 model 属性 categories，以及 option 标签。

19.2.12 options 标签

options 标签生成一个 HTML 的 option 元素列表，其属性如表 19.13 所示，其中不包含 HTML 属性。

表 19.13 options 标签的属性

属性	描述
cssClass	定义要应用到被渲染 input 元素的 CSS 类
cssStyle	定义要应用到被渲染 input 元素的 CSS 样式
cssErrorClass	定义要应用到被渲染 input 元素的 CSS 类，如果 bound 属性中包含错误，则覆盖 cssClass 属性值
htmlEscape	接受 true 或者 false，表示是否应该对被渲染的（多个）值进行 HTML 转义
items	用于生成 input 元素的对象的 Collection、Map 或者 Array
itemLabel	item 属性中定义的 Collection、Map 或者 Array 中的对象属性，为每个 input 元素提供 label
itemValue	item 属性中定义的 Collection、Map 或者 Array 中的对象属性，为每个 input 元素提供值

app19a 应用程序展示了一个 options 标签的范例。

19.2.13 errors 标签

errors 标签渲染一个或者多个 HTML 的 span 元素，每个 span 元素中都包含一个字段错误。这个标签可以用于显示一个特定的字段错误，或者所有字段错误。

errors 标签的属性如表 19.14 所示。表 19.14 中的所有属性都是可选的，其中不包含可能在 HTML 的 span 元素中出现的 HTML 属性。

表 19.14 errors 标签的属性

属性	描述
cssClass	定义要应用到被渲染 input 元素的 CSS 类
cssStyle	定义要应用到被渲染 input 元素的 CSS 样式
delimiter	分隔多个错误消息的分隔符
element	定义一个包含错误消息的 HTML 元素
htmlEscape	接受 true 或者 false，表示是否应该对被渲染的（多个）值进行 HTML 转义
path	要绑定的错误对象路径

例如，下面这个 errors 标签显示了所有字段错误：

```
<form:errors path="*"/>
```

下面的 errors 标签显示了一个与 form backing object 的 author 属性相关的字段错误：

```
<form:errors path="author"/>
```

19.3 数据绑定范例

在表单标签库中利用标签进行数据绑定的例子，见 app19a 应用程序。这个范例围绕着 domain 类 Book 进行。这个类中有几个属性，包括一个类型为 Category 的 category 属性。Category 有 id 和 name 两个属性。

这个应用程序允许列出书目、添加新书，以及编辑书目。

19.3.1 目录结构

图 19.1 所示为 app19a 的目录结构。

图 19.1　app19a 的目录结构

19.3.2 Domain 类

Book 类和 Category 类是这个应用程序中的 domain 类，它们分别如清单 19.1 和清单 19.2 所示。

清单 19.1 Book 类

```
package app19a.domain;

import java.io.Serializable;

public class Book implements Serializable {

    private static final long serialVersionUID =
            1520961851058396786L;
    private long id;
    private String isbn;
    private String title;
    private Category category;
    private String author;

    public Book() {
    }

    public Book(long id, String isbn, String title,
            Category category, String author) {
        this.id = id;
        this.isbn = isbn;
        this.title = title;
        this.category = category;
        this.author = author;
    }

    // get and set methods not shown

}
```

清单 19.2 Category 类

```
package app19a.domain;

import java.io.Serializable;

public class Category implements Serializable {
    private static final long serialVersionUID =
            5658716793957904104L;
    private int id;
    private String name;

    public Category() {
```

```
    }

    public Category(int id, String name) {
        this.id = id;
        this.name = name;
    }

    // get and set methods not shown
}
```

19.3.3　Controller 类

下面的范例为 Book 提供了一个 controller：BookController 类。它允许用户创建新书目、更新书的详细信息，并在系统中列出所有书目。清单 19.3 中展示了 BookController 类。

清单 19.3　BookController 类

```
package app19a.controller;

import java.util.List;
import org.apache.commons.logging.Log;
import org.apache.commons.logging.LogFactory;
import org.springframework.beans.factory.annotation.Autowired;
import org.springframework.stereotype.Controller;
import org.springframework.ui.Model;
import org.springframework.web.bind.annotation.ModelAttribute;
import org.springframework.web.bind.annotation.PathVariable;
import org.springframework.web.bind.annotation.RequestMapping;
import app19a.domain.Book;
import app19a.domain.Category;
import app19a.service.BookService;

@Controller
public class BookController {

    @Autowired
    private BookService bookService;

    private static final Log logger =
        LogFactory.getLog(BookController.class);

    @RequestMapping(value = "/book_input")
    public String inputBook(Model model) {
        List<Category> categories = bookService.getAllCategories();
        model.addAttribute("categories", categories);
        model.addAttribute("book", new Book());
        return "BookAddForm";
    }

    @RequestMapping(value = "/book_edit/{id}")
```

```
    public String editBook(Model model, @PathVariable long id) {
        List<Category> categories = bookService.getAllCategories();
        model.addAttribute("categories", categories);
        Book book = bookService.get(id);
        model.addAttribute("book", book);
        return "BookEditForm";
    }
    @RequestMapping(value = "/book_save")
    public String saveBook(@ModelAttribute Book book) {
        Category category =
      bookService.getCategory(book.getCategory().getId());
       book.setCategory(category);
       bookService.save(book);
       return "redirect:/book_list";
    }

    @RequestMapping(value = "/book_update")
    public String updateBook(@ModelAttribute Book book) {
        Category category =
      bookService.getCategory(book.getCategory().getId());
       book.setCategory(category);
       bookService.update(book);
       return "redirect:/book_list";
    }

    @RequestMapping(value = "/book_list")
    public String listBooks(Model model) {
        logger.info("book_list");
        List<Book> books = bookService.getAllBooks();
        model.addAttribute("books", books);
        return "BookList";
    }
}
```

BookController 依赖 BookService 进行一些后台处理。@Autowired 注解用于给 BookController 注入一个 BookService 实现：

```
@Autowired
private BookService bookService;
```

19.3.4　Service 类

清单 19.4 和清单 19.5 分别展示了 BookService 接口和 BookServiceImpl 类。顾名思义，BookServiceImpl 就是实现 BookService。

清单 19.4　BookService 接口

```
package app19a.service;

import java.util.List;
```

```
import app19a.domain.Book;
import app19a.domain.Category;

public interface BookService {

    List<Category> getAllCategories();
    Category getCategory(int id);
    List<Book> getAllBooks();
    Book save(Book book);
    Book update(Book book);
    Book get(long id);
    long getNextId();

}
```

清单 19.5　BookServiceImpl 类

```
package app19a.service;

import java.util.ArrayList;
import java.util.List;

import org.springframework.stereotype.Service;
import app19a.domain.Book;
import app19a.domain.Category;

@Service
public class BookServiceImpl implements BookService {

    /*
     * this implementation is not thread-safe
     */
    private List<Category> categories;
    private List<Book> books;

    public BookServiceImpl() {
        categories = new ArrayList<Category>();
        Category category1 = new Category(1, "Computing");
        Category category2 = new Category(2, "Travel");
        Category category3 = new Category(3, "Health");
        categories.add(category1);
        categories.add(category2);
        categories.add(category3);

        books = new ArrayList<Book>();
        books.add(new Book(1L, "9780980839623",
                "Servlet & JSP: A Tutorial",
                category1, "Budi Kurniawan"));
        books.add(new Book(2L, "9780980839630",
                "C#: A Beginner's Tutorial",
```

```
                category1, "Jayden Ky"));
    }

    @Override
    public List<Category> getAllCategories() {
        return categories;
    }

    @Override
    public Category getCategory(int id) {
        for (Category category : categories) {
            if (id == category.getId()) {
                return category;
            }
        }
        return null;
    }

    @Override
    public List<Book> getAllBooks() {
        return books;
    }

    @Override
    public Book save(Book book) {
        book.setId(getNextId());
        books.add(book);
        return book;
    }

    @Override
    public Book get(long id) {
        for (Book book : books) {
            if (id == book.getId()) {
                return book;
            }
        }
        return null;
    }

    @Override
    public Book update(Book book) {
        int bookCount = books.size();
        for (int i = 0; i < bookCount; i++) {
            Book savedBook = books.get(i);
            if (savedBook.getId() == book.getId()) {
                books.set(i, book);
                return book;
            }
        }
        return book;
```

```
    }

    @Override
    public long getNextId() {
        // needs to be locked
        long id = 0L;
        for (Book book : books) {
            long bookId = book.getId();
            if (bookId > id) {
                id = bookId;
            }
        }
        return id + 1;
    }
}
```

BookServiceImpl 类中包含了一个 Book 对象的 List 和一个 Category 对象的 List。这两个 List 都是在实例化类时生成的。这个类中还包含了获取所有书目、获取单个书目以及添加和更新书目的方法。

19.3.5　配置文件

清单 19.6 展示了 app19a 中的 Spring MVC 配置文件。

清单 19.6　Spring MVC 配置文件

```
<?xml version="1.0" encoding="UTF-8"?>
<beans xmlns="http://www.springframework.org/schema/beans"
    xmlns:xsi="http://www.w3.org/2001/XMLSchema-instance"
    xmlns:p="http://www.springframework.org/schema/p"
    xmlns:mvc="http://www.springframework.org/schema/mvc"
    xmlns:context="http://www.springframework.org/schema/context"
    xsi:schemaLocation="
        http://www.springframework.org/schema/beans
        http://www.springframework.org/schema/beans/spring-beans.xsd
        http://www.springframework.org/schema/mvc
        http://www.springframework.org/schema/mvc/spring-mvc.xsd
        http://www.springframework.org/schema/context
        http://www.springframework.org/schema/context/springcontext.
      xsd">

    <context:component-scan base-package="app19a.controller"/>
    <context:component-scan base-package="app19a.service"/>

    ... <!-- other elements are not shown -->

</beans>
```

component-scan bean 使得 app19a.controller 包和 app19a.service 包得以扫描。

19.3.6 视图

app19a 中使用的 3 个 JSP 页面如清单 19.7、清单 19.8 和清单 19.9 所示。BookAddForm.jsp 和 BookEditForm.jsp 页面中使用的是来自表单标签库的标签。

清单 19.7 BookList.jsp 页面

```
<%@ taglib uri="http://java.sun.com/jsp/jstl/core" prefix="c" %>
<!DOCTYPE html>
<html>
<head>
<title>Book List</title>
<style type="text/css">@import url("<c:url
       value="/css/main.css"/>");</style>
</head>
<body>

<div id="global">
<h1>Book List</h1>
<a href="<c:url value="/book_input"/>">Add Book</a>
<table>
<tr>
    <th>Category</th>
    <th>Title</th>
    <th>ISBN</th>
    <th>Author</th>
    <th> </th>
</tr>
<c:forEach items="${books}" var="book">
    <tr>
        <td>${book.category.name}</td>
        <td>${book.title}</td>
        <td>${book.isbn}</td>
        <td>${book.author}</td>
        <td><a href="book_edit/${book.id}">Edit</a></td>
    </tr>
</c:forEach>
</table>
</div>
</body>
</html>
```

清单 19.8 BookAddForm.jsp 页面

```
<%@ taglib prefix="form"
       uri="http://www.springframework.org/tags/form" %>
<%@ taglib uri="http://java.sun.com/jsp/jstl/core" prefix="c" %>
<!DOCTYPE html>
<html>
```

```
<head>
<title>Add Book Form</title>
<style type="text/css">@import url("<c:url
    value="/css/main.css"/>");</style>
</head>
<body>

<div id="global">
<form:form commandName="book" action="book_save" method="post">
    <fieldset>
        <legend>Add a book</legend>
        <p>
            <label for="category">Category: </label>
             <form:select id="category" path="category.id"
                items="${categories}" itemLabel="name"
                itemValue="id"/>
        </p>
        <p>
            <label for="title">Title: </label>
            <form:input id="title" path="title"/>
        </p>
        <p>
            <label for="author">Author: </label>
            <form:input id="author" path="author"/>
        </p>
        <p>
            <label for="isbn">ISBN: </label>
            <form:input id="isbn" path="isbn"/>
        </p>

        <p id="buttons">
            <input id="reset" type="reset" tabindex="4">
            <input id="submit" type="submit" tabindex="5"
                value="Add Book">
        </p>
    </fieldset>
</form:form>
</div>
</body>
</html>
```

清单 19.9　BookEditForm.jsp 页面

```
<%@ taglib prefix="form" uri="http://www.springframework.org/tags/form"
       %>
<%@ taglib uri="http://java.sun.com/jsp/jstl/core" prefix="c" %>
<!DOCTYPE html>
<html>
<head>
<title>Edit Book Form</title>
```

```
    <style type="text/css">@import url("<c:url
           value="/css/main.css"/>");</style>
    </head>
    <body>

    <div id="global">
    <form:form commandName="book" action="/book_update" method="post">
        <fieldset>
            <legend>Edit a book</legend>
            <form:hidden path="id"/>
            <p>
                <label for="category">Category: </label>
                 <form:select id="category" path="category.id" items="$
           {categories}"
                      itemLabel="name" itemValue="id"/>
            </p>
            <p>
                <label for="title">Title: </label>
                <form:input id="title" path="title"/>
            </p>
            <p>
                <label for="author">Author: </label>
                <form:input id="author" path="author"/>
            </p>
            <p>
                <label for="isbn">ISBN: </label>
                <form:input id="isbn" path="isbn"/>
            </p>

            <p id="buttons">
                <input id="reset" type="reset" tabindex="4">
                <input id="submit" type="submit" tabindex="5"
                    value="Update Book">
            </p>
        </fieldset>
    </form:form>
    </div>
    </body>
    </html>
```

19.3.7 测试应用

要想测试这个应用程序范例，请打开以下网页：

http://localhost:8080/app19a/book_list

图 19.2 所示为第一次启动这个应用程序时显示的书目列表。

单击 Add Book 链接添加书目，或者单击书籍详情右侧的 Edit 链接来编辑书目。

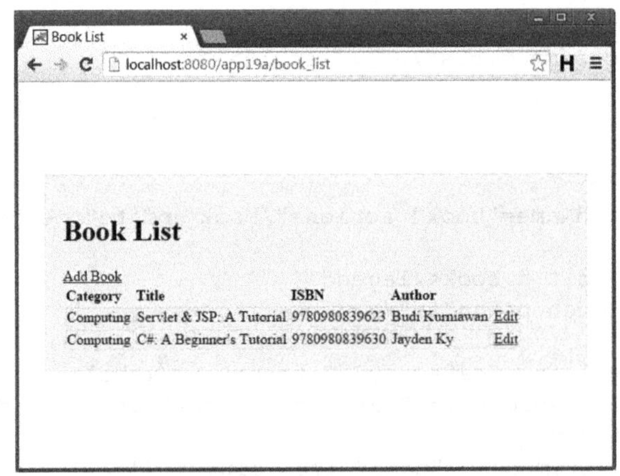

图 19.2　书目列表

图 19.3 所示为 Add Book 表单。图 19.4 所示为 Edit Book 表单。

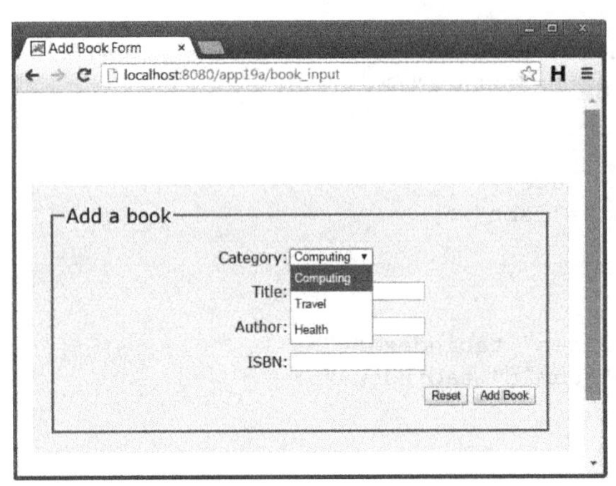

图 19.3　Add Book 表单

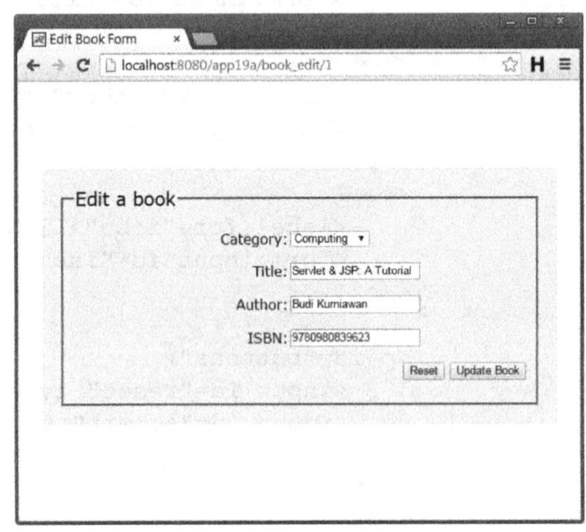

图 19.4　Edit Book 表单

19.4　小结

本章介绍了数据绑定和表单标签库中的标签。第 20 章和第 21 章将讨论如何进一步将数据绑定与 Converter、Formatter 以及验证器结合起来使用。

第 20 章 转换器和格式化

第 19 章“数据绑定和表单标签库”已经见证了数据绑定的威力，并学习了如何使用表单标签库中的标签。但是，Spring 的数据绑定并非没有任何限制。有案例表明，Spring 在如何正确绑定数据方面是杂乱无章的。例如，Spring 总是试图用默认的语言区域将日期输入绑定到 java.util.Date。假如想让 Spring 使用不同的日期样式，就需要用一个 Converter（转换器）或者 Formatter（格式化）来协助 Spring 完成。

本章着重讨论 Converter 和 Formatter 的内容。这两者均可用于将一种对象类型转换成另一种对象类型。Converter 是通用元件，可以在应用程序的任意层中使用，而 Formatter 则是专门为 Web 层设计的。

20.1 Converter

Spring 的 Converter 是一个可以将一种类型转换成另一种类型的对象。例如，用户输入的日期可能有许多种形式，如“December 25,2014”“12/25/2014”“2014-12-25”，这些都表示同一个日期。默认情况下，Spring 会期待用户输入的日期样式与当前语言区域的日期样式相同。例如，对于美国的用户而言，就是月/日/年格式。如果希望 Spring 在将输入的日期字符串绑定到 Date 时，使用不同的日期样式，则需要编写一个 Converter，才能将字符串转换成日期。

为了创建 Converter，必须编写一个实现 org.springframework.core.convert.converter.Converter 接口的 Java 类。这个接口的声明如下：

```
public interface Converter<S, T>
```

这里的 S 表示源类型，T 表示目标类型。例如，为了创建一个可以将 Long 转换成 Date 的 Converter，要按如下形式声明 Converter 类：

```
public class MyConverter implements Converter<Long, Date> {
}
```

在类 body 中，需要编写一个来自 Converter 接口的 convert 方法实现。这个方法的签名如下：

```
T convert(S source)
```

例如，清单 20.1 展示了一个适用于任意日期样式的 Converter。

清单 20.1　StringToDate Converter

```
package app20a.converter;

import java.text.ParseException;
import java.text.SimpleDateFormat;
import java.util.Date;

import org.springframework.core.convert.converter.Converter;

public class StringToDateConverter implements Converter<String, Date> {

    private String datePattern;

    public StringToDateConverter(String datePattern) {
        this.datePattern = datePattern;
        System.out.println("instantiating .... converter with pattern:*"
                + datePattern);
    }

    @Override
    public Date convert(String s) {
        try {
            SimpleDateFormat dateFormat =
                    new SimpleDateFormat(datePattern);
            dateFormat.setLenient(false);
            return dateFormat.parse(s);
        } catch (ParseException e) {
            // the error message will be displayed when using
            // <form:errors>
            throw new IllegalArgumentException(
                    "invalid date format. Please use this pattern\""
                            + datePattern + "\"");
        }
    }
}
```

注意清单 20.1 中的 Converter 方法，它利用传给构造器的日期样式，将一个 String 转换成 Date。

为了使用 Spring MVC 应用程序中定制的 Converter，需要在 Spring MVC 配置文件中编写一个 conversionService bean。Bean 的类名称必须为 org.springframework.context.support.ConversionServiceFactoryBean。这个 bean 必须包含一个 converters 属性，它将列出要在应用程序中使用的所有定制 Converter。例如，下面的 bean 声明是在清单 20.1 中注册 StringToDateConverter：

```
<bean id="conversionService"
        class="org.springframework.context.support.
➥ ConversionServiceFactoryBean">
    <property name="converters">
```

```
            <list>
                <bean class="app20a.converter.StringToDateConverter">
                    <constructor-arg type="java.lang.String"
                            value="MM-dd-yyyy"/>
                </bean>
            </list>
        </property>
    </bean>
```

随后，要给 annotation-driven 元素的 conversion-service 属性赋 bean 名称（本例中是 conversionService），如下所示：

```
<mvc:annotation-driven
        conversion-service="conversionService"/>
```

app20a 是一个范例应用程序，它利用 StringToDateConverter 将 String 转换成 Employee 对象的 birthDate 属性。Employee 类如清单 20.2 所示。

清单 20.2　Employee 类

```
package app20a.domain;

import java.io.Serializable;
import java.util.Date;

public class Employee implements Serializable {
    private static final long serialVersionUID = -908L;

    private long id;
    private String firstName;
    private String lastName;
    private Date birthDate;
    private int salaryLevel;

    // getters and setters not shown

}
```

清单 20.3 中的 EmployeeController 类是 domain 对象 Employee 的控制器。

清单 20.3　app20a 中的 EmployeeController 类

```
package app20a.controller;

import org.apache.commons.logging.Log;
import org.apache.commons.logging.LogFactory;
import org.springframework.ui.Model;
import org.springframework.validation.BindingResult;
import org.springframework.validation.FieldError;
import org.springframework.web.bind.annotation.ModelAttribute;
import org.springframework.web.bind.annotation.RequestMapping;
```

```
import app20a.domain.Employee;

@org.springframework.stereotype.Controller

public class EmployeeController {

    private static final Log logger =
      LogFactory.getLog(ProductController.class);

    @RequestMapping(value="employee_input")
    public String inputEmployee(Model model) {
        model.addAttribute(new Employee());
        return "EmployeeForm";
    }

    @RequestMapping(value="employee_save")
    public String saveEmployee(@ModelAttribute Employee employee,
            BindingResult bindingResult, Model model) {
        if (bindingResult.hasErrors()) {
            FieldError fieldError = bindingResult.getFieldError();
            logger.info("Code:" + fieldError.getCode()
                    + ", field:" + fieldError.getField());
            return "EmployeeForm";
        }

        // save employee here

        model.addAttribute("employee", employee);
        return "EmployeeDetails";
    }
}
```

EmployeeController 类有 inputEmployee 和 saveEmployee 两个处理请求的方法。inputEmployee 方法返回清单 20.4 中的 EmployeeForm.jsp 页面。saveEmployee 方法取出一个在提交 Employee 表单时创建的 Employee 对象。有了 StringToDateConverter，就不需要劳驾 controller 类将字符串转换成日期了。

saveEmployee 方法的 BindingResult 参数中放置了 Spring 的所有绑定错误。该方法利用 BindingResult 记录所有绑定错误。绑定错误也可以利用 errors 标签显示在一个表单中，如 EmployeeForm.jsp 页面所示。

清单 20.4　EmployeeForm.jsp 页面

```
<%@ taglib prefix="form" uri="http://www.springframework.org/tags/form" %>
<%@ taglib uri="http://java.sun.com/jsp/jstl/core" prefix="c" %>
<!DOCTYPE html>
<html>
<head>
<title>Add Employee Form</title>
```

```
<style type="text/css">@import url("<c:url
        value="/css/main.css"/>");</style>
</head>
<body>

<div id="global">
<form:form commandName="employee" action="employee_save" method="post">
    <fieldset>
        <legend>Add an employee</legend>
        <p>
            <label for="firstName">First Name: </label>
            <form:input path="firstName" tabindex="1"/>
        </p>
        <p>
            <label for="lastName">First Name: </label>
            <form:input path="lastName" tabindex="2"/>
        </p>
        <p>
            <form:errors path="birthDate" cssClass="error"/>
        </p>
        <p>
            <label for="birthDate">Date Of Birth: </label>
            <form:input path="birthDate" tabindex="3" />
        </p>
        <p id="buttons">
            <input id="reset" type="reset" tabindex="4">
            <input id="submit" type="submit" tabindex="5"
                value="Add Employee">
        </p>
    </fieldset>
</form:form>
</div>
</body>
</html>
```

在浏览器中打开以下 URL，可以对这个 converter 进行测试：

```
http://localhost:8080/app20a/
employee_input
```

试着输入一个无效的日期，将会被转到同一个 Employee 表单，并且可以在表单中看到错误消息，如图 20.1 所示。

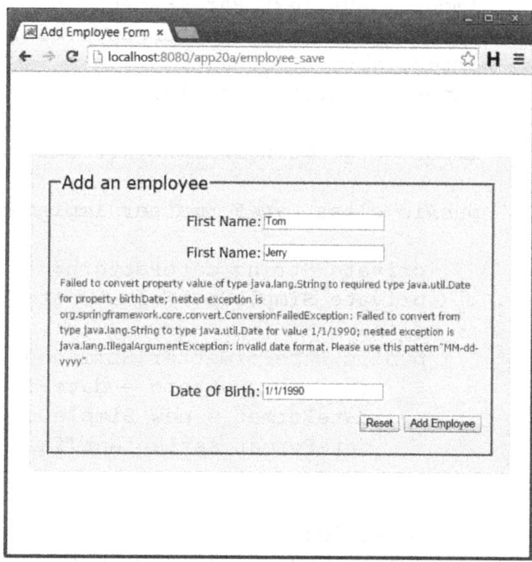

图 20.1　Employee 表单中的转换错误

20.2　Formatter

Formatter 就像 Converter 一样，也是将一种类型转换成另一种类型。但是，Formatter 的源类型必须是一个 String，而 Converter 则适用于任意的源类型。Formatter 更适合 Web 层，而 Converter 则可以用在任意层中。为了转换 Spring MVC 应用程序表单中的用户输入，始终应该选择 Formatter，而不是 Converter。

为了创建 Formatter，要编写一个实现 org.springframework.format.Formatter 接口的 Java 类。下面是这个接口的声明：

```
public interface Formatter<T>
```

这里的 T 表示输入字符串要转换的目标类型。该接口有 parse 和 print 两个方法，所有实现都必须覆盖：

```
T parse(String text, java.util.Locale locale)
String print(T object, java.util.Locale locale)
```

parse 方法利用指定的 Locale 将一个 String 解析成目标类型。print 方法与之相反，它是返回目标对象的字符串表示法。

例如，app20a 应用程序中用一个 DateFormatter 将 String 转换成 Date，其作用与 app20a 中的 StringToDateConverter 一样。

DateFormatter 类如清单 20.5 所示。

清单 20.5　DateFormatter 类

```
package app20b.formatter;

import java.text.ParseException;
import java.text.SimpleDateFormat;
import java.util.Date;
import java.util.Locale;

import org.springframework.format.Formatter;

public class DateFormatter implements Formatter<Date> {

    private String datePattern;
    private SimpleDateFormat dateFormat;

    public DateFormatter(String datePattern) {
        this.datePattern = datePattern;
        dateFormat = new SimpleDateFormat(datePattern);
        dateFormat.setLenient(false);
    }

    @Override
    public String print(Date date, Locale locale) {
        return dateFormat.format(date);
    }
```

```
    @Override
    public Date parse(String s, Locale locale) throws ParseException {
        try {
            return dateFormat.parse(s);
        } catch (ParseException e) {
            // the error message will be displayed when using
            // <form:errors>
            throw new IllegalArgumentException(
                    "invalid date format. Please use this pattern\""
                            + datePattern + "\"");
        }
    }
}
```

为了在 Spring MVC 应用程序中使用 Formatter，需要利用 conversionService bean 对它进行注册。bean 的类名称必须为 org.springframework.format.support.FormattingConversionService-FactoryBean。这与 app20a 中用于注册 Converter 的类不同。这个 bean 可以用一个 Formatters 属性注册 Formatter，用一个 converters 属性注册 converter。清单 20.6 展示了 app20b 的 Spring 配置文件。

清单 20.6　app20b 的 Spring 配置文件

```
<?xml version="1.0" encoding="UTF-8"?>
<beans xmlns="http://www.springframework.org/schema/beans"
    xmlns:xsi="http://www.w3.org/2001/XMLSchema-instance"
    xmlns:p="http://www.springframework.org/schema/p"
    xmlns:mvc="http://www.springframework.org/schema/mvc"
    xmlns:context="http://www.springframework.org/schema/context"
    xsi:schemaLocation="
        http://www.springframework.org/schema/beans
        http://www.springframework.org/schema/beans/spring-beans.xsd
        http://www.springframework.org/schema/mvc
        http://www.springframework.org/schema/mvc/spring-mvc.xsd
        http://www.springframework.org/schema/context
        http://www.springframework.org/schema/context/spring-
➥ context.xsd">

    <context:component-scan base-package="app20b.controller"/>
    <context:component-scan base-package="app20b.formatter"/>

    <mvc:annotation-driven conversion-service="conversionService"/>

    <mvc:resources mapping="/css/**" location="/css/"/>
    <mvc:resources mapping="/*.html" location="/"/>

    <bean id="viewResolver"
            class="org.springframework.web.servlet.view.
➥ InternalResourceViewResolver">
        <property name="prefix" value="/WEB-INF/jsp/" />
```

```
        <property name="suffix" value=".jsp" />
    </bean>

    <bean id="conversionService"
            class="org.springframework.format.support.
➥ FormattingConversionServiceFactoryBean">
        <property name="formatters">
            <set>
                <bean class="app20b.formatter.DateFormatter">
                    <constructor-arg type="java.lang.String"
                        value="MM-dd-yyyy" />
                </bean>
            </set>
        </property>
    </bean>
</beans>
```

注意，还需要给这个 Formatter 添加一个 component-scan 元素。

在浏览器中打开下面的 URL，可以测试 app20b 中的 Formatter：

```
http://localhost:8080/app20b/employee_input
```

20.3　用 Registrar 注册 Formatter

注册 Formatter 的另一种方法是使用 Registrar。例如，清单 20.7 就是注册 DateFormatter 的一个例子。

清单 20.7　MyFormatterRegistrar 类

```
package app20b.formatter;

import org.springframework.format.FormatterRegistrar;
import org.springframework.format.FormatterRegistry;

public class MyFormatterRegistrar implements FormatterRegistrar {

    private String datePattern;
    public MyFormatterRegistrar(String datePattern) {
        this.datePattern = datePattern;
    }

    @Override
    public void registerFormatters(FormatterRegistry registry) {
        registry.addFormatter(new DateFormatter(datePattern));
        // register more formatters here
    }

}
```

有了 Registrar，就不需要在 Spring MVC 配置文件中注册任何 Formatter 了，只在 Spring 配置文件中注册 Registrar，如清单 20.8 所示。

清单 20.8 在 springmvc-config.xml 文件中注册 Registrar

```
<?xml version="1.0" encoding="UTF-8"?>
<beans xmlns="http://www.springframework.org/schema/beans"
    xmlns:xsi="http://www.w3.org/2001/XMLSchema-instance"
    xmlns:p="http://www.springframework.org/schema/p"
    xmlns:mvc="http://www.springframework.org/schema/mvc"
    xmlns:context="http://www.springframework.org/schema/context"
    xsi:schemaLocation="
        http://www.springframework.org/schema/beans
        http://www.springframework.org/schema/beans/spring-beans.xsd
        http://www.springframework.org/schema/mvc
        http://www.springframework.org/schema/mvc/spring-mvc.xsd
        http://www.springframework.org/schema/context
        http://www.springframework.org/schema/context/spring-
➥ context.xsd">

    <context:component-scan base-package="app20b.controller" />
    <context:component-scan base-package="app20b.service" />

    <mvc:annotation-driven conversion-service="conversionService" />

    <mvc:resources mapping="/css/**" location="/css/" />
    <mvc:resources mapping="/*.html" location="/" />

    <bean id="viewResolver"
            class="org.springframework.web.servlet.view.
➥ InternalResourceViewResolver">
        <property name="prefix" value="/WEB-INF/jsp/" />
        <property name="suffix" value=".jsp" />
    </bean>

    <bean id="conversionService"
        class="org.springframework.format.support.
➥ FormattingConversionServiceFactoryBean">

        <property name="formatterRegistrars">
            <set>
                <bean class="app20b.formatter.MyFormatterRegistrar">
                    <constructor-arg type="java.lang.String"
                            value="MM-dd-yyyy" />
                </bean>
            </set>
        </property>
    </bean>
</beans>
```

20.4　选择 Converter，还是 Formatter

Converter 是一般工具，可以将一种类型转换成另一种类型。例如，将 String 转换成 Date，或者将 Long 转换成 Date。Converter 既可以用在 Web 层，也可以用在其他层中。

Formatter 只能将 String 转换成另一种 Java 类型。例如，将 String 转换成 Date，但它不能将 Long 转换成 Date。因此，Formatter 适用于 Web 层。为此，在 Spring MVC 应用程序中，选择 Formatter 比选择 Converter 更合适。

20.5　小结

本章学习了 Converter 和 Formatter，可以利用它们来引导 Spring MVC 应用程序中的数据绑定。Converter 是一般工具，可以将任意类型转换成另一种类型，而 Formatter 则只能将 String 转换成另一种 Java 类型。Formatter 更适用于 Web 层。

第 21 章 验证器

输入验证是 Spring 处理的最重要的 Web 开发任务之一。在 Spring MVC 中，有两种方式可以验证输入，即利用 Spring 自带的验证框架，或者利用 JSR 303 实现。本章将详细介绍这两种输入验证方法。

21.1 验证概览

Converter 和 Formatter 作用于 field 级。在 MVC 应用程序中，它们将 String 转换或格式化成另一种 Java 类型，如 java.util.Date。验证器则作用于 object 级。它决定某一个对象中的所有 field 是否均是有效的，以及是否遵循某些规则。

如果一个应用程序中既使用了 Formatter，又有 Validator（验证器），那么，它们的事件顺序是这样的：在调用 Controller 期间，将会有一个或者多个 Formatter 试图将输入字符串转换成 domain 对象中的 field 值。一旦格式化成功，验证器就会介入。

例如，Order 对象可能会有一个 shippingDate 属性（其类型显然为 Date），它的值绝对不可能早于今天的日期。当调用 OrderController 时，DateFormatter 会将字符串转化成 Date，并将它赋予 Order 对象的 shippingDate 属性。如果转换失败，用户就会被转回到前一个表单。如果转换成功，则会调用验证器，查看 shippingDate 是否早于今天的日期。

现在，你或许会问，将验证逻辑移到 DateFormatter 中是否更加明智？因为比较一下日期并非难事，但答案却是否定的。首先，DateFormatter 还可用于将其他字符串格式化成日期，如 birthDate 或者 purchaseDate。这两个日期的规则都不同于 shippingDate。事实上，比如员工的出生日期绝对不可能晚于今日。其次，验证器可以检验两个或更多字段之间的关系，各字段均受不同 Formatter 的支持。例如，假设 Employee 对象有 birthDate 属性和 startDate 属性，验证器就可以设定规则，使任何员工的入职日期均不可能早于他或她的出生日期。因此，有效的 Employee 对象必须让它的 birthDate 属性值早于其 startDate 值。这就是验证器的任务。

21.2 Spring 验证器

从一开始，Spring 就设计了输入验证，甚至早于 JSR 303（Java 验证规范）。因此，Spring 的 Validation 框架至今都很普遍，尽管对于新项目，一般也建议使用 JSR 303 验证器。

为了创建 Spring 验证器，要实现 org.springframework.validation.Validator 接口。这个接口如清单 21.1 所示，其中有 supports 和 validate 两个方法。

清单 21.1　Spring 的 Validator 接口

```
package org.springframework.validation;
public interface Validator {
    boolean supports(Class<?> clazz);
    void validate(Object target, Errors errors);
}
```

如果验证器可以处理指定的 Class，supports 方法将返回 true。validate 方法会验证目标对象，并将验证错误填入 Errors 对象。

Errors 对象是 org.springframework.validation.Errors 接口的一个实例。Errors 对象中包含了一系列 FieldError 和 ObjectError 对象。FieldError 表示与被验证对象中的某个属性相关的一个错误。例如，如果产品的 price 属性必须为负数，并且 Product 对象被验证为负数，那么就需要创建一个 FieldError。例如，在欧洲出售的一本 Book，却在美国的网店上购买，那么就会出现一个 ObjectError。

编写验证器时，不需要直接创建 Error 对象，因为实例化 ObjectError 或 FieldError 会花费大量的编程精力。这是由于 ObjectError 类的构造器需要 4 个参数，FieldError 类的构造器则需要 7 个参数，如以下构造器签名所示：

```
ObjectError(String objectName, String[] codes, Object[] arguments,
        String defaultMessage)

FieldError(String objectName, String field, Object rejectedValue,
        boolean bindingFailure, String[] codes, Object[] arguments,
        String defaultMessage)
```

给 Errors 对象添加错误的最容易的方法是：在 Errors 对象上调用一个 reject 或者 rejectValue 方法。调用 reject，往 FieldError 中添加一个 ObjectError 和 rejectValue。

下面是 reject 和 rejectValue 的部分方法重载：

```
void reject(String errorCode)


void reject(String errorCode, String defaultMessage)
void rejectValue(String field, String errorCode)
```

```
void rejectValue(String field, String errorCode,
        String defaultMessage)
```

大多数时候，只给 reject 或者 rejectValue 方法传入一个错误码，Spring 就会在属性文件中查找错误码，获得相应的错误消息。还可以传入一个默认消息，当没有找到指定的错误码时，就会使用默认消息。

Errors 对象中的错误消息，可以利用表单标签库的 Errors 标签显示在 HTML 页面中。错误消息可以通过 Spring 支持的国际化特性进行本地化。关于国际化的更多信息，请查看第 22 章“国际化”。

21.3 ValidationUtils 类

org.springframework.validation.ValidationUtils 类是一个工具，有助于编写 Spring 验证器。不需要像下面这样：

```
if (firstName == null || firstName.isEmpty()) {
    errors.rejectValue("price");
}
```

而是可以利用 ValidationUtils 类的 rejectIfEmpty 方法，像下面这样：

```
ValidationUtils.rejectIfEmpty("price");
```

或者下面的代码：

```
if (firstName == null || firstName.trim().isEmpty()) {
    errors.rejectValue("price");
}
```

可以编写成：

```
ValidationUtils.rejectIfEmptyOrWhitespace("price");
```

下面是 validationUtils 中 rejectIfEmpty 和 rejectIfEmptyOrWhitespace 方法的方法重载：

```
public static void rejectIfEmpty(Errors errors, String field,
        String errorCode)

public static void rejectIfEmpty(Errors errors, String field,
        String errorCode, Object[] errorArgs)

public static void rejectIfEmpty(Errors errors, String field,
        String errorCode, Object[] errorArgs, String defaultMessage)

public static void rejectIfEmpty(Errors errors, String field,
        String errorCode, String defaultMessage)

public static void rejectIfEmptyOrWhitespace(Errors errors,
```

```
        String field, String errorCode)

public static void rejectIfEmptyOrWhitespace(Errors errors,
        String field, String errorCode, Object[] errorArgs)

public static void rejectIfEmptyOrWhitespace(Errors errors,
        String field, String errorCode, Object[] errorArgs,
        String defaultMessage)

public static void rejectIfEmptyOrWhitespace(Errors errors,
        String field, String errorCode, String defaultMessage)
```

此外，ValidationUtils 还有一个 invokeValidator 方法，用来调用验证器。

```
public static void invokeValidator(Validator validator,
        Object obj, Errors errors)
```

接下来的小节将通过范例介绍如何使用这个工具。

21.4 Spring 的 Validator 范例

app21a 应用程序中包含一个名为 ProductValidator 的验证器，用于验证 Product 对象。app21a 的 Product 类如清单 21.2 所示。ProductValidator 类如清单 21.3 所示。

清单 21.2 Product 类

```
package app21a.domain;
import java.io.Serializable;
import java.util.Date;

public class Product implements Serializable {
    private static final long serialVersionUID = 748392348L;
    private String name;
    private String description;
    private Float price;
    private Date productionDate;

    //此处没有显示 getters 和 setters 方法
}
```

清单 21.3 ProductValidator 类

```
package app21a.validator;

import java.util.Date;
import org.springframework.validation.Errors;
import org.springframework.validation.ValidationUtils;
import org.springframework.validation.Validator;
import app21a.domain.Product;

public class ProductValidator implements Validator {
```

```
    @Override
    public boolean supports(Class<?> klass) {
        return Product.class.isAssignableFrom(klass);
    }

    @Override
    public void validate(Object target, Errors errors) {
        Product product = (Product) target;
        ValidationUtils.rejectIfEmpty(errors, "name",
            "productname.required");
        ValidationUtils.rejectIfEmpty(errors, "price",
            "price.required");
        ValidationUtils.rejectIfEmpty(errors, "productionDate",
            "productiondate.required");
        Float price = product.getPrice();
        if (price != null && price < 0) {
            errors.rejectValue("price", "price.negative");
        }
        Date productionDate = product.getProductionDate();
        if (productionDate != null) {
            // The hour,minute,second components of productionDate
            // are 0
            if (productionDate.after(new Date())) {
                System.out.println("salah lagi");
                errors.rejectValue("productionDate",
                        "productiondate.invalid");
            }
        }
    }
}
```

ProductValidator 验证器是一个非常简单的验证器。它的 validate 方法会检验 Product 是否有名称和价格，并且价格是否不为负数。它还会确保生产日期不晚于今天的日期。

21.5 源文件

验证器不需要显式注册，但是如果想要从某个属性文件中获取错误消息，则需要通过声明 messageSource bean，告诉 Spring 要去哪里查找这个文件。下面是 app21a 中的 messageSource bean：

```
<bean id="messageSource" class="org.springframework.context.support.
➥ ReloadableResourceBundleMessageSource">
    <property name="basename" value="/WEB-INF/resource/messages"/>
</bean>
```

这个 bean 本质上是说，错误码和错误消息可以在/WEB-INF/resource 目录下的 messages.

properties 文件中找到。

清单 21.4 展示了 messages.properties 文件的内容。

清单 21.4　messages.properties 文件

```
productname.required.product.name=Please enter a product name
price.required=Please enter a price
productiondate.required=Please enter a production date
productiondate.invalid=Invalid production date. Please ensure the
production date is not later than today.
```

21.6　Controller 类

在 Controller 类中通过实例化 validator 类，可以使用 Spring 验证器。清单 21.5 中 Product Controller 类的 saveProduct 方法创建了一个 ProductValidator，并调用其 validate 方法。为了检验该验证器是否生成错误消息，须在 BindingResult 中调用 hasErrors 方法。

清单 21.5　ProductController 类

```
package app21a.controller;

import org.apache.commons.logging.Log;
import org.apache.commons.logging.LogFactory;
import org.springframework.stereotype.Controller;
import org.springframework.ui.Model;
import org.springframework.validation.BindingResult;
import org.springframework.validation.FieldError;
import org.springframework.web.bind.annotation.ModelAttribute;
import org.springframework.web.bind.annotation.RequestMapping;

import app21a.domain.Product;
import app21a.validator.ProductValidator;

@Controller
public class ProductController {

    private static final Log logger = LogFactory
            .getLog(ProductController.class);
    @RequestMapping(value = "/product_input")
    public String inputProduct(Model model) {
        model.addAttribute("product", new Product());
        return "ProductForm";
    }
    @RequestMapping(value = "/product_save")
    public String saveProduct(@ModelAttribute Product product,
```

```
            BindingResult bindingResult, Model model) {

        ProductValidator productValidator = new ProductValidator();
        productValidator.validate(product, bindingResult);

        if (bindingResult.hasErrors()) {
            FieldError fieldError = bindingResult.getFieldError();
            logger.info("Code:" + fieldError.getCode() + ", field:"
                    + fieldError.getField());

            return "ProductForm";
        }

        // save product here

        model.addAttribute("product", product);
        return "ProductDetails";
    }
}
```

使用 Spring 验证器的另一种方法是：在 Controller 中编写 initBinder 方法，并将验证器传到 WebDataBinder，并调用其 validate 方法：

```
@org.springframework.web.bind.annotation.InitBinder
public void initBinder(WebDataBinder binder) {
    // this will apply the validator to all request-handling methods
    binder.setValidator(new ProductValidator());
    binder.validate();
}
```

将验证器传到 WebDataBinder，会使该验证器应用于 Controller 类中所有处理请求的方法。

或者利用@javax.validation.Valid 对要验证的对象参数进行注解。例如：

```
public String saveProduct(@ModelAttribute Product product,
        BindingResult bindingResult, Model model) {
```

Valid 注解类型是在 JSR 303 中定义的。关于 JSR 303 的相关信息，将在 21.8 节中讨论。

21.7 测试验证器

要想测试 app21a 中的验证器，在浏览器中打开以下 URL：

```
http://localhost:8080/app21a/product_input
```

将会看到一张空白的 Product 表。如果单击 Add Product 按钮，没有输入任何值，将会被转回 Product 表，并且这次验证器会显示出错消息，如图 21.1 所示。

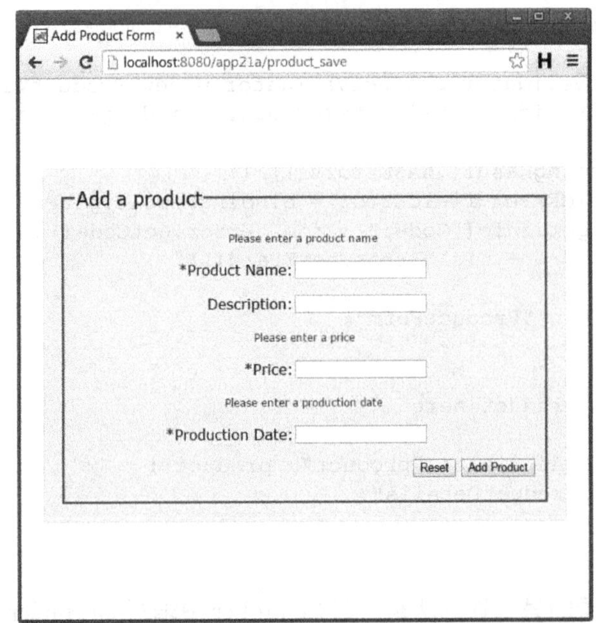

图 21.1　ProductValidator 的效果图

21.8　JSR 303 验证

JSR 303“Bean Validation”（发布于 2009 年 11 月）和 JSR 349“Bean Validation 1.1”（发布于 2013 年 5 月）指定了一整套 API，通过注解给对象属性添加约束。JSR 303 和 JSR 349 可以分别从以下网址下载：

```
http://jcp.org/en/jsr/detail?id=303
http://jcp.org/en/jsr/detail?id=349
```

当然，JSR 只是一个规范文档，本身用处不大，除非编写了它的实现。对于 JSR bean validation，目前有两个实现。第一个实现是 Hibernate Validator，目前版本为 5，JSR 303 和 JSR 349 两种它都实现了，可从以下网站下载：

```
http://sourceforge.net/projects/hibernate/files/hibernate-validator/
```

第二个实现是 Apache BVal，它只实现了 JSR 303，可从以下网站下载：

```
http://bval.apache.org/downloads.html
```

编写本书时，Apache BVal 0.5 是最新版本，似乎还不够稳定。为此，本书配套范例（app21b）中采用了 Hibernate Validator。

注意，下面这个网站对于与 Java bean validation 相关的一切内容都是很重要的：

```
http://beanvalidation.org
```

JSR 303 不需要编写验证器，但要利用 JSR 303 标注类型嵌入约束。JSR 约束如表 21.1 所示。

表 21.1　JSR 303 约束

属性	描述	范例
@AssertFalse	应用于 boolean 属性，该属性值必须为 False	@AssertFalse boolean hasChildren;
@AssertTrue	应用于 boolean 属性，该属性值必须为 True	@AssertTrue boolean isEmpty;
@DecimalMax	该属性值必须为小于或等于指定值的小数	@DecimalMax("1.1") BigDecimal price;
@DecimalMin	该属性值必须为大于或等于指定值的小数	@DecimalMin("0.04") BigDecimal price;
@Digits	该属性值必须在指定范围内。integer 属性定义该数值的最大整数部分，fraction 属性定义该数值的最大小数部分	@Digits(integer=5, fraction=2) BigDecimal price;
@Future	该属性值必须是未来的一个日期	@Future Date shippingDate;
@Max	该属性值必须是一个小于或等于指定值的整数	@Max(150) int age;
@Min	该属性值必须是一个大于或等于指定值的整数	@Max(150) int age;
@NotNull	该属性值不能为 Null	@NotNull String firstName;
@Null	该属性值必须为 Null	@Null String testString;
@Past	该属性值必须是过去的一个日期	@Past Date birthDate;
@Pattern	该属性值必须与指定的常规表达式相匹配	@Pattern(regext="\\d{3 }") String areaCode;
@Size	该属性值必须在指定范围内	Size(min=2, max=140) String description;

一旦了解了 JSR 303 validation 的使用方法，使用起来会比 Spring 验证器还要容易些。像使用 Spring 验证器一样，可以在属性文件中以下列格式使用 property 键，来覆盖来自 JSR 303 验证器的错误消息：

```
constraint.object.property
```

例如，为了覆盖以@Size 注解约束的 Product 对象的 name 属性，可以在属性文件中使用下面这个键：

```
Size.product.name
```

为了覆盖以@Past 注解约束的 Product 对象的 productionDate 属性，可以在属性文件中使用下面这个键：

```
Past.product.productionDate
```

21.9　JSR 303 Validator 范例

app21b 应用程序展示了 JSR 303 输入验证的例子。这个应用程序是对 app21a 进行修改之后的版本，与之前的版本有一些区别。首先，它没有 ProductValidator 类。其次，来自 Hibernate Validator 库的 JAR 文件已经被添加到 WEB-INF/lib 中。

清单 21.6 app21b 中的 Product 类，它的 name 和 productionDate 字段已经用 JSR 303 注解类型进行了注解。

清单 21.6　app21b 中的 Product 类

```
package app21b.domain;
import java.io.Serializable;
import java.util.Date;

import javax.validation.constraints.Past;
import javax.validation.constraints.Size;

public class Product implements Serializable {
    private static final long serialVersionUID = 78L;

    @Size(min=1, max=10)
    private String name;

    private String description;
    private Float price;

    @Past
    private Date productionDate;

    // getters and setters not shown

}
```

在 ProductController 类的 saveProduct 方法中，必须用@Valid 对 Product 参数进行注解，如清单 21.7 所示。

清单 21.7　ProductController 类

```
package app21b.controller;

import javax.validation.Valid;
import org.apache.commons.logging.Log;
import org.apache.commons.logging.LogFactory;
import org.springframework.stereotype.Controller;
import org.springframework.ui.Model;
import org.springframework.validation.BindingResult;
import org.springframework.validation.FieldError;
import org.springframework.web.bind.annotation.ModelAttribute;
import org.springframework.web.bind.annotation.RequestMapping;
```

```
import app21b.domain.Product;

@Controller
public class ProductController {

    private static final Log logger = LogFactory
            .getLog(ProductController.class);

    @RequestMapping(value = "/product_input")
    public String inputProduct(Model model) {
        model.addAttribute("product", new Product());
        return "ProductForm";
    }

    @RequestMapping(value = "/product_save")
    public String saveProduct(@Valid @ModelAttribute Product product,
            BindingResult bindingResult, Model model) {

        if (bindingResult.hasErrors()) {
            FieldError fieldError = bindingResult.getFieldError();
            logger.info("Code:" + fieldError.getCode() + ", object:"
                    + fieldError.getObjectName() + ", field:"
                    + fieldError.getField());
            return "ProductForm";
        }

        // save product here

        model.addAttribute("product", product);
        return "ProductDetails";
    }
}
```

为了定制来自验证器的错误消息，要在 messages.properties 文件中使用两个键。app21b 中的 messages.properties 文件如清单 21.8 所示。

清单 21.8　app21b 中的 messages.properties 文件

```
Size.product.name = Product name must be 1 to 10 characters long
Past.product.productionDate=Production date must a past date
```

要想测试 app21b 中的验证器，可以在浏览器中打开以下网址：

```
http://localhost:8080/app21b/product_input
```

21.10　小结

本章学习了可以在 Spring MVC 应用程序中使用的两种验证器：Spring MVC 验证器和 JSR 303 验证器。由于 JSR 303 是正式的 Java 规范，因此新项目建议使用 JSR 303 验证器。

第 22 章 国际化

在这个全球化的时代，现在比过去更需要能够编写可以在讲不同语言的国家和地区部署的应用程序。在这方面，需要了解两个术语。第一个术语是国际化，常常缩写为 i18n，因为其单词 internationalization 以 i 开头，以 n 结尾，在它们之间有 18 个字母。国际化是开发支持多语言和数据格式的应用程序的技术，无须重写编程逻辑。

第二个术语是本地化，这是将国际化应用程序改成支持特定语言区域（locale）的技术。语言区域是指一个特定的地理、政治或者文化区域。一个要考虑到语言区域的操作，就称作区分语言区域的操作。例如，显示日期就是一个区分语言区域的操作，因为日期必须以用户所在的国家或者地区使用的格式显示。2014 年 11 月 15 日，在美国显示为 11/15/2014，但在澳大利亚则显示为 15/11/2014。与国际化缩写为 i18n 一样，本地化缩写为 l10n。

Java 谨记国际化的需求，为字符和字符串提供了 unicode 支持。因此，用 Java 编写国际化的应用程序是一件很容易的事情。国际化应用程序的具体方式取决于有多少静态数据需要以不同的语言显示出来。这里有两种方法：

（1）如果大量数据是静态的，就要针对每一个语言区域单独创建一个资源版本。这种方法一般适用于带有大量静态 HTML 页面的 Web 应用程序。这个很简单，不在本章讨论范围。

（2）如果需要国际化的静态数据量有限，就可以将文本元素，如元件标签和错误消息隔离成为文本文件。每个文本文件中都保存着一个语言区域的所有文本元素译文。随后，应用程序会自动获取每一个元素。这样做的优势是显而易见的。每个文本元素无须重新编译应用程序，便可轻松地进行编辑。这正是本章要讨论的技术。

本章将首先解释什么是语言区域，接着讲解国际化应用程序技术，最后介绍一个 Spring MVC 范例。

22.1 语言区域

Java.util.Locale 类表示一个语言区域。一个 Locale 对象包含 3 个主要元件：language、country 和 variant。language 无疑是最重要的部分；但是，语言本身有时并不足以区分一个语言区域。例如，讲英语的国家有很多，如美国和英国。但是，在美国讲的英语，与在英国用的英语并非一模一样。因此，必须指定语言国家。再举一个例子，在中国大陆使用的汉语，与在台湾用的汉语也是不完全一样的。

参数 variant 是一个特定于供应商或者特定于浏览器的代号。例如，用 WIN 表示 Windows，用 MAC 表示 Macintosh，用 POSIX 表示 POSIX。两个 variant 之间用一个下划线隔开，并将最重要的部分放在最前面。例如，传统西班牙语，用 language、country 和 variant 参数构造一个 locale 分别是 es、ES、Traditional_WIN。

构造 Locale 对象时，要使用 Locale 类的其中一个构造器：

```
public Locale(java.lang.String language)

public Locale(java.lang.String language, java.lang.String country)

public Locale(java.lang.String language, java.lang.String country,
        java.lang.String variant)
```

语言代号是一个有效的 ISO 语言码。表 22.1 所示为 ISO 639 语言码范例。

表 22.1 ISO 639 语言码范例

代码	语言
de	德语
el	希腊语
en	英语
es	西班牙语
fr	法语
hi	印地语
it	意大利语
ja	日语
nl	荷兰语
Pt	葡萄牙语
ru	俄语
zh	汉语

参数 country 是一个有效的 ISO 国家码，由两个字母组成，ISO 3166（http://userpage. chemie. fuberlin.de/diverse/doc/ISO_3166.html）中指定为大写字母。表 22.2 所示为 ISO 3166 国家码范例。

表 22.2 ISO 3166 国家码范例

国家	代码
澳大利亚	AU
巴西	BR
加拿大	CA
中国	CN

续表

国家	代码
埃及	EG
法国	FR
德国	DE
印度	IN
墨西哥	MX
瑞士	CH
台湾	TW
英国	GB
美国	US

例如，要构造一个表示加拿大所用英语的 Locale 对象，可以像下面这样编写：

```
Locale locale = new Locale("en", "CA");
```

此外，Locale 类提供了 static final 域，用来返回特定国家或语言的语言区域，如 CANADA-、FRENCH、CHINA、CHINESE、ENGLISH、FRANCE、FRENCH、UK、US 等。因此，也可以通过调用其 static 域来构造 Locale 对象：

```
Locale locale = Locale.CANADA_FRENCH;
```

此外，静态的 getDefault 方法会返回用户计算机的语言区域：

```
Locale locale = Locale.getDefault();
```

22.2 国际化 Spring MVC 应用程序

国际化和本地化应用程序时，需要具备以下条件：

（1）将文本元件隔离成属性文件。

（2）要能够选择和读取正确的属性文件。

下面详细介绍这两个步骤，并进行简单的示范。

22.2.1 将文本元件隔离成属性文件

被国际化的应用程序是将每一个语言区域的文本元素都单独保存在一个独立的属性文件中。每个文件中都包含 key/value 对，并且每个 key 都唯一表示一个特定语言区域的对象。key 始终是字符串，value 则可以是字符串，也可以是其他任意类型的对象。例如，为了支持美国英语、德语以及汉语，就要有 3 个属性文件，它们都有着相同的 key。

以下是英语版的属性文件。注意，它有 greetings 和 farewell 两个 key。

```
Greetings = Hello
farewell = Goodbye
```

德国版的属性文件如下：

```
greetings = Hallo
farewell = Tschüß
```

汉语版的属性文件如下：

```
greetings=\u4f60\u597d
farewell=\u518d\u89c1
```

现在来学习 java.util.ResourceBundle 类。使用该类，你可以轻松地选择和读取特定用户语言区域的属性文件，以及查找值。ResourceBundle 是一个抽象类，但它提供了静态的 getBundle 方法，返回一个具体子类的实例。

ResourceBundle 有一个基准名，它可以是任意名称。但是，为了让 ResourceBundle 正确地选择属性文件，这个文件名中最好必须包含基准名 ResourceBundle，后面再接下划线、语言码，还可以选择再加一条下划线和国家码。属性文件名的格式如下所示：

```
basename_languageCode_countryCode
```

例如，假设基准名为 MyResources，并且定义了以下 3 个语言区域：

- US-en
- DE-de
- CN-zh

那么，就会得到下面这 3 个属性文件：

- MyResources_en_US.properties
- MyResources_de_DE.properties
- MyResources_zh_CN.properties

22.2.2 选择和读取正确的属性文件

如前所述，ResourceBundle 是一个抽象类。尽管如此，还是可以通过调用它的静态 getBundle 方法来获得一个 ResourceBundle 实例。它的过载签名如下：

```
public static ResourceBundle getBundle(java.lang.String baseName)

public static ResourceBundle getBundle(java.lang.String baseName,
        Locale locale)
```

例如：

```
ResourceBundle rb =
```

```
        ResourceBundle.getBundle("MyResources", Locale.US);
```

这样将会加载 ResourceBundle 在相应属性文件中的值。

如果没有找到合适的属性文件，ResourceBundle 对象就会返回到默认的属性文件。默认属性文件的名称为基准名加一个扩展名 properties。在这个例子中，默认文件就是 MyResources.properties。如果没有找到默认文件，则将抛出 java.util.MissingResourceException。

随后，读取值，利用 ResourceBundle 类的 getString 方法传入一个 key：

```
public java.lang.String getString(java.lang.String key)
```

如果没有找到指定 key 的入口，将会抛出 java.util.MissingResourceException。

在 Spring MVC 中，不直接使用 ResourceBundle，而是利用 messageSource bean 告诉 Spring MVC 要将属性文件保存在哪里。例如，下面的 messageSource bean 读取了两个属性文件：

```
<bean id="messageSource" class="org.springframework.context.support.
ReloadableResourceBundleMessageSource">
    <property name="basenames" >
        <list>
            <value>resource/messages</value>
            <value>resource/labels</value>
        </list>
    </property>
</bean>
```

上面的 bean 定义中用 ReloadableResourceBundleMessageSource 类作为实现。另一个实现中包含了 ResourceBundleMessageSource，它是不能重新加载的。这意味着，如果在任意属性文件中修改了某一个属性 key 或者 value，并且正在使用 ResourceBundleMessageSource，那么要使修改生效，就必须先重启 JVM。另一方面，也可以将 ReloadableResourceBundleMessageSource 设为可重新加载。

这两个实现之间的另一个区别是：使用 ReloadableResourceBundleMessageSource 时，是在应用程序目录下搜索这些属性文件。而使用 ResourceBundleMessageSource 时，属性文件则必须放在类路径下，即 WEB-INF/class 目录下。

还要注意，如果只有一组属性文件，则可以用 basename 属性代替 basenames，如下：

```
<bean id="messageSource" class="org.springframework.context.support.
➥ ResourceBundleMessageSource">
    <property name="basename" value="resource/messages"/>
</bean>
```

22.3　告诉 Spring MVC 使用哪个语言区域

为用户选择语言区域时，最常用的方法或许是通过读取用户浏览器的 accept-language 标题值。accept-language 标题提供了关于用户偏好哪种语言的信息。

选择语言区域的其他方法还包括读取某个 session 属性或者 cookie。

在 Spring MVC 中选择语言区域，可以使用语言区域解析器 bean。它有几个实现，包括：

- AcceptHeaderLocaleResolver
- SessionLocaleResolver
- CookieLocaleResolver

所有这些实现都是 org.springframework.web.servlet.i18n 包的组成部分。AcceptHeaderLocaleResolver 或许是其中最容易使用的一个。如果选择使用这个语言区域解析器，Spring MVC 将会读取浏览器的 accept-language 标题，来确定浏览器要接受哪个（些）语言区域。如果浏览器的某个语言区域与 Spring MVC 应用程序支持的某个语言区域匹配，就会使用这个语言区域。如果没有找到匹配的语言区域，则使用默认的语言区域。

下面是使用 AcceptHeaderLocaleResolver 的 localeResolver bean 定义：

```
<bean id="localeResolver" class="org.springframework.web.servlet.i18n.
➥ AcceptHeaderLocaleResolver">
</bean>
```

22.4 使用 message 标签

在 Spring MVC 中显示本地化消息最容易的方法是使用 Spring 的 message 标签。为了使用这个标签，要在使用该标签的所有 JSP 页面最前面声明这个 taglib 指令：

```
<%@taglib prefix="spring"
    uri="http://www.springframework.org/tags"%>
```

message 标签的属性如表 22.3 所示。所有这些属性都是可选的。

表 22.3 message 标签的属性

属性	描述
arguments	该标签的参数写成一个有界的字符串、一个对象数组或者单个对象
argumentSeparator	用来分隔该标签参数的字符
code	获取消息的 key
htmlEscape	接受 True 或者 False，表示被渲染文本是否应该进行 HTML 转义
javaScriptEscape	接受 True 或者 False，表示被渲染文本是否应该进行 javaScript 转义
message	MessageSourceResolvable 参数
scope	保存 var 属性中定义的变量的范围
text	如果 code 属性不存在，或者指定码无法获取消息时，所显示的默认文本
var	用于保存消息的有界变量

22.5 范例

例如，app22a 应用程序展示了用 localeResolver bean 将 JSP 页面中的消息本地化的方法。

其目录结构如图 22.1 所示，app22a 的 Spring MVC 配置文件如清单 22.1 所示。

```
app22a
  css
    main.css
  WEB-INF
    classes
      app22a
        controller
        domain
        formatter
        validator
    config
    jsp
    lib
    resource
      labels_fr.properties
      labels.properties
      messages_en.properties
      messages_fr.properties
      messages.properties
    web.xml
```

图 22.1　app22a 的目录结构

清单 22.1　app22a 的 Spring MVC 配置文件

```
<?xml version="1.0" encoding="UTF-8"?>
<beans xmlns="http://www.springframework.org/schema/beans"
    xmlns:xsi="http://www.w3.org/2001/XMLSchema-instance"
    xmlns:p="http://www.springframework.org/schema/p"
    xmlns:mvc="http://www.springframework.org/schema/mvc"
    xmlns:context="http://www.springframework.org/schema/context"
    xsi:schemaLocation="
        http://www.springframework.org/schema/beans
        http://www.springframework.org/schema/beans/spring-beans.xsd
        http://www.springframework.org/schema/mvc
        http://www.springframework.org/schema/mvc/spring-mvc.xsd
        http://www.springframework.org/schema/context
        http://www.springframework.org/schema/context/spring-
➥ context.xsd">

    <context:component-scan base-package="app22a.controller" />
    <context:component-scan base-package="app22a.formatter" />
    <mvc:annotation-driven conversion-service="conversionService" />

    <mvc:resources mapping="/css/**" location="/css/" />
    <mvc:resources mapping="/*.html" location="/" />

    <bean id="viewResolver" class="org.springframework.web.servlet.view.
➥ InternalResourceViewResolver">
        <property name="prefix" value="/WEB-INF/jsp/" />
        <property name="suffix" value=".jsp" />
    </bean>
```

```
    <bean id="conversionService"
        class="org.springframework.format.support.
➥ FormattingConversionServiceFactoryBean">

        <property name="formatters">
            <set>
                <bean class="app22a.formatter.DateFormatter">
                    <constructor-arg type="java.lang.String"
                            value="MM-dd-yyyy" />
                </bean>
            </set>
        </property>
    </bean>

    <bean id="messageSource"
            class="org.springframework.context.support.
➥ ReloadableResourceBundleMessageSource">
        <property name="basenames" >
            <list>
                <value>/WEB-INF/resource/messages</value>
                <value>/WEB-INF/resource/labels</value>
            </list>
        </property>
    </bean>

    <bean id="localeResolver"
            class="org.springframework.web.servlet.i18n.
➥ AcceptHeaderLocaleResolver">
    </bean>
</beans>
```

这里用到了 messageSource bean 和 localeResolver bean 两个 bean。messageSource bean 声明用两个基准名设置了 basenames 属性：/WEB-INF/resource/messages 和/WEB-INF/resource/labels。localeResolver bean 利用 AcceptHeaderLocaleResolver 类实现消息的本地化。

它支持 en 和 fr 两个语言区域，因此每个属性文件都有两种版本。为了实现本地化，JSP 页面中的每一段文本都要用 message 标签代替。清单 22.2 展示了 ProductForm.jsp 页面。注意，为了达到调试的目的，当前的语言区域和 accept-language 标题显示在页面的最前面。

清单 22.2 ProductForm.jsp 页面

```
<%@ taglib prefix="form" uri="http://www.springframework.org/tags/form"%>
<%@ taglib
    prefix="spring" uri="http://www.springframework.org/tags"%>
<%@ taglib uri="http://java.sun.com/jsp/jstl/core" prefix="c"%>
<!DOCTYPE html>
<html>
<head>
<title><spring:message code="page.productform.title"/></title>
<style type="text/css">@import url("<c:url
    value="/css/main.css"/>");</style>
```

```
</head>
<body>
<div id="global">
Current Locale : ${pageContext.response.locale}
<br/>
accept-language header: ${header["accept-language"]}

<form:form commandName="product" action="product_save"
    method="post">
    <fieldset>
        <legend><spring:message code="form.name"/></legend>
        <p>
            <label for="name"><spring:message
                code="label.productName" text="default text" />:
            </label>
            <form:input id="name" path="name"
                cssErrorClass="error"/>
            <form:errors path="name" cssClass="error"/>
        </p>
        <p>
            <label for="description"><spring:message
                code="label.description"/>
            </label>
            <form:input id="description" path="description"/>
        </p>
        <p>
            <label for="price"><spring:message code="label.price"
                text="default text" />: </label>
            <form:input id="price" path="price"
                cssErrorClass="error"/>
            </p>
            <p id="buttons">
                <input id="reset" type="reset" tabindex="4"
                    value="<spring:message code="button.reset"/>">
                <input id="submit" type="submit" tabindex="5"
                    value="<spring:message code="button.submit"/>">
            </p>
        </fieldset>
</form:form>
</div>
</body>
</html>
```

为了测试 app22a 的国际化特性，要修改浏览器的 accept-language 标签。在 IE 7 及其更高的版本中，是到 Tools >Internet Options > General (tab) > Languages > Language Preference 中修改。如图 22.2 所示，在 Language Preference 窗口中，单击 Add 按钮添加一种语言。当选择了多种语言时，为了修改某一种语言的优先值，要用到 Move Up 和 Move down 按钮。

在其他浏览器中修改 accept-language 标题的说明，请登录以下网址查阅：

http://www.w3.org/International/questions/qa-lang-priorities.en.php

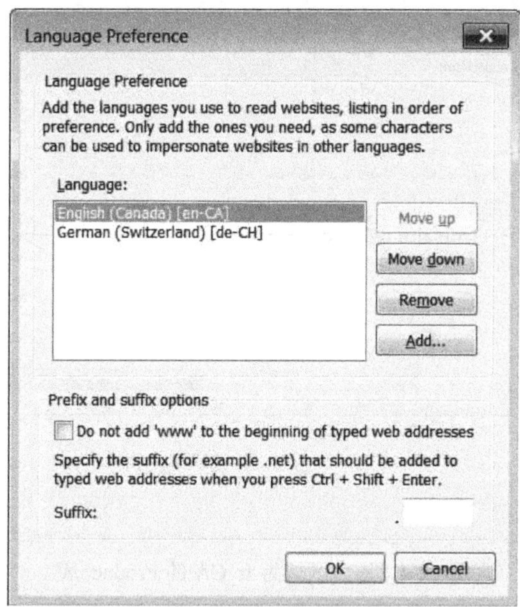

图 22.2　IE 10 的 Language Preference 窗口

如果要对这个应用程序进行测试，请登录以下 URL：

```
http://localhost:8080/app22a/product_input
```

将会看到 Product 表的英语版和法语版，分别如图 22.3 和图 22.4 所示。

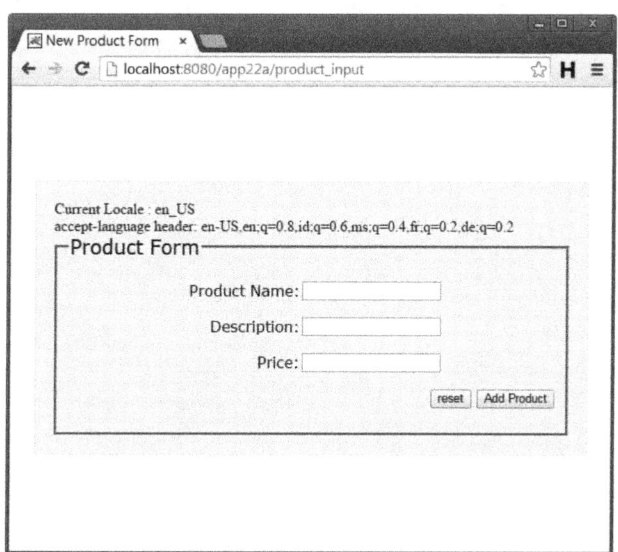

图 22.3　语言区域为 en_US 的 Product 表

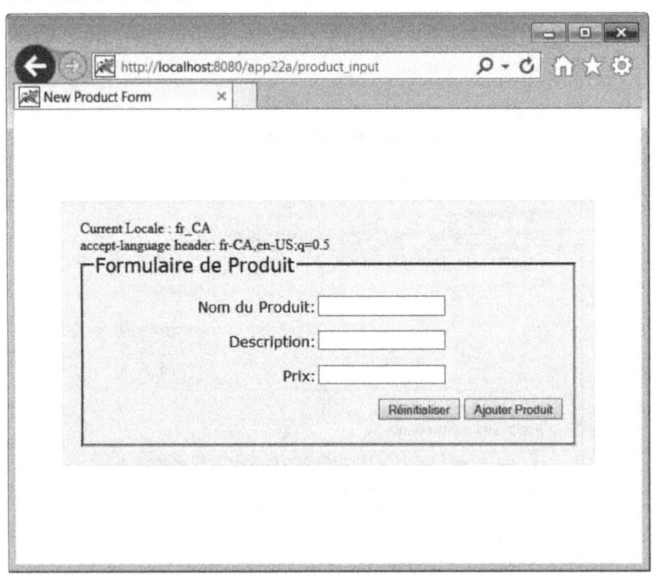

图 22.4　语言区域为 fr_CA 的 Product 表

22.6　小结

本章讲解了如何开发国际化的应用程序，首先介绍了 java.util.Locale 类和 java.util.ResourceBundle 类，然后示范了一个国际化应用程序的例子。

第 23 章 上传文件

Servlet 技术出现前不久，文件上传的编程仍然是一项很困难的任务，它涉及在服务器端解析原始的 HTTP 响应。为了减轻编程的痛苦，开发人员借助于商业的文件上传元件，其中有些价格不菲。值得庆幸的是，2003 年，Apache Software Foundation 发布了开源的 Commons FileUpload 元件，它很快成为全球 Servlet/JSP 程序员的利器。

经过很多年，Servlet 的设计人员才意识到文件上传的重要性，但是，最终文件上传还是成了 Servlet 3.0 的内置特性。Servlet 3.0 的开发人员不再需要将 Commons FileUpload 元件导入到他们的项目中去。

为此，在 Spring MVC 中处理文件上传有两种方法：

（1）购买 Apache Commons FileUpload 元件。

（2）利用 Servlet 3.0 及其更高版本的内置支持。如果要将应用程序部署到支持 Servlet 3.0 及其更高版本的容器中，只能使用这种方法。

无论选择哪一种方法，都要利用相同的 API 来处理已经上传的文件。本章将介绍如何在需要支持文件上传的 Spring MVC 应用程序中使用 Commons FileUpload 和 Servlet 3.0 文件上传特性。此外，本章还将展示如何通过 HTML 5 增强用户体验。

23.1 客户端编程

为了上传文件，必须将 HTML 表格的 enctype 属性值设为 multipart/form-data，如下：

```
<form action="action" enctype="multipart/form-data" method="post">
    Select a file <input type="file" name="fieldName"/>
    <input type="submit" value="Upload"/>
</form>
```

表格中必须包含类型为 file 的一个 input 元素，它会显示成一个按钮，单击时，它会打开一个对话框，用来选择文件。这个表格中也包含了其他字段类型，如文本区或者隐藏字段。

在 HTML 5 之前，如果想要上传多个文件，必须使用多个文件 input 元素。但是，在 HTML 5 中，通过在 input 元素中引入多个 multiple 属性，使得多个文件的上传变得更加简单。在 HTML 5

中编写以下任意一行代码，便可生成一个按钮供选择多个文件：

```
<input type="file" name="fieldName" multiple/>

<input type="file" name="fieldName" multiple="multiple"/>

<input type="file" name="fieldName" multiple=""/>
```

23.2　MultipartFile 接口

在 Spring MVC 中处理已经上传的文件十分容易。上传到 Spring MVC 应用程序中的文件会被包在一个 MultipartFile 对象中。你唯一的任务就是用类型为 MultipartFile 的属性编写一个 domain 类。

org.springframework.web.multipart.MultipartFile 接口具有以下方法：

```
byte[] getBytes()
```

它以字节数组的形式返回文件的内容。

```
String getContentType()
```

它返回文件的内容类型。

```
InputStream getInputStream()
```

它返回一个 InputStream，从中读取文件的内容。

```
String getName()
```

它以多部分的形式返回参数的名称。

```
String getOriginalFilename()
```

它返回客户端本地驱动器中的初始文件名。

```
long getSize()
```

它以字节为单位，返回文件的大小。

```
boolean isEmpty()
```

它表示被上传的文件是否为空。

```
void transferTo(File destination)
```

它将上传的文件保存到目标目录下。

接下来的范例将讲解如何获取控制器中的已上传文件。

23.3　用 Commons FileUpload 上传文件

只有实现了 Servlet 3.0 及其更高版本规范的 Servlet 容器，才支持文件上传。对版本低于

Servlet 3.0 的容器，则需要 Apache Commons FileUpload 元件，它可以从以下网页下载：

```
http://commons.apache.org/proper/commons-fileupload/
```

这是一个开源项目，因此是免费的，它还提供了源代码。为了让 Commons FileUpload 成功地工作，还需要另一个 Apache Commons 元件：Apache Commons IO。从以下网页可以下载 Apache Commons IO：

```
http://commons.apache.org/proper/commons-io/
```

因此，需要将两个 JAR 文件复制到应用程序的 WEB-INF/lib 目录下。Commons FileUpload JAR 的名称遵循以下模式：

```
commons-fileupload-x.y.jar
```

这里的 x 是指该软件的最高版本，y 是指最低版本。例如，本章使用的名称是 commons-fileupload-1.3.jar。

Commons IO JAR 的名称遵循以下模式：

```
commons-io-x.y.jar
```

这里的 x 是指该软件的最高版本，y 是指最低版本。例如，本章使用的名称是 commons-io-2.4.jar。

此外，还需要在 Spring MVC 配置文件中定义 multipartResolver bean。

```
<bean id="multipartResolver"
        class="org.springframework.web.multipart.commons.
➥ CommonsMultipartResolver">
    <property name="maxUploadSize" value="2000000"/>
</bean>
```

范例 app23a 展示了如何利用 Apache Commons FileUpload 处理已经上传的文件。这个范例在 Servlet 3.0 容器中也是有效的。app23a 有一个 domain 类，即 Product 类，它包含了一个 MultipartFile 对象列表。在本例中，你将学会如何编写一个处理已上传产品图片的控制器。

23.4 Domain 类

清单 23.1 展示了 domain 类 Product。它与前一个例子中的 Product 类相似，只是清单 23.1 中的这个类还具有类型为 List<MultipartFile>的 images 属性。

清单 23.1 经过修改的 domain 类 Product

```
package app23a.domain;
import java.io.Serializable;
import java.util.List;
import javax.validation.constraints.NotNull;
import javax.validation.constraints.Size;
```

```
import org.springframework.web.multipart.MultipartFile;

public class Product implements Serializable {
    private static final long serialVersionUID = 74458L;

    @NotNull
    @Size(min=1, max=10)
    private String name;

    private String description;
    private Float price;
    private List<MultipartFile> images;

    public String getName() {
        return name;
    }
    public void setName(String name) {
        this.name = name;
    }
    public String getDescription() {
        return description;
    }
    public void setDescription(String description) {
        this.description = description;
    }
    public Float getPrice() {
        return price;
    }
    public void setPrice(Float price) {
        this.price = price;
    }
    public List<MultipartFile> getImages() {
        return images;
    }
    public void setImages(List<MultipartFile> images) {
        this.images = images;
    }
}
```

23.5　控制器

app23a 中的控制器如清单 23.2 所示。这个类中有 inputProduct 和 saveProduct 两个处理请求的方法。inputProduct 方法向浏览器发出一个产品表单。saveProduct 方法将已上传的图片文件保存在应用程序目录的 image 目录下。

清单 23.2　ProductController 类

```
package app23a.controller;

import java.io.File;
import java.io.IOException;
import java.util.ArrayList;
```

```
import java.util.List;
import javax.servlet.http.HttpServletRequest;
import org.apache.commons.logging.Log;
import org.apache.commons.logging.LogFactory;
import org.springframework.stereotype.Controller;
import org.springframework.ui.Model;
import org.springframework.validation.BindingResult;
import org.springframework.web.bind.annotation.ModelAttribute;
import org.springframework.web.bind.annotation.RequestMapping;
import org.springframework.web.multipart.MultipartFile;
import app23a.domain.Product;

@Controller
public class ProductController {

    private static final Log logger =
        LogFactory.getLog(ProductController.class);

    @RequestMapping(value = "/product_input")
    public String inputProduct(Model model) {
        model.addAttribute("product", new Product());
        return "ProductForm";
    }

    @RequestMapping(value = "/product_save")
    public String saveProduct(HttpServletRequest servletRequest,
            @ModelAttribute Product product,
            BindingResult bindingResult, Model model) {

        List<MultipartFile> files = product.getImages();

        List<String> fileNames = new ArrayList<String>();

        if (null != files && files.size() > 0) {
            for (MultipartFile multipartFile : files) {

                String fileName =
                        multipartFile.getOriginalFilename();
                fileNames.add(fileName);

                File imageFile = new
                        File(servletRequest.getServletContext()
                        .getRealPath("/image"), fileName);
                try {
                    multipartFile.transferTo(imageFile);
                } catch (IOException e) {
                    e.printStackTrace();
                }
            }
        }

        // save product here
        model.addAttribute("product", product);
        return "ProductDetails";
    }
}
```

如清单 23.2 中的 saveProduct 方法所示，保存已上传文件是一件很轻松的事情，只需要在 MultipartFile 中调用 transferTo 方法。

23.6　配置文件

清单 23.3 展示了 app23a 的 Spring MVC 配置文件。

清单 23.3　app23a 的 Spring MVC 配置文件

```
<?xml version="1.0" encoding="UTF-8"?>
<beans xmlns="http://www.springframework.org/schema/beans"
    xmlns:xsi="http://www.w3.org/2001/XMLSchema-instance"
    xmlns:p="http://www.springframework.org/schema/p"
    xmlns:mvc="http://www.springframework.org/schema/mvc"
    xmlns:context="http://www.springframework.org/schema/context"
    xsi:schemaLocation="
        http://www.springframework.org/schema/beans
        http://www.springframework.org/schema/beans/spring-beans.xsd
        http://www.springframework.org/schema/mvc
        http://www.springframework.org/schema/mvc/spring-mvc.xsd
        http://www.springframework.org/schema/context
        http://www.springframework.org/schema/context/spring-
➥ context.xsd">

    <context:component-scan base-package="app23a.controller" />
    <context:component-scan base-package="app23a.formatter" />

    <mvc:annotation-driven conversion-service="conversionService" />

    <mvc:resources mapping="/css/**" location="/css/" />
    <mvc:resources mapping="/*.html" location="/" />
    <mvc:resources mapping="/image/**" location="/image/" />

    <bean id="viewResolver"
            class="org.springframework.web.servlet.view.
➥ InternalResourceViewResolver">
        <property name="prefix" value="/WEB-INF/jsp/" />
        <property name="suffix" value=".jsp" />
    </bean>

    <bean id="messageSource"
            class="org.springframework.context.support.
➥ ReloadableResourceBundleMessageSource">
        <property name="basename"
                value="/WEB-INF/resource/messages" />
    </bean>

    <bean id="conversionService"
        class="org.springframework.format.support.
```

```
➥ FormattingConversionServiceFactoryBean">

        <property name="formatters">
            <set>
                <bean class="app23a.formatter.DateFormatter">
                    <constructor-arg type="java.lang.String"
                              value="MM-dd-yyyy" />
                </bean>
            </set>
        </property>
    </bean>

    <bean id="multipartResolver"
            class="org.springframework.web.multipart.commons.
➥ CommonsMultipartResolver">
    </bean>
</beans>
```

利用 multipartResolver bean 的 maxUploadSize 属性，可以设置能够接受的最大文件容量。如果没有设置这个属性，则没有最大文件容量限制。文件容量没有设置限制，并不意味着可以上传任意大小的文件。上传过大的文件时要花很长的时间，这样会导致服务器超时。为了处理超大文件的问题，可以利用 HTML 5 File API 将文件切片，然后再分别上传这些文件。

23.7 JSP 页面

用于上传图片文件的 ProductForm.jsp 页面如清单 23.4 所示。

清单 23.4 ProductForm.jsp 页面

```
<%@ taglib prefix="form" uri="http://www.springframework.org/tags/form"
       %>
<%@ taglib uri="http://java.sun.com/jsp/jstl/core" prefix="c" %>
<!DOCTYPE html>
<html>
<head>
<title>Add Product Form</title>
<style type="text/css">@import url("<c:url
       value="/css/main.css"/>");</style>
</head>
<body>

<div id="global">
<form:form commandName="product" action="product_save" method="post"
        enctype="multipart/form-data">
    <fieldset>
        <legend>Add a product</legend>
        <p>
            <label for="name">Product Name: </label>
            <form:input id="name" path="name"
```

```
                cssErrorClass="error"/>
            <form:errors path="name" cssClass="error"/>
        </p>
        <p>
            <label for="description">Description: </label>
            <form:input id="description" path="description"/>
        </p>
        <p>
            <label for="price">Price: </label>
            <form:input id="price" path="price"
                cssErrorClass="error"/>
        </p>
        <p>
            <label for="image">Product Image: </label>
            <input type="file" name="images[0]"/>
        </p>
        <p id="buttons">
            <input id="reset" type="reset" tabindex="4">
            <input id="submit" type="submit" tabindex="5"
                value="Add Product">
        </p>
    </fieldset>
</form:form>
</div>
</body>
</html>
```

注意表单中类型为 file 的 input 元素，它将显示为一个按钮，用于选择要上传的文件。

提交 Product 表单，将会调用 product_save 方法。如果这个方法成功地完成，用户将会跳转到清单 23.5 所示的 ProductDetails.jsp 页面。

清单 23.5　ProductDetails.jsp 页面

```
<%@ taglib uri="http://java.sun.com/jsp/jstl/core" prefix="c" %>
<!DOCTYPE html>
<html>
<head>
<title>Save Product</title>
<style type="text/css">@import url("<c:url
      value="/css/main.css"/>");</style>
</head>
<body>
<div id="global">
    <h4>The product has been saved.</h4>
    <p>
        <h5>Details:</h5>
        Product Name: ${product.name}<br/>
        Description: ${product.description}<br/>
        Price: $${product.price}
        <p>Following files are uploaded successfully.</p>
```

```
            <ol>
            <c:forEach items="${product.images}" var="image">
                <li>${image.originalFilename}
                <img width="100" src="<c:url value="/image/"/>
                ${image.originalFilename}"/>
                </li>
            </c:forEach>
            </ol>
        </p>
</div>
</body>
</html>
```

ProductDetails.jsp 页面显示出已保存的 Product 详细信息及其图片。

23.8 应用程序的测试

要测试这个应用程序，在浏览器中打开以下网址：

```
http://localhost:8080/app23a/product_input
```

将会看到一个图 23.1 所示的 Add Product 表。试着在其中输入一些产品信息，并选择一个要上传的文件。

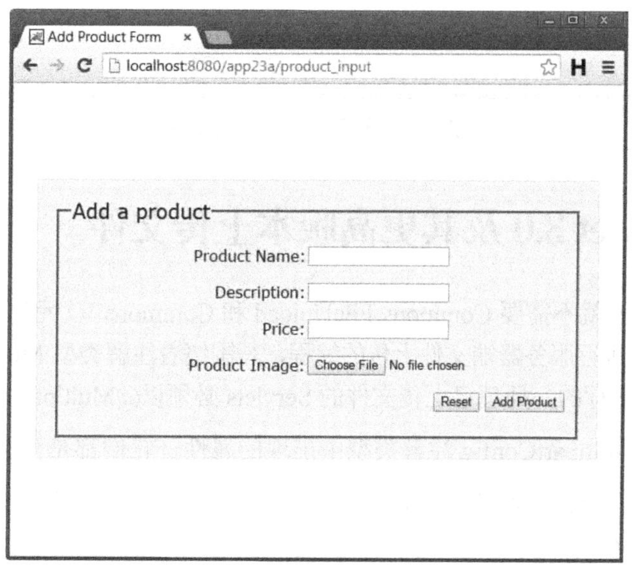

图 23.1 包含一个文件字段的产品表单

单击 Add Product 按钮，就会看到图 23.2 所示的网页。

如果到应用程序目录的 image 目录下查看，就会看到已经上传的图片。

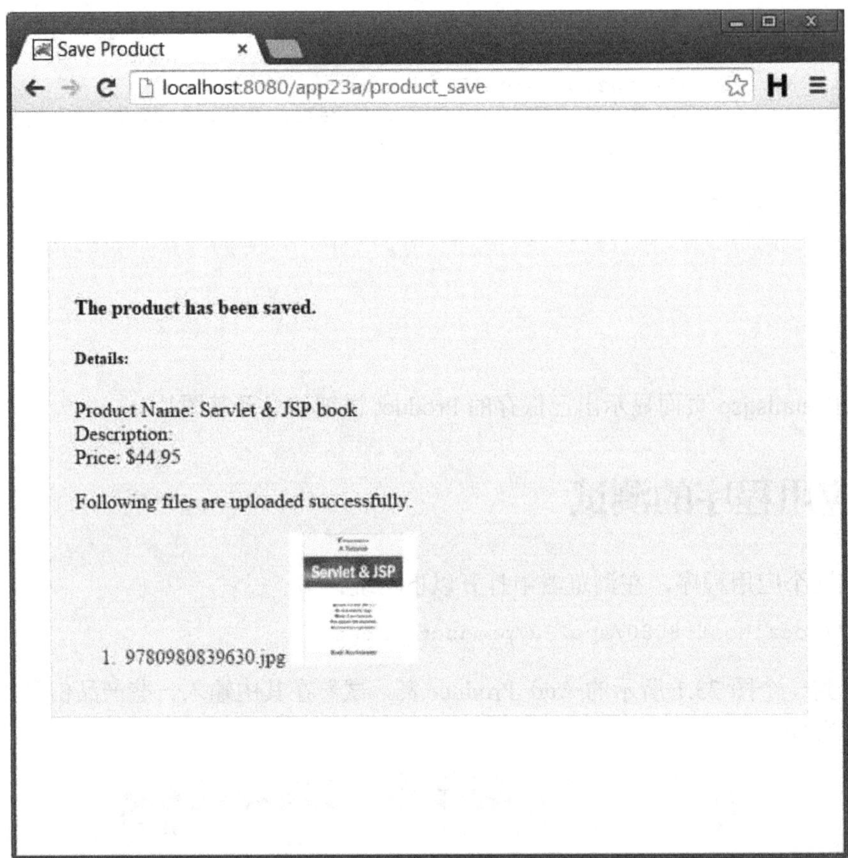

图 23.2　显示已经上传的图片

23.9　用 Servlet 3.0 及其更高版本上传文件

有了 Servlet 3.0，就不需要 Commons FileUpload 和 Commons IO 元件了。在 Servlet 3.0 及其以上版本的容器中进行服务器端文件上传的编程，是围绕着注解类型 MultipartConfig 和 javax.servlet.http.Part 接口进行的。处理已上传文件的 Servlets 必须以@MultipartConfig 进行注解。

下列是可能在 MultipartConfig 注解类型中出现的属性，它们都是可选的：

- maxFileSize：上传文件的最大容量，默认值为-1，表示没有限制。大于指定值的文件将会遭到拒绝。
- maxRequestSize：表示多部分 HTTP 请求允许的最大容量，默认值为-1，表示没有限制。
- location：表示在 Part 调用 write 方法时，要将已上传的文件保存到磁盘中的位置。
- fileSizeThreshold：上传文件超出这个容量界限时，会被写入磁盘。

Spring MVC 的 DispatcherServlet 处理大部分或者所有请求。令人遗憾的是，如果不修改源代码，将无法对 Servlet 进行注解。但值得庆幸的是，Servlet 3.0 中有一种比较容易的方法，能使一个 Servlet 变成一个 MultipartConfig Servlet，即给部署描述符（web.xml）中的 Servlet 声明赋值。以下代码与用@MultipartConfig 给 DispatcherServlet 进行注解的效果一样。

```
<servlet>
    <servlet-name>springmvc</servlet-name>
    <servlet-class>
        org.springframework.web.servlet.DispatcherServlet
    </servlet-class>
    <init-param>
        <param-name>contextConfigLocation</param-name>
        <param-value>
            /WEB-INF/config/springmvc-config.xml
        </param-value>
    </init-param>
    <multipart-config>
        <max-file-size>20848820</max-file-size>
        <max-request-size>418018841</max-request-size>
        <file-size-threshold>1048576</file-size-threshold>
    </multipart-config>
</servlet>
```

此外，还需要在 Spring MVC 配件文件中使用一个不同的多部分解析器，如下：

```
<bean id="multipartResolver"
        class="org.springframework.web.multipart.support.
➥ StandardServletMultipartResolver">
</bean>
```

app23b 应用程序展示了如何在 Servlet 3.0 及其更高版本的容器中处理文件上传问题。这是从 app23a 改写过来的，因此，domain 和 controller 类都非常相似。唯一的区别在于，现在的 web.xml 文件中包含了一个 multipart-config 元素。清单 23.6 展示了 app23b 的 web.xml 文件。

清单 23.6　app23b 的 web.xml 文件

```
<?xml version="1.0" encoding="UTF-8"?>
<web-app version="3.0"
    xmlns="http://java.sun.com/xml/ns/javaee"
    xmlns:xsi="http://www.w3.org/2001/XMLSchema-instance"
    xsi:schemaLocation="http://java.sun.com/xml/ns/javaee
➥ http://java.sun.com/xml/ns/javaee/web-app_3_0.xsd">

    <servlet>
        <servlet-name>springmvc</servlet-name>
        <servlet-class>
            org.springframework.web.servlet.DispatcherServlet
        </servlet-class>
        <init-param>
            <param-name>contextConfigLocation</param-name>
```

```
            <param-value>
                /WEB-INF/config/springmvc-config.xml
            </param-value>
        </init-param>
        <load-on-startup>1</load-on-startup>
        <multipart-config>
            <max-file-size>20848820</max-file-size>
            <max-request-size>418018841</max-request-size>
            <file-size-threshold>1048576</file-size-threshold>
        </multipart-config>
    </servlet>

    <servlet-mapping>
        <servlet-name>springmvc</servlet-name>
        <url-pattern>/</url-pattern>
    </servlet-mapping>
</web-app>
```

清单 23.7 展示了 app23b 的 Spring MVC 配置文件。

清单 23.7　app23b 的 Spring MVC 配置文件

```
<?xml version="1.0" encoding="UTF-8"?>
<beans xmlns="http://www.springframework.org/schema/beans"
    xmlns:xsi="http://www.w3.org/2001/XMLSchema-instance"
    xmlns:p="http://www.springframework.org/schema/p"
    xmlns:mvc="http://www.springframework.org/schema/mvc"
    xmlns:context="http://www.springframework.org/schema/context"
    xsi:schemaLocation="
        http://www.springframework.org/schema/beans
        http://www.springframework.org/schema/beans/spring-beans.xsd
        http://www.springframework.org/schema/mvc
        http://www.springframework.org/schema/mvc/spring-mvc.xsd
        http://www.springframework.org/schema/context
        http://www.springframework.org/schema/context/spring-
➥ context.xsd">

    <context:component-scan base-package="app23b.controller" />
    <context:component-scan base-package="app23b.formatter" />

    <mvc:annotation-driven conversion-service="conversionService" />

    <mvc:resources mapping="/css/**" location="/css/" />
    <mvc:resources mapping="/*.html" location="/" />
    <mvc:resources mapping="/image/**" location="/image/" />
    <mvc:resources mapping="/file/**" location="/file/" />

    <bean id="viewResolver"
        class="org.springframework.web.servlet.view.
➥ InternalResourceViewResolver">
        <property name="prefix" value="/WEB-INF/jsp/" />
```

```
        <property name="suffix" value=".jsp" />
    </bean>

    <bean id="messageSource"
            class="org.springframework.context.support.
➥ ReloadableResourceBundleMessageSource">
        <property name="basename"
                value="/WEB-INF/resource/messages" />
    </bean>

    <bean id="conversionService"
        class="org.springframework.format.support.
➥ FormattingConversionServiceFactoryBean">

        <property name="formatters">
            <set>
                <bean class="app23b.formatter.DateFormatter">
                    <constructor-arg type="java.lang.String"
                            value="MM-dd-yyyy" />
                </bean>
            </set>
        </property>
    </bean>
    <bean id="multipartResolver"
        class="org.springframework.web.multipart.support.
➥ StandardServletMultipartResolver">
    </bean>
</beans>
```

如果要对这个应用程序进行测试，请在浏览器中登录以下 URL：

```
http://localhost:8080/app23b/product_input
```

23.10　客户端上传

虽然 Servlet 3.0 中的文件上传特性使文件上传变得十分容易，只需在服务器端编程即可，但这对提升用户体验毫无帮助。单独一个 HTML 表单并不能显示进度条，或者显示已经成功上传的文件数量。开发人员采用了各种不同的技术来改善用户界面，例如，单独用一个浏览器线程对服务器发出请求，以便报告上传进度，或者利用像 Java 小程序、Adobe Flash、Microsoft Silverlight 这样的第三方技术。

第三方技术是有效的，但或多或少会有局限性。使用这些技术的第一个缺点在于，所有的主流浏览器对它们都没有内置的支持。例如，只有在其计算机上安装了 Java 的用户，才能运行 Java 小程序。而有些计算机厂商，如 Dell 和 HP，它们出厂的产品中是已经安装好 Java 的，其他厂商（如 Lenovo）则没有安装。虽然有办法检测到用户的计算机中是否已经安装了

Java，并且如果发现尚未安装，还可指导用户进行安装，但是，并非所有的用户都能容忍这种混乱。此外，默认情况下，Java 小程序对于访问本地文件系统有非常严格的限制，除非进行了签名。这些明显增加了编程的成本和复杂性。

Flash 与 Java 小程序存在同样的问题。Flash 程序需要播放器才能播放，但是并非所有平台都默认支持 Flash。用户不得不安装 Flash 播放器，才能播放浏览器中的 Flash 程序。此外，苹果公司也不允许在 iPad 和 iPhone 上播放 Flash，Adobe 公司最终还是放弃了在移动平台上运行的 Flash。

Microsoft Silverlight 也需要有播放器才能运行，非 IE 的浏览器都不自带。因此，Silverlight 程序员基本上或多或少都会遇上 Java 小程序和 Flash 开发人员遇到的那些问题。

幸运的是，我们有 HTML 5 前来支援。

HTML 5 在其 DOM 中添加了一个 File API。它允许访问本地文件。与 Java 小程序、Adobe Flash Microsoft Silverlight 相比，HTML 5 似乎是针对客户端文件上传局限性的最佳解决方案。令人遗憾的是，在编写本书时，IE 9 尚未完全支持这个 API，但可以利用最新版的 Firefox、Chrome 和 Opera 浏览器来测试下面的例子。

为了证明 HTML 5 的威力，app23b 中的 html5.jsp 页面（如清单 23.10 所示）采用了 JavaScript 和 HTML 5 File API 来提供报告上传进度的进度条。App23b 应用程序中也复制了一份 Multiple UploadsServlet 类，用于在服务器中保存已上传的文件。但是，JavaScript 不在本书讨论范围之列，因此只做粗略的说明。

简言之，我们关注的是 HTML 5 input 元素的 change 事件，当 input 元素的值发生改变时，它就会被触发。本书还关注 HTML 5 在 XMLHttpRequest 对象中添加的 progress 事件。XMLHttpRequest 自然是 AJAX 的骨架。当异步使用 XMLHttpRequest 对象上传文件时，就会持续地触发 progress 事件，直到上传进度完成或取消，或者直到上传进度因为出错而中断。通过监听 progress 事件，可以轻松地监测文件上传操作的进度。

app23b 中的 Html5FileUploadController 类能够将已经上传的文件保存到应用程序目录的 file 目录下。清单 23.8 中的 UploadedFile 类展示了一个简单的 domain 类，它只包含一个属性。

清单 23.8　UploadedFile 的 domain 类

```
package app23b.domain;
import java.io.Serializable;

import org.springframework.web.multipart.MultipartFile;

public class UploadedFile implements Serializable {
    private static final long serialVersionUID = 72348L;

    private MultipartFile multipartFile;
    public MultipartFile getMultipartFile() {
        return multipartFile;
    }
```

```
    public void setMultipartFile(MultipartFile multipartFile) {
        this.multipartFile = multipartFile;
    }
}
```

Html5FileUploadController 类如清单 23.9 所示。

清单 23.9 Html5FileUploadController 类

```
package app23b.controller;

import java.io.File;
import java.io.IOException;
import javax.servlet.http.HttpServletRequest;
import org.apache.commons.logging.Log;
import org.apache.commons.logging.LogFactory;
import org.springframework.stereotype.Controller;
import org.springframework.ui.Model;
import org.springframework.validation.BindingResult;
import org.springframework.web.bind.annotation.ModelAttribute;
import org.springframework.web.bind.annotation.RequestMapping;
import org.springframework.web.multipart.MultipartFile;
import app23b.domain.UploadedFile;

@Controller
public class Html5FileUploadController {

    private static final Log logger = LogFactory
            .getLog(Html5FileUploadController.class);

    @RequestMapping(value = "/html5")
    public String inputProduct() {
        return "Html5";
    }

    @RequestMapping(value = "/file_upload")
    public void saveFile(HttpServletRequest servletRequest,
            @ModelAttribute UploadedFile uploadedFile,
            BindingResult bindingResult, Model model) {

        MultipartFile multipartFile =
                uploadedFile.getMultipartFile();
        String fileName = multipartFile.getOriginalFilename();
        try {
            File file = new File(servletRequest.getServletContext()
                    .getRealPath("/file"), fileName);
            multipartFile.transferTo(file);
        } catch (IOException e) {
            e.printStackTrace();
        }
    }
}
```

Html5FileUploadController 中的 saveFile 方法将已经上传的文件保存到应用程序目录中的 file 目录下。

清单 23.10 中的 html5.jsp 页面中包含的 JavaScript 代码允许用户选择多个文件，并且一键单击即可全部上传。这些文件本身将同时上传。

清单 23.10　html5.jsp 页面

```
<!DOCTYPE html>
<html>
<head>
<script>
    var totalFileLength, totalUploaded, fileCount, filesUploaded;

    function debug(s) {
        var debug = document.getElementById('debug');
        if (debug) {
            debug.innerHTML = debug.innerHTML + '<br/>' + s;
        }
    }

    function onUploadComplete(e) {
        totalUploaded += document.getElementById('files').
                files[filesUploaded].size;
        filesUploaded++;
        debug('complete ' + filesUploaded + " of " + fileCount);
        debug('totalUploaded: ' + totalUploaded);
        if (filesUploaded < fileCount) {
            uploadNext();
        } else {
            var bar = document.getElementById('bar');
            bar.style.width = '100%';
            bar.innerHTML = '100% complete';
            alert('Finished uploading file(s)');
        }
    }

    function onFileSelect(e) {
        var files = e.target.files; // FileList object
        var output = [];
        fileCount = files.length;
        totalFileLength = 0;
        for (var i=0; i<fileCount; i++) {
            var file = files[i];
            output.push(file.name, ' (',
                  file.size, ' bytes, ',
                  file.lastModifiedDate.toLocaleDateString(), ')'
            );
            output.push('<br/>');
            debug('add ' + file.size);
            totalFileLength += file.size;
        }
        document.getElementById('selectedFiles').innerHTML =
```

```
            output.join('');
        debug('totalFileLength:' + totalFileLength);
    }
    function onUploadProgress(e) {
        if (e.lengthComputable) {
            var percentComplete = parseInt(
                    (e.loaded + totalUploaded) * 100
                    / totalFileLength);
            var bar = document.getElementById('bar');
            bar.style.width = percentComplete + '%';
            bar.innerHTML = percentComplete + ' % complete';
        } else {
            debug('unable to compute');
        }
    }

    function onUploadFailed(e) {
        alert("Error uploading file");
    }

    function uploadNext() {
        var xhr = new XMLHttpRequest();
        var fd = new FormData();
        var file = document.getElementById('files').
                files[filesUploaded];
        fd.append("multipartFile", file);
        xhr.upload.addEventListener(
                "progress", onUploadProgress, false);
        xhr.addEventListener("load", onUploadComplete, false);
        xhr.addEventListener("error", onUploadFailed, false);
        xhr.open("POST", "file_upload");
        debug('uploading ' + file.name);
        xhr.send(fd);
    }

    function startUpload() {
        totalUploaded = filesUploaded = 0;
        uploadNext();
    }
    window.onload = function() {
        document.getElementById('files').addEventListener(
                'change', onFileSelect, false);
        document.getElementById('uploadButton').
                addEventListener('click', startUpload, false);
    }
</script>
</head>
<body>
<h1>Multiple file uploads with progress bar</h1>
<div id='progressBar' style='height:20px;border:2px solid green'>
    <div id='bar'
            style='height:100%;background:#33dd33;width:0%'>
    </div>
</div>
```

```
<form>
    <input type="file" id="files" multiple/>
    <br/>
    <output id="selectedFiles"></output>
    <input id="uploadButton" type="button" value="Upload"/>
</form>
<div id='debug'
    style='height:100px;border:2px solid green;overflow:auto'>
</div>
</body>
</html>
```

html5.jsp 页面的用户界面中主要包含了一个名为 progressBar 的 div 元素、一个表单和另一个名为 debug 的 div 元素。也许你已经猜到了，progressBar div 是用于展示上传进度的，debug 是用于调试信息的。表单中有一个类型为 file 的 input 元素和一个按钮。

这个表单中有两点需要注意。第一，是标识为 files 的 input 元素，它有一个 multiple 属性，用于支持多文件选择。第二，这个按钮不是一个提交按钮。因此，单击它并不会提交表单。事实上，脚本是利用 XMLHttpRequest 对象来完成上传的。

下面来看 Javascript 代码。我们假定读者已经具备一定的脚本语言知识。

执行脚本时，它做的第一件事就是为这 4 个变量分配空间：

```
var totalFileLength, totalUploaded, fileCount, filesUploaded;
```

totalFileLength 变量保存要上传的文件总长度。totalUploaded 是指目前已经上传的字节数。fileCount 中包含了要上传的文件数量。filesUploaded 表示已经上传的文件数量。

随后，当窗口完全下载后，便调用赋予 window.onload 的函数：

```
window.onload = function() {
    document.getElementById('files').addEventListener(
            'change', onFileSelect, false);
    document.getElementById('uploadButton').
            addEventListener('click', startUpload, false);
}
```

这段代码将 files input 元素的 change 事件映射到 onFileSelect 函数，将按钮的 click 事件映射到 startUpload。

每当用户从本地目录中修改了不同的文件时，都会触发 change 事件。与该事件相关的事件处理器只是在一个 output 元素中输出已选文件的名称和容量。下面是一个事件处理器的例子：

```
function onFileSelect(e) {
    var files = e.target.files; // FileList object
    var output = [];
    fileCount = files.length;
    totalFileLength = 0;
    for (var i=0; i<fileCount; i++) {
        var file = files[i];
```

```
            output.push(file.name, ' (',
                  file.size, ' bytes, ',
                  file.lastModifiedDate.toLocaleDateString(), ')'
            );
            output.push('<br/>');
            debug('add ' + file.size);
            totalFileLength += file.size;
        }
        document.getElementById('selectedFiles').innerHTML =
            output.join('');
        debug('totalFileLength:' + totalFileLength);
    }
```

当用户单击 Upload 按钮时，就会调用 startUpload 函数，并随之调用 uploadNext 函数。uploadNext 上传已选文件列表中的下一个文件。它首先创建一个 XMLHttpRequest 对象和一个 FormData 对象，并将接下来要上传的文件添加到它的后面：

```
var xhr = new XMLHttpRequest();
var fd = new FormData();
var file = document.getElementById('files').
        files[filesUploaded];
fd.append("multipartFile", file);
```

随后，uploadNext 函数将 XMLHttpRequest 对象的 progress 事件添加到 onUploadProgress，并将 load 事件和 error 事件分别添加到 onUploadComplete 和 onUploadFailed：

```
xhr.upload.addEventListener(
        "progress", onUploadProgress, false);
xhr.addEventListener("load", onUploadComplete, false);
xhr.addEventListener("error", onUploadFailed, false);
```

接下来，打开一个服务器连接，并发出 FormData：

```
xhr.open("POST", "file_upload");
debug('uploading ' + file.name);
xhr.send(fd);
```

在上传期间，会重复地调用 onUploadProgress 函数，让它有机会更新进度条。更新包括计算已经上传的总字节数比率，计算已选择文件的字节数，拓宽 progressBar div 元素里面的 div 元素：

```
function onUploadProgress(e) {
    if (e.lengthComputable) {
        var percentComplete = parseInt(
                (e.loaded + totalUploaded) * 100
                / totalFileLength);
        var bar = document.getElementById('bar');
        bar.style.width = percentComplete + '%';
        bar.innerHTML = percentComplete + ' % complete';
    } else {
        debug('unable to compute');
    }
}
```

上传完成时，调用 onUploadComplete 函数。这个事件处理器会增加 totalUploaded，即已经完成上传的文件容量，并添加 filesUploaded 值。随后，它会查看已经选中的所有文件是否都已经上传完毕。如果是，则会显示一条消息，告诉用户文件上传已经成功完成。如果不是，则再次调用 uploadNext。为了便于阅读，将 onUploadComplete 函数重新复制到这里：

```
function onUploadComplete(e) {
    totalUploaded += document.getElementById('files').
            files[filesUploaded].size;
    filesUploaded++;
    debug('complete ' + filesUploaded + " of " + fileCount);
    debug('totalUploaded: ' + totalUploaded);
    if (filesUploaded < fileCount) {
        uploadNext();
    } else {
        var bar = document.getElementById('bar');
        bar.style.width = '100%';
        bar.innerHTML = '100% complete';
        alert('Finished uploading file(s)');
    }
}
```

利用下面的 URL 可以对上述应用程序进行测试：

```
http://localhost:8080/app23b/html5.jsp
```

选择几个文件，并单击 Upload 按钮，将会看到一个进度条，以及上传文件的信息，如图 23.3 的屏幕截图所示。

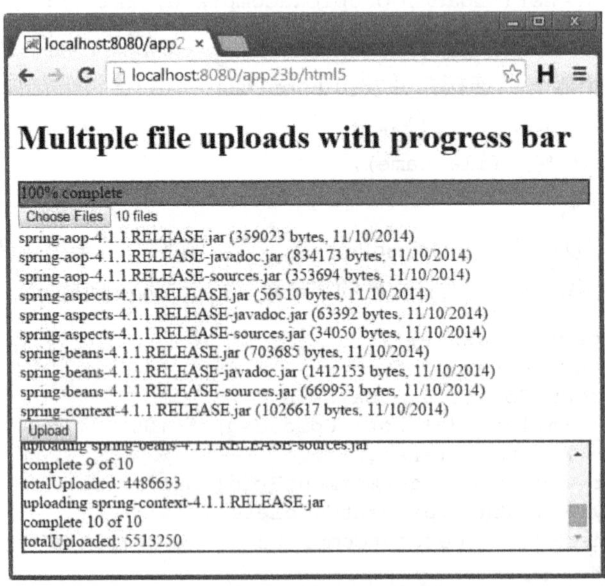

图 23.3　带进度条的文件上传

23.11　小结

本章介绍了如何在 Spring MVC 应用程序中处理文件上传。处理已上传的文件有两种方法，即利用 Commons FileUpload 元件，或者利用 Servlet 3.0 本地文件上传特性。本章提供的范例展示了如何使用这两个方法。

本章还介绍了如何利用 HTML 5 支持多文件上传，并利用 File API 提升客户端的用户体验。

第 24 章
下载文件

像图片或者 HTML 文件这样的静态资源，在浏览器中打开正确的 URL 即可下载。只要该资源是放在应用程序的目录下，或者放在应用程序目录的子目录下，而不是放在 WEB-INF 下，Servlet/JSP 容器就会将该资源发送到浏览器。然而，有时静态资源是保存在应用程序目录外，或者是保存在某一个数据库中，或者有时需要控制它的访问权限，防止其他网站交叉引用它。如果出现以上任意一种情况，都必须通过编程来发送资源。

简言之，通过编程进行的文件下载，使你可以有选择地将文件发送到浏览器。本章将介绍如何通过编程发送资源到浏览器，并举两个范例。

24.1 文件下载概览

为了将像文件这样的资源发送到浏览器，需要在控制器中完成以下工作：

（1）对请求处理方法使用 void 返回类型，并在方法中添加 HttpServletResponse 参数。

（2）将响应的内容类型设为文件的内容类型。Content-Type 标题在某个实体的 body 中定义数据的类型，并包含媒体类型和子类型标识符。欲了解标准的内容类型，请登录 http://www.iana.org/assignments/media-types。如果不清楚内容类型，并且希望浏览器始终显示 Sava As（另存为）对话框，则将它设为 APPLICATION/OCTET-STREAM。这个值是不区分大小写的。

（3）添加一个名为 Content-Disposition 的 HTTP 响应标题，并赋值 attachment; filename=fileName，这里的 fileName 是默认文件名，应该出现在 File Download（文件下载）对话框中。它通常与文件同名，但是也并非一定如此。

例如，以下代码将一个文件发送到浏览器：

```
FileInputStream fis = new FileInputStream(file);
BufferedInputStream bis = new BufferedInputStream(fis);
byte[] bytes = new byte[bis.available()];
response.setContentType(contentType);
OutputStream os = response.getOutputStream();
bis.read(bytes);
os.write(bytes);
```

为了通过编程将一个文件发送到浏览器，首先要读取该文件作为 FileInputStream，并将内容加载到一个字节数组。随后，获取 HttpServletResponse 的 OutputStream，并调用其 write 方法传入字节数组。

24.2 范例 1：隐藏资源

app24a 应用程序示范了如何向浏览器发送文件。在这个应用程序中，由 ResourceController 类处理用户登录，并将一个 secret.pdf 文件发送给浏览器。secret.pdf 文件放在 WEB-INF/data 目录下，因此不可能直接访问。只有得到授权的用户，才能看到它。如果用户没有登录，应用程序就会跳转到登录页面。

清单 24.1 中的 ResourceController 类提供了一个控制器，负责发送 secret.pdf 文件。只有当用户的 HttpSession 中包含一个 loggedIn 属性时，表示该用户已经成功登录，这才允许该用户访问。

清单 24.1 ResourceController 类

```
package app24a.controller;

import java.io.BufferedInputStream;
import java.io.File;
import java.io.FileInputStream;
import java.io.IOException;
import java.io.OutputStream;
import javax.servlet.http.HttpServletRequest;
import javax.servlet.http.HttpServletResponse;
import javax.servlet.http.HttpSession;
import org.apache.commons.logging.Log;
import org.apache.commons.logging.LogFactory;
import org.springframework.stereotype.Controller;
import org.springframework.ui.Model;
import org.springframework.web.bind.annotation.ModelAttribute;
import org.springframework.web.bind.annotation.RequestMapping;
import app24a.domain.Login;

@Controller

public class ResourceController {

      private static final Log logger =
      LogFactory.getLog(ResourceController.class);

      @RequestMapping(value="/login")
      public String login(@ModelAttribute Login login, HttpSession
      session, Model model) {
          model.addAttribute("login", new Login());
          if ("paul".equals(login.getUserName()) &&
                  "secret".equals(login.getPassword())) {
```

```
            session.setAttribute("loggedIn", Boolean.TRUE);
         return "Main";
        } else {
            return "LoginForm";
        }
    }
    @RequestMapping(value="/resource_download")
    public String downloadResource(HttpSession session,
    HttpServletRequest request,
            HttpServletResponse response) {
    if (session == null ||
            session.getAttribute("loggedIn") == null) {
        return "LoginForm";
    }
    String dataDirectory = request.
            getServletContext().getRealPath("/WEB-INF/data");
    File file = new File(dataDirectory, "secret.pdf");
    if (file.exists()) {
        response.setContentType("application/pdf");
        response.addHeader("Content-Disposition",
                "attachment; filename=secret.pdf");
        byte[] buffer = new byte[1024];
        FileInputStream fis = null;
        BufferedInputStream bis = null;
        // if using Java 7, use try-with-resources
        try {
            fis = new FileInputStream(file);
            bis = new BufferedInputStream(fis);
            OutputStream os = response.getOutputStream();
            int i = bis.read(buffer);
            while (i != -1) {
                os.write(buffer, 0, i);
                i = bis.read(buffer);
            }
        } catch (IOException ex) {
            // do something,
            // probably forward to an Error page
        } finally {
            if (bis != null) {
                try {
                    bis.close();
                } catch (IOException e) {
                }
            }
            if (fis != null) {
                try {
                    fis.close();
                } catch (IOException e) {
                }
            }
        }
```

```
        }
        return null;
    }
}
```

控制器中的第一个方法 login，将用户带到登录表单。

LoginForm.jsp 页面如清单 24.2 所示。

清单 24.2　LoginForm.jsp 页面

```
<%@ taglib prefix="form" uri="http://www.springframework.org/tags/form"
       %>
<%@ taglib prefix="c" uri="http://java.sun.com/jsp/jstl/core" %>
<!DOCTYPE HTML>
<html>
<head>
<title>Login</title>
<style type="text/css">@import url("<c:url
       value="/css/main.css"/>");</style>
</head>
<body>
<div id="global">
<form:form commandName="login" action="login" method="post">
    <fieldset>
        <legend>Login</legend>
        <p>
            <label for="userName">User Name: </label>
        <form:input id="userName" path="userName"
                cssErrorClass="error"/>
        </p>
        <p>
            <label for="password">Password: </label>
            <form:password id="password" path="password"
                cssErrorClass="error"/>
        </p>
        <p id="buttons">
            <input id="reset" type="reset" tabindex="4">
            <input id="submit" type="submit" tabindex="5"
                value="Login">
        </p>
    </fieldset>
</form:form>
</div>
</body>
</html>
```

成功登录所用的用户名和密码必须在 login 方法中进行硬编码。例如，用户名必须为 paul，密码必须为 secret。如果用户成功登录，他或她就会被转到 Main.jsp 页面（清单 24.3）。Main.jsp 页面中包含了一个链接，用户可以单击它来下载文件。

清单 24.3　Main.jsp 页面

```
<%@ taglib uri="http://java.sun.com/jsp/jstl/core" prefix="c" %>
<!DOCTYPE HTML>
<html>
<head>
<title>Download Page</title>
<style type="text/css">@import url("<c:url
        value="/css/main.css"/>");</style>
</head>
<body>
<div id="global">
    <h4>Please click the link below.</h4>
    <p>
        <a href="resource_download">Download</a>
    </p>
</div>
</body>
</html>
```

ResourceController 类中的第二个方法 downloadResource，它通过验证 session 属性 loggedIn 是否存在，来核实用户是否已经成功登录。如果找到该属性，就会将文件发送给浏览器。如果没有找到，用户就会被转到登录页面。注意，如果使用 Java 7 或其更高版本，则可以使用其新的 try-with-resources 特性，从而更加安全地处理资源。

通过调用以下 URL 中的 FileDownloadServlet，可以测试 app24a 应用程序：

```
http://localhost:8080/app24a/login
```

24.3　范例 2：防止交叉引用

心怀叵测的竞争对手有可能通过交叉引用 “窃取” 你的网站资产，例如，将你的资料公然放在他的网站上，好像那些东西原本就属于他的一样。如果通过编程控制，使得只有当 referer 标题中包含你的域名时才发出资源，就可以防止那种情况发生。当然，那些心意坚决的窃贼仍然有办法下载到你的东西，但是绝不会像以前那样不费吹灰之力就能得到。

app24b 应用程序利用清单 24.4 中的 ImageController 类，使得仅当 referer 标题不为 null 时，才将图片发送给浏览器。这样可以防止仅在浏览器中输入网址就能下载图片的情况发生。

清单 24.4　ImageController 类

```
package app24a.controller;

import java.io.BufferedInputStream;
import java.io.File;
import java.io.FileInputStream;
```

```
import java.io.IOException;
import java.io.OutputStream;
import javax.servlet.http.HttpServletRequest;
import javax.servlet.http.HttpServletResponse;
import org.apache.commons.logging.Log;
import org.apache.commons.logging.LogFactory;
import org.springframework.stereotype.Controller;
import org.springframework.web.bind.annotation.PathVariable;
import org.springframework.web.bind.annotation.RequestHeader;
import org.springframework.web.bind.annotation.RequestMapping;
import org.springframework.web.bind.annotation.RequestMethod;

@Controller
public class ImageController {

    private static final Log logger =
            LogFactory.getLog(ImageController.class);

@RequestMapping(value="/image_get/{id}", method =
        RequestMethod.GET)
public void getImage(@PathVariable String id,
        HttpServletRequest request,
        HttpServletResponse response,
        @RequestHeader String referer) {
    if (referer != null) {
        String imageDirectory = request.getServletContext().
                getRealPath("/WEB-INF/image");
        File file = new File(imageDirectory,
                id + ".jpg");
        if (file.exists()) {
            response.setContentType("image/jpg");
            byte[] buffer = new byte[1024];
            FileInputStream fis = null;
            BufferedInputStream bis = null;
            // if you're using Java 7, use try-with-resources
            try {
                fis = new FileInputStream(file);
                bis = new BufferedInputStream(fis);
                OutputStream os = response.getOutputStream();
                int i = bis.read(buffer);
                while (i != -1) {
                    os.write(buffer, 0, i);
                    i = bis.read(buffer);
                }
            } catch (IOException ex) {
                System.out.println (ex.toString());
            } finally {
                if (bis != null) {
                    try {
                        bis.close();
```

```
                    } catch (IOException e) {

                    }
                }
                if (fis != null) {
                    try {
                        fis.close();
                    } catch (IOException e) {

                    }
                }
            }
        }
    }
  }
}
```

原则上，ImageController 类的作用与 ResourceController 无异。getImage 方法开头处的 if 语句，可以确保只有当 referer 标题不为 null 时，才发出图片。

利用清单 24.5 中的 images.html 文件，可以对这个应用程序进行测试。

清单 24.5　images.html 文件

```
<!DOCTYPE HTML>
<html>
<head>
    <title>Photo Gallery</title>
</head>
<body>
<img src="image_get/1"/>
<img src="image_get/2"/>
<img src="image_get/3"/>
<img src="image_get/4"/>
<img src="image_get/5"/>
<img src="image_get/6"/>
<img src="image_get/7"/>
<img src="image_get/8"/>
<img src="image_get/9"/>
<img src="image_get/10"/>
</body>
</html>
```

要想看到 ImageServlet 的效果，请在浏览器中打开以下网址：

```
http://localhost:8080/app24a/images.html
```

图 24.1 所示为使用 ImageServlet 后的效果。

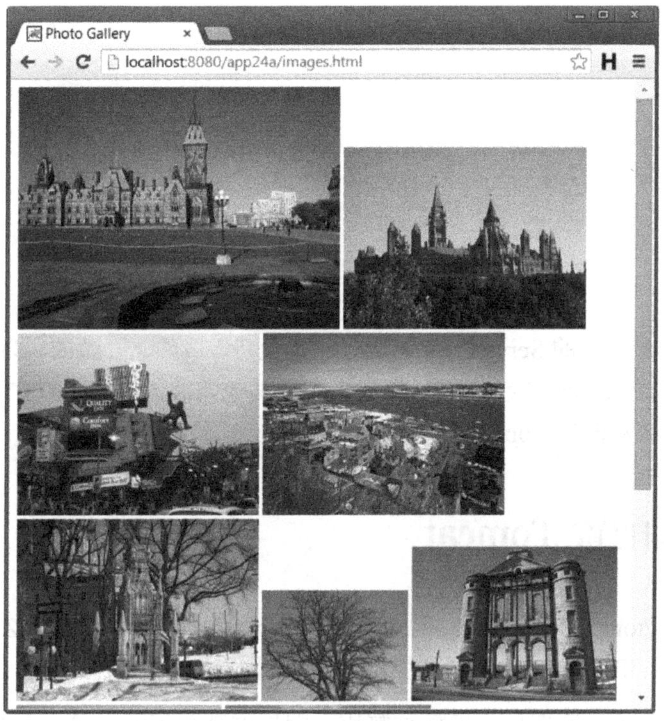

图 24.1 使用 ImageServlet 后的效果

24.4 小结

本章学习了如何在 Spring MVC 应用程序中通过编程控制文件的下载，还学习了如何选择文件，以及如何将它发送给浏览器。

附录 A Tomcat

Tomcat 是当今最流行的 Servlet/JSP 容器，它是免费、成熟、开源的。为了运行本书附带的范例应用程序，需要 Tomcat 7 或其更高版本，或者其他兼容的 Servlet/JSP 容器才行。附录 A 将介绍如何快速安装和配置 Tomcat。

A.1 下载和配置 Tomcat

首先，从 http://tomcat.apache.org 网站下载 Tomcat 的最新版本。选用 ZIP 或 GZ 格式的最新二进制发行版本。Tomcat 7 及其更高版本都需要用 Java 6 来运行。

下载了 ZIP 或者 GZ 文件后，要进行解压，随后就能在安装目录下看到几个目录。

在 bin 目录中，可以看到启动和终止 Tomcat 的程序。webapps 目录很重要，因为可以在那里部署应用程序。此外，conf 目录中还包含了配置文件，包括 server.xml 和 tomcat-users.xml 文件。lib 目录也值得关注，因为其中包含了编译 servlets 和定制标签所需的 Servlet 和 JSP API。

解压完 ZIP 或者 GZ 文件后，将 JAVA_HOME 环境变量设为 JDK 安装目录。

对于 Windows 用户，最好下载对应的 Windows 安装版本，安装起来会容易一些。

A.2 启动和终止 Tomcat

下载并解压好 Tomcat 二进制版本文件后，就可以运行 startup.bat 文件（Windows）或 startup.sh 文件（UNIX/Linux/Mac OS）来启动 Tomcat。这两个文件都放在 Tomcat 安装目录的 bin 目录下。默认情况下，Tomcat 在端口 8080 运行，因此可以在浏览器中打开以下网址：

```
http://localhost:8080
```

终止 Tomcat 时，是运行 bin 目录下的 shutdown.bat 文件（Windows）或者 shutdown.sh 文件（UNIX/Linux/Mac OS）。

A.3　定义上下文

要将 Servlet/JSP 应用程序部署到 Tomcat 时，需要显式或隐式定义一个 Tomcat 上下文。在 Tomcat 中，每一个 Tomcat 上下文都表示一个 Web 应用程序。

显式定义 Tomcat 上下文有几种方法，包括：

- 在 Tomcat 的 conf/Catalina/localhost 目录下创建一个 XML 文件。
- 在 Tomcat 的 conf/server.xml 文件中添加一个 Context 元素。

如果决定给每一个上下文都创建一个 XML 文件，那么这个文件名就很重要，因为上下文路径是从文件名衍生得到的。例如，把一个 commerce.xml 文件放在 conf/Catalina/localhost 目录下，那么应用程序的上下文路径就是 commerce，并且可以利用以下 URL 调用一个资源：

```
http://localhost:8080/commerce/resourceName
```

上下文文件中必须包含一个 Context 元素，作为它的根元素。这个元素大多没有子元素，它是该文件中唯一的元素。例如，下面就是一个范例上下文文件，其中只有一行代码：

```
<Context docBase="C:/apps/commerce" reloadable="true"/>
```

这里唯一必要的属性是 docBase，它用来定义应用程序的位置。reloadable 属性是可选的，但是如果存在，并且它的值设为 true，那么一旦应用程序中 Java 类文件或者其他资源有任何增加、减少或者更新，Tomcat 都会侦测到，并且一旦侦测到这类变化，Tomcat 就会重新加载应用程序。在部署期间，建议将 reloadable 值设为 True，在生产期间，则不建议这么做。

当把上下文文件添加到指定目录时，Tomcat 就会自动加载应用程序。当删除这个文件时，Tomcat 就会自动卸载应用程序。

定义上下文的另一种方法是在 conf/server.xml 文件中添加一个 Context 元素。为此，要先打开文件，并在 Host 元素下创建一个 Context 元素。与前一种方法不同的是，此处定义上下文需要给上下文路径定义 path 属性。下面举一个例子：

```
<Host name="localhost" appBase="webapps" unpackWARs="true"
        autoDeploy="true">

    <Context path="/commerce"
            docBase="C:/apps/commerce"
            reloadable="true"
    />
</Host>
```

一般来说，不建议通过 server.xml 来管理上下文，因为只有重启 Tomcat 后，更新才能生效。不过，如果有很多应用程序需要测试，也许会觉得使用 server.xml 比较理想，因为可以在一个文件中同时管理所有的应用程序。

最后，通过将一个 WAR 文件或者整个应用程序复制到 Tomcat 的 webapps 目录下，还可以隐式地部署应用程序。

关于 Tomcat 上下文的更多信息，请登录以下网址查阅：

```
http://tomcat.apache.org/tomcat-8.0-doc/config/context.html
```

A.4 定义资源

定义一个 JNDI 资源，应用程序便可以在 Tomcat 上下文定义中使用。资源用 Context 元素目录下的 Resource 元素表示。

例如，为了添加一个打开 MySQL 数据库连接的 DataSource 资源，首先要添加下面这个 Resource 元素：

```
<Context [path="/appName"] docBase="...">
    <Resource name="jdbc/dataSourceName"
        auth="Container"
        type="javax.sql.DataSource"
        username="..."
        password="..."
        driverClassName="com.mysql.jdbc.Driver"
        url="..."
    />
</Context>
```

关于 Resource 元素的更多信息，请到以下网址查阅：

```
http://tomcat.apache.org/tomcat-8.0-doc/jndi-resources-howto.html
```

A.5 安装 SSL 证书

Tomcat 支持 SSL，并且用它确保机密数据的传输，如身份证号码和信用卡信息等。利用 KeyTool 程序生成一个 public/private 键对，同时选择一家可信任的授权机构，来为你创建和签发数字证书。

一旦收到证书，并将它导入到 keystore 后，下一步就是在服务器上安装证书了。如果使用的是 Tomcat，复制放在服务器某个位置下的 keystore，并对 Tomcat 进行配置即可。随后，打开 conf/server.xml 文件，并在<service>下添加以下 Connector 元素：

```
<Connector port="443"
    minSpareThreads="5"
    maxSpareThreads="75"
    enableLookups="true"
```

```
    disableUploadTimeout="true"
    acceptCount="100"
    maxThreads="200"

    cheme="https"
    secure="true"
    SSLEnabled="true"
    keystoreFile="/path/to/keystore"
    keyAlias="example.com"
    keystorePass="01secret02%%%"
    clientAuth="false"
    sslProtocol="TLS"
/>
```

以上粗体字部分的代码与 SSL 有关。

附录 B Web Annotations

Servlet 3.0 在 javax.servlet.annotation 包中引入了一组注解类型，可以注解包括 servlet、filter 以及 listener 等 Web 对象。本附录将详细介绍这些注解类型。

B.1 HandlesTypes

这个注解类型用来声明 ServletContainerInitializer 可以处理的类。这个注解只有一个属性 value，该值为其可以处理的类。例如，如下 ServletContainerInitializer 的@HandleTypes 注解声明了该 initializer 可以处理 UsefulServlet 类：

```
@HandlesTypes({UsefulServlet.class})
public class MyInitializer implements ServletContainerInitializer {
    ...
}
```

B.2 HttpConstraint

HttpConstraint 注解类型表示施加到所有的 HTTP 协议方法的安全约束，且 *HTTP* 协议方法对应的@HttpMethodConstraint 没有出现在@ServletSecurity 注解中。此注解类型必须包含在 ServletSecurity 注解中。

HttpConstraint 的属性如表 B.1 所示。

表 B.1 HttpConstraint attributes

属性	描述
rolesAllowed	包含授权角色的字符串数组
transportGuarantee	连接请求所必须满足的数据保护需求。有效值为 ServletSecurity.TransportGuarantee 枚举成员（CONFIDENTIAL or NONE）
value	默认授权

示例代码中，HttpConstraint a 注解声明了该 servlet 仅能被 manager 角色的用户所访问，由于没有定义 HttpMethodConstraint 注解，因此该约束应用到所有的 HTTP 协议。

```
@ServletSecurity(@HttpConstraint(rolesAllowed = "manager"))
```

B.3 HttpMethodConstraint

本注解类型声明了一个特定的 HTTP 方法的安全性约束。该 HttpMethodConstraint 注解只能出现在 ServletSecurity 注解中。

HttpMethodConstraint 的属性在表 B.2 中给出。

表 B.2 HttpMethodConstraint attributes

属性	描述
emptyRoleSemantic	当 rolesAllowed 返回一个空数组，（只）应用的默认授权语义。有效值为 ServletSecurity. EmptyRoleSemantic enum（DENY or PERMIT）
rolesAllowed	包含授权角色的字符串数组
transportGuarantee	连接请求所必须满足的数据保护需求。有效值为 ServletSecurity.TransportGuarantee 枚举成员
value	HTTP 协议方法

例如，ServletSecurity 包括 value 和 httpMethodConstraints 两个属性。HttpConstraint 注解定义可访问本 servlet 的角色，而注解 HttpMethodConstraint 重写了 Get 方法约束，去除了 rolesAllowed 属性。因此，该 servlet 可以被任何用户通过 GET 方法访问，但其他的 HTTP 方法只能被授予经理角色的用户访问：

```
@ServletSecurity(value = @HttpConstraint(rolesAllowed = "manager"),
    httpMethodConstraints = {@HttpMethodConstraint("GET")}
)
```

然而，如果 HttpMethodConstraint 注解类型的 emptyRoleSemantic 属性值为 EmptyRoleSemantic. DENY 时，则限制所有用户访问该方法。例如，用下面的 ServletSecurity 注解，该 Servlet 阻止所有通过 Get 方法的访问，但允许所有 member 角色的用户通过其他 HTTP 方法访问：

```
@ServletSecurity(value = @HttpConstraint(rolesAllowed = "member"),
httpMethodConstraints = {@HttpMethodConstraint(value = "GET",
    emptyRoleSemantic = EmptyRoleSemantic.DENY)}
)
```

B.4 MultipartConfig

MultipartConfig 注解类型用于标注一个 Servlet 来指示该 Servlet 实例能够处理的 multipart/form-data 的 MIME 类型，在上传文件时通常会使用到。

表 B.3 列出了 MultipartConfig 的属性。

表 B.3 MultipartConfig attributes

属性	描述
fileSizeThreshold	当文件大小超过指定的大小后将写入到硬盘上
location	文件保存在服务端的路径
maxFileSize	允许上传的文件最大值。默认值为-1，表示没有限制.
maxRequestSize	针对该 multipart/form-data 请求的最大数量，默认值为-1，表示没有限制

例如，下面的 MultipartConfig 注解指定可以上传的最大文件大小是一个百万字节：

```
@MultipartConfig(maxFileSize = 1000000)
```

B.5 ServletSecurity

ServletSecurity 注解类型用于标注一个 Servlet 类在 Servlet 的应用安全约束。出现在 ServletSecurity 注解中的属性如表 B.4 所示。

表 B.4 ServletSecurity attributes

属性	描述
httpMethodConstrains	HTTP 方法的特定限制数组
value	HttpConstraint 定义了应用到没有在 httpMethodConstraints 返回的数组中表示的所有 HTTP 方法的保护。

例如，下面的 ServletSecurity 注解包含了一个 HttpConstraint 注解，决定了该 servlet 只能由那些 manager 角色用户进行访问：

```
@ServletSecurity(value = @HttpConstraint(rolesAllowed = "manager"))
```

B.6 WebFilter

WebFilter 注解类型用于标注一个 Filter。表 B.5 给出了出现在 WebFilter 注解中的属性。所有属性是可选的。

表 B.5 WebFilter attributes

属性	描述
asyncSupported	是否支持异步处理
description	描述信息
dispatcherTypes	指定过滤器的转发模式。具体取值包括：ASYNC、ERROR、FORWARD、INCLUDE、REQUEST
displayName	显示名
filterName	名称
initParams	初始化参数
largeIcon	大图

续表

属性	描述
ServletNames	指定过滤器将应用于哪些 Servlet。取值是@WebServlet 中的 name 属性的取值，或者是 web.xml 中<servlet-name>的取值
smallIcon	小图
urlPatterns	URL 匹配模式
value	URL 匹配模式，与 urlPatterns 不能同时使用

B.7 WebInitParam

该注解用于传递初始化参数到一个 Servlet 或过滤器。表 B.6 给出了出现在 WebInitParam 注解中的属性。属性名称右侧有星号的表示该属性是必需的。

表 B.6 WebInitParam attributes

属性	描述
description	参数描述
name*	初始化参数名
value*	初始化参数值

B.8 WebListener

本注解类型用于标注一个 Listener。它的唯一属性 value 是可选的，且包括该 listener 的描述。

B.9 WebServlet

本注解类型用于标注一个 Servlet。表 B.7 列出了其属性。所有属性是可选的。

表 B.7 WebServlet attributes

属性	描述
asyncSupported	是否支持异步处理
description	描述信息
displayName	显示名
initParams	初始化参数组
largeIcon	大图
loadOnStartup	加载顺序
name	名称
smallIcon	小图
urlPatterns	URL 匹配模式
Value	URL 匹配模式，与 urlPatterns 不能同时使用

附录 C SSL 证书

SSL 证书是一种用于互联网的网络通信加密以及维护数据安全的工具。人们有一个普遍的误解，即认为仅电子商务网站和网上银行需要使用 SSL 证书。事实上，大多数使用某种登录页面的网站也应该使用 SSL 证书，避免明文传输密码。

在本附录中，您将学习如何使用 keytool 生成程序公钥/私钥对，并将公钥经由一个信任的机构签名而制作成证书。请参见附录 A 关于在 Tomcat 中安装 SSL 证书的信息。

C.1 证书简介

SSL 基于对称和非对称加密算法。后者包括一对密钥，一个私钥，一个公钥。这在本书第 12 章中介绍过。

公钥通常包裹在证书中，因为证书是一种可靠的分发公钥的方式。若一个证书，由其所包含的公钥所对应的私钥签署，则称为自签名证书。换言之，自签名证书的签发者和主题（公钥所有者）相同。

当且仅当你了解证书的发送者，可以应用自签名证书。否则，应使用一个由证书颁发机构（简称 CA），如 VeriSign 和 Thawte，所签署的证书。为此，你需要给 CA 发送你的自签名证书。

经过 CA 认证，CA 会发给你一个证书，取代自签名证书。这个新的证书可能是一个证书链。在链的顶部是“根”，这是自签名证书，之后是一个认证的 CA 证书。如果该 CA 不是广为人知的，该 CA 会将其公钥发送到一个更大的 CA 来认证，而后者也将发送其证书，从而形成一个证书链。这个更大的 CA 通常都有自己的公开密钥分布广泛，使人们可以轻松地验证他们签名的证书。

Java 提供了一套本节所述的非对称加密技术的工具和 API。通过这些工具，你可以做到以下几点：

- 生成公钥和私钥。然后，可以发送公钥给一个 CA 以生成取得自己的证书。这是收费的。
- 存储你的私人和公共密钥数据库，称为密钥。密钥库有一个名字和密码保护。

- 存储别人的证书在相同的密钥存储库。
- 用自己的私钥签名来创建自己的证书。然而，这样的证书将只能有限制地使用。用来测试，自签名证书就足够好了。
- 数字签名的文件。这一点对于 applet 尤为重要，因为浏览器将只允许来自有数字签名的 jar 文件中的 applet 访问资源。签名 Java 代码保证你真的是开发者的用户。

现在让我们来看一看工具。

C.2 KeyTool

KeyTool 程序是一个可创建和维护公共和私有密钥和证书的实用程序。它随 JDK 一同发布，位于 JDK 的 bin 目录。密钥工具是一个命令行程序。要检查正确的语法，只需在命令提示符下键入 KeyTool。下面将提供一些重要的功能的示例。

C.2.1 生成密钥对

在开始之前，有几件事情要注意：

（1）使用 Keytool 可生成一个公钥/私钥对，并创建自签名证书。其中，该证书包含公共密钥和实体的身份标识。因此，您需要提供您的名称和其他信息。这称为专有名称，包含以下信息：

```
CN=common name, e.g. Joe Sample
OU=organizational unit, e.g. Information Technology
O=organization name, e.g. Brainy Software Corp
L=locality name, e.g. Vancouver
S=state name, e.g. BC
C=country, (two letter country code) e.g. CA
```

（2）你的钥匙将存储在一个数据库称为密钥库。密钥库是基于文件的并且密码保护，这样未经授权的人员就无法访问存储在其中的私钥。

（3）如果生成密钥或执行其他功能时，当没有指定密钥库，则采用默认密钥库。默认密钥库命名为.keystore，位于用户的主目录下，即由系统的 user.home 属性定义。例如，对于 Windows XP 的默认密钥库位于 C 目录 C://Documents and Settings//*userName*。

（4）密钥库中两种类型的条目：

a．密钥条目，其中每一个是伴随着相应的公开密钥的证书链中的私钥。

b．可信证书条目，每一个都包含您信任的实体的公钥。

每个条目还有密码保护，因此有两种类型的密码，一个保护密钥库和一个保护的条目。

（5）每个条目在密钥存储库都有一个唯一的名称，也叫别名。在生成一个密钥对或使用

keytool 做其他工作时，您必须指定一个别名。

（6）如果在生成一个密钥对时，你不指定一个别名，mykey 将用作默认的别名。

如下为生成一个密钥对的最短命令：

```
keytool -genkeypair
```

这个命令将使用在用户的主目录下的默认密钥存储库（若没有，则将创建一个）。生成的密钥使用 mykey 为其别名。将提示你输入一个密钥存储库的口令，并提供你的专有名称的信息。最后，系统将提示您输入一个条目密码。

再次调用 keytool -genkeypair 将导致一个错误，因为它会尝试创建一对密钥并再次使用重复的别名 myKey。

可使用-alias 参数指定一个别名。例如，以下命令将使用关键字的电子邮件标识的密钥对：

```
keytool -genkeypair -alias email
```

注意，这里依然使用默认的密钥库。

可使用-keystore 参数来指定密钥存储的位置。例如，如下命令生成一个密钥对，并将其存储在位于 C:\javakeys 目录下一个名为 myKeyStore 的密钥库中：

```
keytool -genkeypair -keystore C:\javakeys\myKeyStore
```

调用该程序后，将要求输入任务信息。

一个完整的生成密钥的命令，需要使用到 genkeypair、alias、keypass、storepass 和 dname 参数。比如：

```
keytool -genkeypair -alias email4 -keypass myPassword -dname
"CN=JoeSample, OU=IT, O=Brain Software Corp, L=Surrey, S=BC, C=CA"
-storepass myPassword
```

C.2.2　获得认证

虽然你可以使用 keytool 生成公钥和私钥和自签名的证书，但你的证书将只会被知道你的人所信任。为了获得更多的认可，则需要由证书颁发机构（CA），例如 VeriSign，Entrust 还有 Thawte。

如果你打算这样做，需要使用的 keytool 的-certreq 参数生成证书签名请求（CSR）。语法如下所示：

```
keytool -certreg -alias alias -file certregFile
```

此命令的输入由别名引用的证书，而输出是一个 CSR，这 CSR 是由 certreg File 指定其路径的一个文件。将 CSR 发送到 CA，他们将离线验证您的身份，通常会要求您提供有效的身份信息，如护照或驾驶执照的副本。

如果CA对您的凭据感到满意，他们会给你一个新的证书或一个包含你的公钥的证书链。这个新证书是用来代替你的现有证书链（包括一个自签名）。一旦收到的回复，你可以使用的KeyTool的importcert参数导入新的证书到密钥库。

C.2.3 将证书导入到密钥库

如果从第三方或CA的回复中收到一个签名文档，可以将其存储在密钥库中。你需要指定一个别名，这样就可以很容易记住此证书。

要导入或将证书存储到一个密钥存储，使用importcert参数。语法如下所示：

```
keytool -importcert -alias anAlias -file filename
```

例如，把证书文件Certificate.cer导入到密钥库中，并给它取别名为brotherJoe，这样做：

```
keytool -importcert -alias brotherJoe -file joeCertificate.cer
```

存储在密钥库中的证书的有两个好处。首先，有一个带密码保护的集中存储。其次，可以很容易地验证来自第三方的签发文件，如果你把他们的证书导入了密钥库的话。

C.2.4 从密钥库导出证书

用你的私钥可以签署一份文件。当您签署文件时，首先提取文档的摘要，并用你的私钥来加密摘要。最后，你分发文件以及加密后的摘要。

他人若要验证该文档，必须有你的公钥。为了安全，需要签署您的公钥。你可以对这个文档使用自签名或者可以找一个可信赖的证书进行签名。

要做的第一件事就是从密钥库中提取证书，并将其保存为一个文件。然后，您可以轻松地分发文件。要从密钥库中提取证书，则需要使用-exportcert参数，并通过别名和文件包含的证书名称。语法如下所示：

```
keytool -exportcert -alias anAlias -file filename
```

包含证书文件通常以.CER为扩展名。例如，提取别名是Meredith的证书，并将其保存到meredithcertificate.cer文件，可以使用下面的命令：

```
keytool -exportcert -alias Meredith -file meredithcertificate.cer
```

C.2.5 列出密钥库条目

现在，有一个密钥库来存储你的私钥和你信任的机构的证书，可以通过使用上述的KeyTool来把他们列出来。可以通过使用list参数：

```
keytool -list -keystore myKeyStore -storepass myPassword
```

若没有keystore参数，则使用默认的密钥库。